生活垃圾治理公众参与：政府政策与社会资本

张志坚　赵连阁　韩洪云　著

中国财经出版传媒集团
经济科学出版社
Economic Science Press

图书在版编目（CIP）数据

生活垃圾治理公众参与：政府政策与社会资本 / 张志坚，赵连阁，韩洪云著．—北京：经济科学出版社，2020.4

ISBN 978－7－5218－1512－2

Ⅰ.①生… Ⅱ.①张… ②赵… ③韩… Ⅲ.①生活废物－垃圾处理－政府投资－合作－社会资本－研究－中国
Ⅳ.①X799.305 ②F832.48 ③F124.7

中国版本图书馆 CIP 数据核字（2020）第 067653 号

责任编辑：张立莉
责任校对：王肖楠
责任印制：王世伟

生活垃圾治理公众参与：政府政策与社会资本

张志坚　赵连阁　韩洪云　著

经济科学出版社出版、发行　新华书店经销

社址：北京市海淀区阜成路甲 28 号　邮编：100142

总编部电话：010－88191217　发行部电话：010－88191522

网址：www.esp.com.cn

电子邮件：esp@esp.com.cn

天猫网店：经济科学出版社旗舰店

网址：http://jjkxcbs.tmall.com

固安华明印业有限公司印装

710×1000　16 开　17.75 印张　280000 字

2020 年 11 月第 1 版　2020 年 11 月第 1 次印刷

ISBN 978－7－5218－1512－2　定价：98.00 元

（图书出现印装问题，本社负责调换。电话：010－88191510）

前　言

生活垃圾作为人类活动的副产品，在经济持续增长、人口快速增加以及人民生活水平大幅改善的同时，生活垃圾产生量也在急剧增加。中国作为最大的发展中国家，随着人民生活方式的显著改善和城镇化进程的不断加快，其城市生活垃圾管理更是首当其冲。如何根据各地情境，设计配套的生活垃圾管理政策，以诱导居民参与生活垃圾治理进而实现生活垃圾的减量化、资源化和无害化是当下中国环境管理转型必须面对的问题。

为弥补现有研究的不足，本书从宏观和微观的视角，分析了政府政策、社会资本与居民生活垃圾源头分类参与的关联。一方面，本书从宏观视角分析了生活垃圾源头分类政策、生活垃圾用户收费政策与垃圾处置削减之间的内在联系，在发现生活垃圾规制政策失灵的背景下，本书还探讨了社会资本对生活垃圾排放削减的影响；另一方面，本书在理论分析的基础上，运用实地调研数据，从微观视角考察了居民参与生活垃圾治理的合作行为。具体来讲，本书首先分析了激励政策和社会资本在居民生活垃圾分类中的作用，并在奥斯特罗姆（Ostrom）的制度分析与发展框架下研究了居民对生活垃圾处置的监督行为和监督意愿。详细的实证结果报告有以下几方面。

第一，对于“生活垃圾源头分类政策、生活垃圾用户收费政策与生活垃圾减量”，研究发现，生活垃圾源头分类政策对城市人均生活垃圾产生量的影响不显著。这一基本发现在使用不同的模型设定和不同的估计方法的情形下都保持不变，在纳入了控制变量的情形下也依然稳健。由于家户多排放一单位的生活垃圾的边际成本为零，生活垃圾定额收费未能提供足够的经济激励刺激居民实施生活垃圾源头分类。垃圾定额用户收费挤出了居民生活垃圾自愿分类的内在动机，从而生活垃圾固定用户收费政策和生活垃圾源头分类政策的组合实施导致了其垃圾削减收效甚微。

第二，对于“规制政策、社会资本与生活垃圾排放削减”，研究发现，规制政策并不能有效降低城市人均生活垃圾排量，而社会资本会对城市人均生活垃圾排放量产生显著的负向影响，该结果在使用不同的测量指标、不同的度量方法、不同的估计方法和考虑了社会资本内生性的情形下依然显著。研究还发现，社会资本主要通过抑制高生活垃圾排放群里的排放量来减少生活垃圾的产生，在社会资本三个维度中，社会信任维度和社会规范维度能显著降低城市人均生活垃圾产生量，然而，社会资本的生活垃圾减量效应随时间的推移呈现出波动下降的趋势。

第三，对于“社会资本对居民生活垃圾分类行为的影响机理分析”，基于219户城镇居民调查数据，采用相关因素分析和Ordered Logit模型实证研究社会资本对居民生活垃圾分类行为的影响机理后发现，除了年龄、受教育年限和中共党员身份显著地提高了居民生活垃圾分类水平，以社会网络、社会规范和社会信任为要素的社会资本，对提高居民生活垃圾分类水平有显著的正向影响。具体而言，社会网络能够降低居民机会主义和“搭便车”的行为倾向，社会规范能提高居民行为的可预测性、增强居民投资环境保护集体行动的信心，社会信任则通过降低交易成本，促进居民生活垃圾分类自主合作行为。

第四，对于“‘胡萝卜’‘大棒’与居民生活垃圾源头分类”，研究发现，除了年龄较小和收入较高的居民倾向于把生活垃圾分类成更多种类，人口统计变量通常与居民生活垃圾源头分类行为没有直接关联，而垃圾分类知识、社会资本、免费提供多分类的垃圾桶，以及社区负责可回收垃圾的收集通过有效减少垃圾分类的感知成本和提升垃圾分类的感知收益显著促进了居民生活垃圾源头分类行为的实施。然而，虽然生活垃圾收费的提高能刺激垃圾不分类的居民把生活垃圾分成两类，即可回收垃圾（俗称可卖钱的垃圾）和不可回收垃圾，但同时也挤出了把生活垃圾分类为三类及三类以上的居民的原有动机。生活垃圾固定用户收费事实上与免费提供多分类的垃圾桶和社区负责收集可回收垃圾相互排斥，而不是相互促进。

第五，对于“居民生活垃圾处置自主监督——基于IAD框架的分析”，研究发现，社区卫生管理专职干部的配备抑制了当地居民自主监督行为的实施，而社区其他居民的监督行为则提高了该居民的监督意愿和实施监督行为的可能性。同时，社会资本、社区人口密度、社区现代化程度和是否为男性显著提高了当地居民参与生活垃圾处置监督的可能性，而社区规模和社区异质性程度则阻碍了当地居民生活垃圾处置监督行为的实施。此外，经济收入水平和年龄是解释当地居民假想监督意愿与实际监督行为背离的主要因素。

居民自愿参与生活垃圾治理是实现生活垃圾减量化、资源化和无害化的关键前提。综合上述研究发现，本书结尾部分从优化政策组合、培育社会资本、完善配套设施服务以及加强公共信息披露和教育宣传活动等方面提出了一些具体的政策启示。

目　录 CONTENTS

第1章 绪论

1.1 问题提出

生活垃圾作为人类活动的副产品，在经济持续增长、人口快速增加以及人民生活水平大幅改善的同时，生活垃圾产生量也在急剧增加。如今全球每年平均产生13亿吨的生活垃圾，到2025年，预计全球每年将会产生22亿吨的生活垃圾（Hoornweg and Bhada-Tata，2012）。这对全世界的生活垃圾管理部门都将是巨大的挑战，对快速发展的发展中国家更是如此。生活垃圾不仅有碍城市的市容卫生，堵塞排污排涝管道，其末端处置还占用着大量日益稀缺的土地资源，排放多种强有害气体，严重污染土壤、空气、地表水和地下水。同时，垃圾中有众多致病微生物，往往是蚊、蝇和老鼠等的滋养地。生活垃圾的持续增长将严重威胁着生态环境和人类健康。生活垃圾管理是每个政府保障其居民健康安全的基本服务。虽然各地区服务水平、环境影响和成本差异巨大，但生活垃圾管理可以说是城市最重要的市政服务，它是其他市政服务开展的重要前提（Hoornweg and Bhada-Tata，2012）。

中国作为最大的发展中国家，随着人民生活方式的改善和城镇化进程的不断加快，其城市生活垃圾（municipal solid waste，MSW）[①] 管理更是首

① 国际上通常所指的城市固体垃圾即等同于中国的城市生活垃圾，而中国的城市固体垃圾则包括工业固体垃圾（含医疗废弃物和危险废弃物）和生活垃圾。为避免理解偏误，本书把外文文献中的城市固体垃圾统一翻译为城市生活垃圾。

当其冲。截至1998年底，全国生活垃圾历年累积堆存量达60多亿吨，侵占土地面积多达5亿平方米，全国660座城市中已有200多座陷于垃圾围城，且有1/4的城市已发展到无适合堆放垃圾的场所（Dong et al.，2001；王静，1999）。中国在2004年超过美国成为世界上最大的垃圾产生国，并且到2030年中国的年度生活垃圾产生量将会增长1.5倍（World Bank，2005）。没有其他国家经历过像中国这样当下面临的又多又快的生活垃圾产生量的增长（Zhang et al.，2010a）。

鉴于生活垃圾迅猛增长的严峻形势，中国政府作出了大量努力以此希望有效管理控制生活垃圾。

一方面，政府颁布（修订）确立了一系列的法律法规及相关技术规范，如《城市生活垃圾管理办法》《关于公布生活垃圾分类收集试点城市的通知》和《关于实行城市生活垃圾处理收费制度促进垃圾处理产业化的通知》等。然而现实中，生活垃圾源头分类试点政策以及城市生活垃圾处理收费制度的出台对诱导居民参与生活垃圾治理，进而实现生活垃圾减量化、资源化和无害化的效果如何？如图1-1所示，虽然历年堆积的生活垃圾产生量在减少，但生活垃圾总清运量仍在持续增长。同时，堆肥处理的生活垃圾量在逐渐减少，换之而来的是焚烧，尤其是卫生填埋处理的生活垃圾量在大幅增加。这说明目前的生活垃圾管理只是一定程度地提升了生活垃圾无害化处理程度，但对于如何实现生活垃圾减量化、资源化仍任重道远。显然，生活垃圾减量化和资源化更应给予优先的政策考虑，最后才是生活垃圾的无害化。当然，更为可靠的结论还需下文更为严谨的实证检验。

另一方面，政府近年来逐渐增加了对生活垃圾处理设备和相关基础设施的投资（如图1-2所示）。但城市市容环境卫生建设投资额在城市环境基础设施建设投资总额中所占的比例一直小于15%，远远小于园林绿化、排水和集中供热等项目的投资额度所占比例，最重要的市政服务并没有获取应有的财政支持，而在经济合作与发展组织（OECD）国家生活垃圾管理往往吸纳了公共财政投资额的1/3以上（OECD，2014）。此外，和其他公共服务投资不均衡一样，生活垃圾管理服务在不同的城

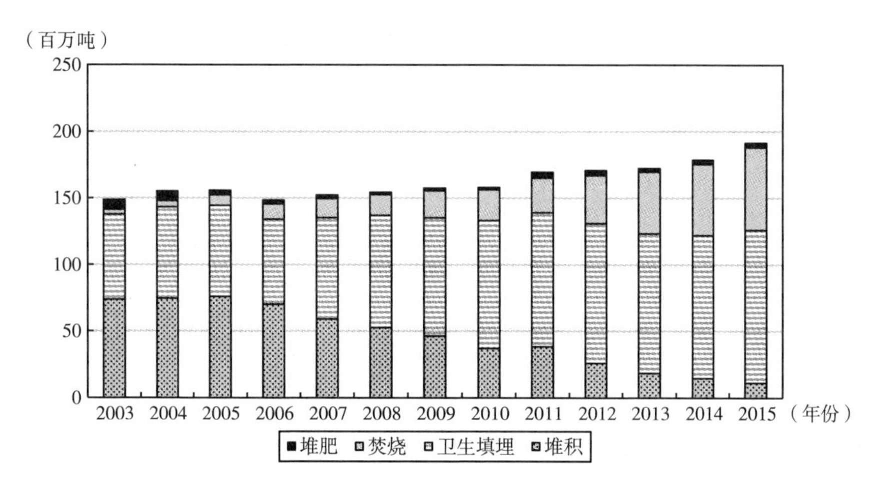

图1－1 中国城市生活垃圾处置模式（2003～2015年）

资料来源：《中国统计年鉴》（2004～2016年），经笔者整理而成。

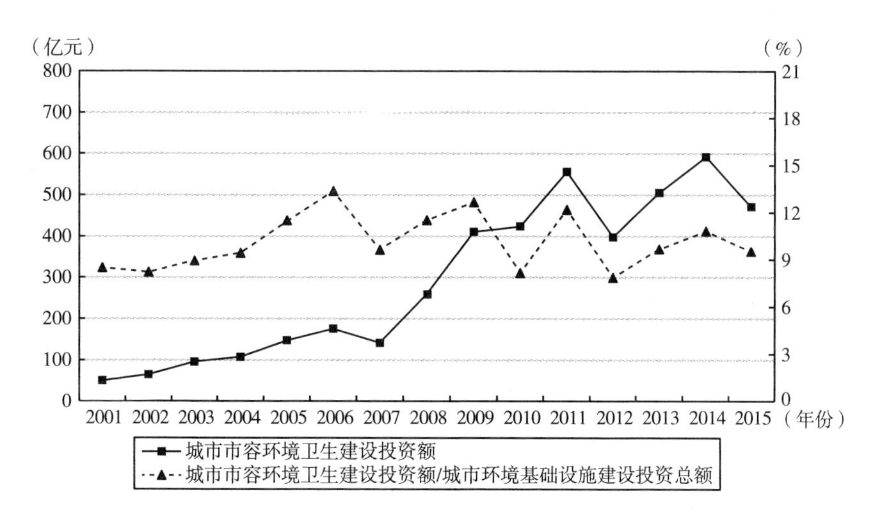

图1－2 中国城市市容环境卫生建设投资变动趋势（2001～2015年）

资料来源：《中国统计年鉴》（2002～2016年），经笔者整理而成。

市以及城市的不同区域之间呈现出很大的差异。从东部沿海城市到中西部内陆城市，以及从城市市中心到城市郊区服务水平呈现出递减的趋势（World Bank，2005；Chen et al.，2010）。即使在北京，生活垃圾收集服务在高楼林立的闹市区非常发达，而在相对贫困的市郊区生活垃圾收集体系却十分简陋（Zhang et al.，2010a）。因此，在政府提供的治理水平不能有效满足当地民众需求的地区，当地民众合作参与生活垃圾治理就成为必要。

生活垃圾管理并不仅是一个单纯的技术问题，只需要找到相关的技术解决方案，它更需要使用者之间的合作，良好的治理以及公众的参与（Vergara and Tchobanoglous，2012）。居民作为生活垃圾管理的最大利益相关群体，其既是生活垃圾的产生者，也是生活垃圾污染的受害者，其对生活垃圾治理的参与是可持续的生活垃圾管理体系中不可或缺的组成部分（Joseph，2006）。能否有效促进居民自愿参与生活垃圾治理直接决定着生活垃圾管理的成败。然而，生活垃圾管理并没有放之四海而皆准的解决方案，各地区社会政治经济文化的差异性决定了生活垃圾管理政策的设计应符合当地的特定情境（Charuvichaipong and Sajor，2006）。因此，在当下中国经济社会转型时期，结合生活垃圾管理现状及特点，研究生活垃圾管理政策具体实施效果，以及如何诱导居民合作参与生活垃圾治理对生活垃圾管理的理论和实践意义不言自明。

然而，到目前为止，上述问题尚没有引起学术界的应有重视。从现有文献看，虽然已经有些学者对生活垃圾管理现状以及生活垃圾治理的公众参与进行了研究（Chung and Lo，2008；Zhang et al.，2010a；吴宇，2012；Wang et al.，2009；Xiao et al.，2007；杜倩倩和马本，2014；江源等，2002；王树文等，2014；Zhao et al.，2011；Zhang et al.，2012；Xiao et al.，2017），但大多集中在生活垃圾管理现状的描述以及居民对相关政策的认知态度和意愿研究中。当然，不可否认有少数学者对居民生活垃圾的处置或分类行为展开了研究（Zhang and Wen，2014；陈绍军等，2015；邓俊等，2013；刘莹和黄季焜，2013；曲英，2011），但该类文献主要从居民的态度、基本统计特征以及当地的设施条件来解释居民的垃圾分类或处置行为。事实上，嵌入在制度和网络结构中的居民，其生活垃圾治理的合作参与行为更多地受到相关政策制度和具有人际互动属性的社会资本的影响。

那么，现实中，生活垃圾源头分类政策是否如预期地降低了生活垃圾产生量？如果没有，其是否是因为受限于其他的政策安排？进一步，当规制政策失效的情况下，作为非正式制度的社会资本是否能够弥补正式规制政策在生活垃圾治理中的作用？此外，如何通过合理的政策安排诱导居民合作参与生活垃圾治理？影响居民参与生活垃圾治理的主要因素又是什么？带着这些现实问题，本书首先，通过统计数据经验性地考察规制政策和社会资本在生活垃圾减量中的作用；其次，利用实地调研数据分别考究经济激励在居民生活垃圾分类中的作用以及居民生活垃圾处置监督的决定因素，以期为相关决策者了解政策实际实施效果乃至调整和优化相关政策提供相应的理论参考和实证依据。

1.2 研究目的和意义

1.2.1 研究目的

基于国内外现有研究以及宏观统计数据和微观调研数据，灵活运用多种计量模型和方法，本书试图达成以下目的。从宏观视角出发，评价生活垃圾源头分类政策的垃圾减量效应，以及实证检验生活垃圾收费、生活垃圾分类与垃圾处置削减之间的内在联系，以期检验现行的生活垃圾管理政策是否如预期地促进了生活垃圾减量化目标的实现；进一步，在考虑现有规制政策的前提下，考察作为非正式制度的社会资本在生活垃圾排放中的作用。从微观视角出发，着重从激励政策和社会资本角度阐释居民合作参与生活垃圾治理的内在机理。本书中居民参与生活垃圾治理的具体方式既包括生活垃圾分类行为，也包括生活垃圾处置中的监督行为。对生活垃圾进行分类和合理处置是目前许多城市正在倡导和鼓励的一种居民生活垃圾治理参与行为，而生活垃圾处置中的监督行为本质上是二阶公共物品供给行为，其不仅要求居民做好自己，还需要监督其他居民的垃圾处置行为，如随意倾倒垃圾行为。为达到以上目的，本书主要围绕以下几个问题展开：

问题1：生活垃圾源头分类政策是否如预期地抑制了生活垃圾的产生？

生活垃圾源头分类政策的垃圾减量效应是否受限于生活垃圾定额收费的政策安排？在生活垃圾规制政策失灵的情况下，作为非正式制度的社会资本能否弥补正式规制政策的作用，诱导公众实施生活垃圾分类行为，并减少生活垃圾的产生？

问题2：经济激励能否诱导居民参与生活垃圾分类？不同形式的经济激励对居民参与生活垃圾分类的作用是相互强化还是相互弱化？经济激励对不同动机实施生活垃圾分类的居民的作用是否存在差异？

问题3：在什么条件下居民能够克服集体行动困境以提供生活垃圾处置中的自主监督？居民自发实施生活垃圾处置监督行为主要受到哪些因素的影响？

1.2.2 研究意义

鉴于生活垃圾污染已经成为威胁生态安全和人类健康的一大要害，如何实现生活垃圾管理的资源化、减量化和无害化逐渐成为理论界和现实生活中持续讨论的重大议题。尽管生活垃圾治理在保障居民卫生条件和改善生态环境方面的重要作用已得到人们的广泛赞同，且学术界从管理现状、经验借鉴、政策设计、公众参与等多个方面对生活垃圾治理开展了大量研究并取得了丰富成果，但有关生活垃圾治理政策实施效果的客观评价，以及如何有效诱导居民参与生活垃圾治理还缺乏系统的、严谨的定量研究。本书力图弥补现有文献的几个重要缺陷，同时从宏观和微观的视角对居民参与生活垃圾治理的合作行为进行较为全面和深入的分析与讨论。因此，无论是从理论角度还是从现实角度，本书都将具有重要意义。具体来说有以下两方面的意义。

第一，理论意义：（1）通过对生活垃圾源头分类政策和生活垃圾收费政策的垃圾减量效应的评价，将有助于全面理解政策间的相互作用，以及准确评估政策实际的实施效果；（2）通过对社会资本、规制政策与生活垃圾排放关系的考察，将有助于理解在现有的规制政策情境下社会资本及各要素对生活垃圾排放的影响；（3）通过对居民生活垃圾分类行为和对随意倾倒垃圾的监督行为的分析，将有助于理解经济激励组合在居民生活垃圾分类行为中的作用，以及识别居民对随意倾倒垃圾的监督行为的主要驱动因素。

第二，现实意义：（1）通过综合理解生活垃圾管理政策间的相互作用以及政策的实际实施效果，可以为相关决策者调整并优化生活垃圾源头分类政策和生活垃圾收费政策提供相应的理论参考与实证依据；（2）在现有规制政策失灵的情境下，通过缕清社会资本对生活垃圾排放的影响作用，将有助于相关决策部门采取有针对性的措施培育社会资本以打破居民生活垃圾减量行为困境；（3）通过识别居民生活垃圾分类行为和对随意倾倒垃圾的监督行为的主要驱动因素，可以为决策相关者进一步促进居民生活垃圾分类行为和监督行为的政策设计提供相关参考信息。

1.3 概念界定

1.3.1 生活垃圾

城市固体垃圾包括工业垃圾和生活垃圾。工业垃圾通常只包括生产过程中产生的过程副产品，如废金属、熔渣和尾矿等；而生活垃圾包括居民生活垃圾、商业垃圾、集市贸易市场垃圾、街道清扫垃圾、公共场所垃圾和机关、学校、厂矿等单位的生活垃圾（World Bank，2005）。

1.3.2 社区

社区（community）一词从最早提出到现在其含义已经发生了很大的变化，学者们对社区的界定也随之出现了多元化倾向，但总体来看，学者们对社区的定义归纳起来不外乎包括地理区域、社会互动和共同情感三个特征。考虑到居委会、当地干部、社区属性和社会资本的影响，本书所使用的社区概念也主要是从地域性和社会性两个方面考量，我们以行政区划为地域边界，即以户籍常住人口作为社区成员，把社区定义为聚居在一定行政区域范围内的居民所组成的社会生活共同体（杨淑琴和王柳丽，2010）。

1.3.3 合作行为

在现实生活中，合作行为形式多样、纷繁复杂，以至于学界对合作行为的定义到目前为止还未达成统一的意见。本书参照黄少安和韦倩（2011）对合作的定义，其通过对文献的梳理，把合作行为定义为为了自身利益但却会给共同行动各方带来利益的一种协作性活动。合作行为的两个基本特征是“自愿选择”和“自利性与互利性的统一”（黄少安和韦倩，2011；黄少安和张苏，2013）。本书所指的合作行为是指居民在参与生活垃圾治理过程中发生的合作行为，其具体表现为：生活垃圾源头分类行为、对他人随意倾倒垃圾的监督行为，以及生活垃圾减量行为。

1.3.4 社会资本

到目前为止，虽然学界对社会资本还没有一个普遍接受的、绝对权威的定义，但本书参照普特南等（Putnam et al.，1993）和奥斯特罗姆（Ostrom，1990）等学者对社会资本的定义，把社会资本定义为一种包含网络、规范和信任三要素的能促进某些活动的资源集合体。这一定义既是对普特南等（Putnam et al.，1993）、奥斯特罗姆（Ostrom，1990）、福山（Fukuyama，1995）以及武考克和纳拉扬（Woolcock and Narayan，2000）等以往学者概念的高度综合，也是目前经济学界采纳次数最多的。

1.4 研究思路与方法

1.4.1 研究思路

本书以集体行动理论、环境规制理论和社会资本理论等为基础，通过对生活垃圾管理政策、社会资本与居民环境保护合作行为和居民参与生活垃圾治理合作行为等研究的文献综述，发现如何诱导居民参与生活垃圾治理合作行为目前还缺乏应有的深入研究。为弥补这一缺憾，本书一方面从宏观视角分析生活垃圾源头分类政策对生活垃圾产生量的影响，为识别出生活垃圾源头分类政策的垃圾减量效应是否受限于其他政策安排，本书随后分析生活垃圾分类、生活垃圾收费与垃圾处置削减之间的内在联系，在生活垃圾规制政策失灵的情境下，本书还从宏观视角考察了社会资本对生活垃圾排放的影响；另一方面，本书从微观视角探讨居民参与生活垃圾治理的合作行为，具体来讲，本书首先分析经济激励组合在居民生活垃圾分类中的作用，其次分析居民对随意倾倒垃圾的监督行为。

1.4.2　研究方法

1.4.2.1　数据收集方法

（1）文献资料法。大量查阅生活垃圾管理相关的书籍和文献，了解居民参与生活垃圾治理的国内外现状和研究前沿；搜集生活垃圾管理相关的统计数据。

（2）社会调查法。为获取微观调查数据，本书将对承德、宜昌、南昌和杭州的城郊居民参与生活垃圾治理展开实地问卷调查。在问卷调查中，采用选择实验法获取部分调研数据。

1.4.2.2　数据分析方法

对于宏观数据，本书采用固定效应模型、动态面板模型、逆概率加权法和工具变量法对相关问题给予分析；对于微观数据，本书主要利用主成分分析法、广义有序 Logit 模型和双变量 Probit 模型等。

1.5　研究内容和技术路线

1.5.1　研究内容

本书的主要内容包括以下几个方面。

（1）生活垃圾源头分类政策的垃圾减量效应评价。本部分利用宏观数据分析生活垃圾源头分类政策对城市生活垃圾产生量的影响，以考察在生活垃圾源头分类政策试点以来，在控制其他影响因素的情况下，试点城市是否如预期地减少了生活垃圾产生量。

（2）垃圾用户收费、垃圾源头分类与生活垃圾减量。本部分利用宏观数据探讨生活垃圾源头分类政策的垃圾减量效果是否受生活垃圾收费政策的影响，如果是，生活垃圾收费政策在其中扮演着何种角色。

（3）社会资本对生活垃圾减量的影响及其作用机制。在考虑生活垃圾规制政策的前提下，本部分利用宏观数据研究社会资本，以及社会资本三要素对生活垃圾排放量的影响。

（4）社会资本对居民生活垃圾分类行为的影响机理分析。本部分基于微观调查数据考察社会资本三维度，即社会网络、社会规范和社会信任，分别对居民生活垃圾源头分类行为的影响，以详细刻画不同社会资本维度对居民垃圾源头分类行为的影响机理。

（5）“胡萝卜”“大棒”与居民生活垃圾源头分类。本部分利用微观调研数据研究不同的经济激励组合对居民生活垃圾源头分类行为的影响，以识别出何种经济激励组合能最有效地诱导居民实施生活垃圾分类行为。

（6）居民生活垃圾处置自主监督——基于IAD框架的分析。本部分在制度分析与发展框架的基础上，利用微观调研数据研究居民对随意倾倒生活垃圾的监督行为主要受自然物质条件、共同体属性、应用规则和行动情境中哪种或哪些因素的驱动。

1.5.2 技术路线

本书的技术路线如图1－3所示。

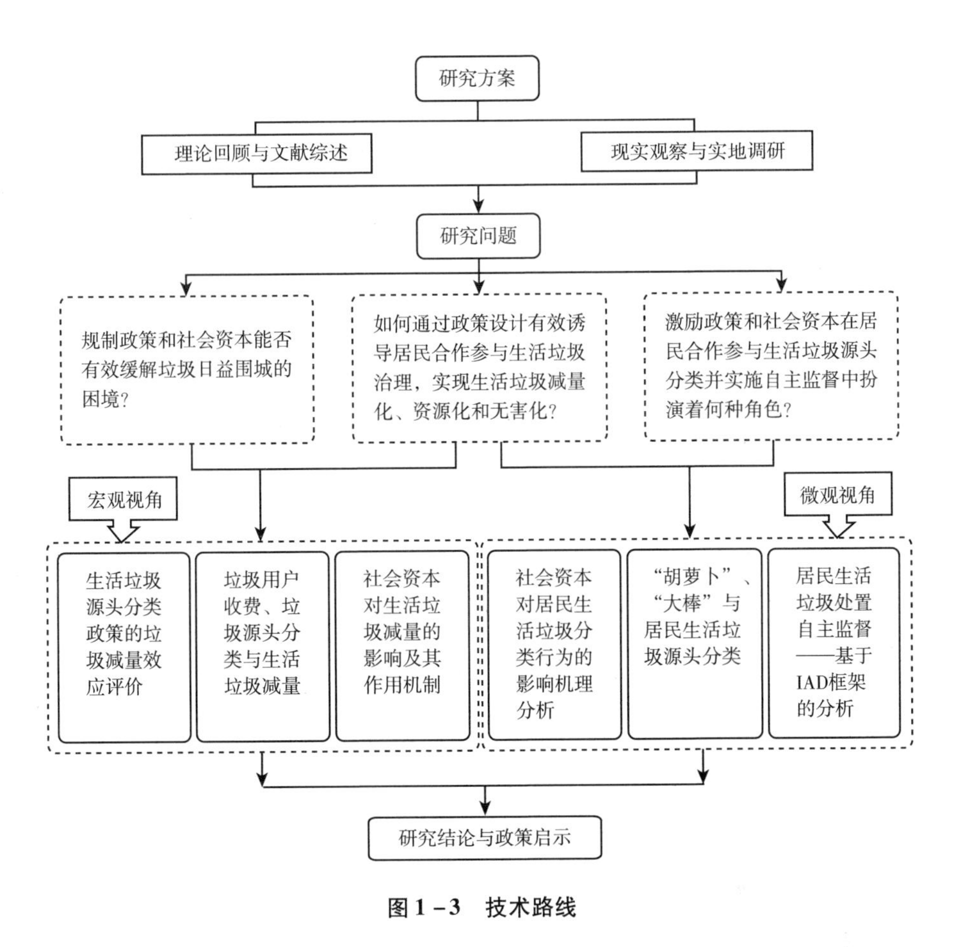

图1-3 技术路线

1.6 研究难点、创新与不足

1.6.1 研究难点

生活垃圾分类行为的判定和诱导居民实施生活垃圾分类行为的政策组合设计是本书的难点。首先，我国各地区尚无统一的生活垃圾分类标准。按照各地现行的垃圾分类标准，生活垃圾可分为可回收、不可回收和有害垃圾三大类，或有机垃圾、无机垃圾两大类，如何提炼一个适合各调研地区的生活垃圾分类标准是本书的一个难点。本书的思路是，在结合各地区分类标准和居民垃圾处置习惯的基础上，把生活垃圾统一分类为可回收垃圾（俗称能卖钱的垃圾）、餐厨垃圾、有害垃圾和其他垃圾。其次，在促进生活垃圾分类的政策组合设计方面，由于各地区的垃圾有偿回收和生活垃圾收费标准并不一样，本书的思路是垃圾有偿回收和生活垃圾收费的基准水平按照当地的现行价格，而提高的水平分别按照当地垃圾回收公司的收购价格和生活垃圾处理的实际成本。

1.6.2 创新之处

1.6.2.1 研究视角的创新

（1）本书从生活垃圾管理政策和社会资本的双重视角出发，对居民参与生活垃圾治理的政策环境和邻里环境进行了刻画，从而在一个更全面的分析框架下探讨居民在参与生活垃圾治理过程中发生的行为。事实上，居民参与生活垃圾治理的行为决策是在同时考量政策环境和邻里环境约束后的结果。

（2）本书把对随意倾倒垃圾的监督行为作为居民参与生活垃圾治理的一种重要表现形式，并从制度分析与发展框架的角度来研究居民对随意倾倒垃圾的监督行为具有一定的新颖性。

1.6.2.2 研究方法的创新

（1）本书在分析居民生活垃圾分类行为时，运用广义有序 Logit 模型来估计居民的垃圾分类行为。居民从不分类到分两类、从分两类到分三类和从分三类到分四类往往并不是等距的，广义有序 Logit 模型可以有效克服平行线假定。

（2）本书在运用选择实验技术分析居民生活垃圾分类行为决策时，运用了事前的廉价谈话（cheap-talk scripts）方法和事后的确定性询问（follow-up certainty question）方法以尽量减少假想偏差。

1.6.3 不足之处

首先，在宏观实证分析的章节中，本书中的城市人均生活垃圾产生量都是用城市人均生活垃圾清运量代替的。尽管这是统计数据约束条件下的一种权宜之计，但用清运量来替代产生量会在一定程度上损失数据的精确性，从而对研究结果或有影响。此外，虽然本书验证了社会资本能够有效抑制生活垃圾的产生，但由于大中城市相关统计数据的缺乏，本书并不能揭示社会资本减少生活垃圾产生量的作用机制。

其次，囿于时间和精力的局限，以及对大范围实地调研的限制，本书在微观分析部分仅选择了四个城市进行问卷调查。尽管该四个城市相对跨度较大，但由于样本量有限，并不能普遍反映全国当下的总体情况，这不可避免地导致研究结论缺乏一定的普遍性。

再次，本书利用选择实验法研究经济激励对居民生活垃圾分类的影响是基于假设的生活垃圾管理政策，尽管本书运用了事前的廉价谈话方法和事后的确定性询问方法来减少假想偏差，但对于信息偏差和策略性偏差仍然难以消除。

最后，本书在运用制度分析与发展框架研究居民生活垃圾处置中的自发监督时，只是单向地考察了外部变量和参与者属性对居民自主监督的影响，并没有考虑居民自主监督的结果对现行制度安排的影响。事实上，该分析框架是一个动态循环的系统。

第2章 理论基础与文献综述

2.1 理论基础

2.1.1 集体行动理论

集体行动通常是指一群行为人为了达到共同目标而发生的行为。这个目标可以是有形的物品或服务的提供，如修建一所学校；也可以是无形的，如为晚上散步营造一个安全良好的环境。只要存在单个行为人无法实现的公共物品供给的合作问题，就属于集体行动的研究范畴。集体行动有个共同的特征就是达成目标个人所需付出的成本或者个人所获取的利益并不仅仅取决于个人自身的努力，而且在很大程度上依赖于其他合作者的数量。也就是说，集体行动产生了外部性。在具有共同目标的行为人组成的集团中，当所有行为人都能从合作中获益时，那么理性自利的行为人将的确会选择合作提供集体物品。至少早期集团理论家是这么认为的（Bentley，1908）。

这理所当然的想法遭到了以奥尔森为代表的基于理性选择的集体行动理论的严厉批判。奥尔森（Olson，1965）令人信服地认为，除非存在外在强制手段，或选择性激励或其他一些特殊手段以使个人按着他们的共同利益行事，理性的、寻求自我利益的行为人不会采取行动以实现他们共同的或集团的利益。当不能排除行为人消费集体物品时，以及行为人的贡献只能为自身带来很小的边际收益时，行为人将会理性地选择不合作。哈丁(Hardin，1968）也在其后认为，在附着有限资源的公地使用过程中，当缺乏外部监管或集体规则来约束公地使用时，每个行为人都将最大限度地使用公地从而导致公地的过度开发甚至枯竭。在这种社会困境中，行为人从自身利益出发所做出的最优选择与从整个集体利益出发所做出的最优选择相对立，个体选择的理性往往导致了集体选择的非理性。公共物品的供给就是集体行动问题的一个典型例子，凭借个人努力往往无法完成公共物品供给从而需要集体行动。例如，路灯、公共厕所和污染防治。但由于公共物品的消费具有非排他性和非竞争性，理性的经济人往往将会选择“搭便车”行为，最终导致公共物品供给的不足或失败。

奥尔森的集体行动逻辑和哈丁的“公地悲剧”表明，由于理性的经济人往往以自身的收益最大化和成本最小化为行动宗旨，在无外在约束的条件下，集体行动注定失败和公地资源必然枯竭。以下将从环境规制理论和社会资本理论两方面讨论在自利理性的假设下个体如何突破集体行动困境。

2.1.2 环境规制理论

环境作为一种典型的公共物品，其非排他性和非竞争性的特征决定了其既容易因过度消费产生“公地悲剧”问题，也容易因保护主体缺乏导致“搭便车”问题。环境规制理论以自利的经济人假设为出发点，主要研究如何通过引入外在强制手段和选择性激励来达到个人理性和集体理性的统一、私人收益和社会收益的统一。环境规制一般是指政府管理部门为预防和控制环境污染、保护生态环境而对微观经济活动强制执行的一系列干预或约束行为，是政府实施环境管理的主要手段。设计合理的规制政策，能够有效引导个体和厂商增强环境保护意识，改变污染环境的生活生产行为。

目前，环境规制按照演进历程以及其对经济主体排污行为的不同约束方式可以分为命令控制型环境规制（command and control，CAC）、市场激励型环境规制（market-based incentive，MBI）和信息疗法型环境规制（information-based remedies，IBR）（Tietenberg，1985）。命令控制型环境规制是指环境监管部门依照相关法律法规和制度标准要求污染者采取行动以满足环境目标，然后通过监控来判断规章是否得到执行，监管部门可以对不遵守规章的加以制裁而对表现良好的给予奖励，其规制政策主要包括产品标准、市场准入制度、生产禁令、技术规范、排放绩效标准和排污许可等。市场激励型环境规制按照环境资源有偿使用和污染者付费原则，促使外部环境成本内部化，其主要通过利用市场机制和经济手段来迫使生产者和消费者基于环境要求进行利益调整，进而形成减少环境污染的激励机制，该政策主要包括排污权交易制度、排污收费（税）制度、环境补贴、押金返还制度和执行鼓励制度等。信息疗法型环境规制主要通过信息披露、教育宣传与交流等方式，鼓励公众、非政府组织和企业参与环境保护行为，该类型规制相较于前两类具有更强的导向性、公开性和广泛性（聂爱云和何小钢，2012），其典型的政策工具包括信息披露、自愿协议、生态标签、环境认证等。

环境规制理论认为，上述三类环境规制兼具优点和局限性，对于不同的实施方式和作用对象其带来的政策效果也将不同，需要综合考虑政策实施的情境和制度环境。此外，如何科学合理地对命令控制型环境规制、市场激励型环境规制和信息疗法型环境规制进行政策组合，让三者在共同实施时形成良性的互补关系而非互斥的替代关系是近年来环境规制理论以及其现实应用中讨论的重点。

2.1.3 社会资本理论

伴随着20世纪80年代“社会资本”概念的兴起，由于社会资本理论对集体行动极具解释能力，其很快成为集体行动研究的分析框架之一（Bourdieu，1986；Coleman，1988；Fukuyama，1995；Lin，2001；Ostrom，1990；Portes，1998；Putnam et al.，1993）。虽然社会资本走过的历程并不长，但这一概念已经被广泛地运用于社会学、经济学、政治学以及管理学等学科。目前尽管不同学科就社会资本的含义以及度量还存有诸多的争议，但就社会资本在很大程度上解释了经济社会发展现象的部分事实这一点，已经取得了学界的普遍认可和一致共识。

2.1.3.1 社会资本概念和类型

由于社会资本理论的复杂性和过于宽泛，目前学界对社会资本还没有一个广为接受的、绝对权威的定义，但国内外文献中仍存在几种相对流行的社会资本概念。首先，法国著名社会学家布迪厄（Bourdieu，1986）认为，社会资本是实际或潜在的资源集合体，这些资源与拥有或多或少制度化的共同熟识和认可的关系网络有关，因而它是自然累积起来的。而科尔曼（Coleman，1988）主张从功能的角度理解社会资本，认为社会资本并不是一个单独的实体，而是具有各种形式的不同实体。但不同的实体有两个共同特征：它们由构成社会结构的各个要素所组成，而且它们为结构内部的个人行动提供便利。科尔曼还认为，社会资本和其他形式的资本一样，也是生产性的，社会资本使某些目的的实现成为可能。其次，也有学者从集体层面对社会资本进行了定义。普特南等（Putnam et al.，1993）认为，社会资本是指社会组织的特征，诸如信任、规范，以及网络，它们能够通过推动协调行动来提高社会效率。福山（Fukuyama，1995）则认为，社会资本是指群体成员之间共享的非正式的价值观念、规范，能够促进成员间的相互合作。奥斯特罗姆（Ostrom，2000）对社会资本的定义为关于互动模式的共享知识、理解、规范、规则和期望，个人组成的群体利用这种模式来完成经常性活动。最后，林南（Lin，2001）从网络资源的角度将社会资本定义为嵌入于社会网络中的资源，行动者在其中能够摄取与使用该资源。

虽然学界由于研究对象、目的和情境的不同，从而从不同层次不同学科来定义社会资本导致了社会资本概念的争议，但对于社会资本是多维度的，其核心在于具有促进某些活动和获取其他资源功能的关系和利益还是达成了共识（Bowles and Gintis，2002；Narayan and Cassidy，2001；Woolcock and Narayan，2000）。对比以上定义可知，社会资本并非是单个孤立存在的概念，而是一个带有复合性质的多维概念集合体，需要在不同的维度和语境中将其加以拆分解读。因此，参照普特南等（Putnam et al.，1993）和奥斯特罗姆（Ostrom，1990）等学者对社会资本的定义，本书把社会资本定义为一种包含网络、规范和信任三要素的能促进某些活动的资源集合体。这一定义既是对普特南等（Putnam et al.，1993）、奥斯特罗姆（Ostrom，1990）、福山（Fukuyama，1995）以及武考克和纳拉扬（Woolcock and

Narayan，2000）等以往学者概念的高度综合，目前也最多地被经济学界所采纳。

社会资本的三要素，即网络、规范和信任并不是相互割裂甚至对立的，而是相互影响和紧密联系的有机统一体（Anheier and Kendall，2002；Gächter et al.，2004；Putnam et al.，1993；Uphoff，2000）。紧密的互动网络增加了彼此的信任水平和规范的形成（Coleman，1990；Mandarano，2009；Putnam et al.，1993），普遍的规范可以有效地减少机会主义行为、孕育集体意识进而增进个体之间的信任水平和网络的参与（Pretty and Ward，2001；Woolcock，1998），而信任水平的提高和信任度的加强则有利于规范的顺利实施和网络的稳定发展（Lubell，2002；Rydin and Holman，2004）。

根据不同的分类标准，社会资本具有不同的表现形式。虽然社会资本分类的标准有很多，但本书主要阐述三种在文献中具有代表性的分类方法。

首先，格罗塔特和范·巴斯特拉尔（Grootaert and Van Bastelaer，2002）将社会资本分为水平型社会资本（horizontal social capital）和垂直型社会资本（vertical social capital）。水平型社会资本是指以横向平等关系网络为基础的社会资本，如社区居民与居民之间形成的社会资本；而垂直型社会资本是指以不对称的层级结构关系网络为基础的社会资本，如居民与政府官员之间形成的社会资本。

其次，按照其形式，社会资本还可以被划分为结构型社会资本（structural social capital）和认知型社会资本（cognitive social capital；Uphoff，2000）。前者相对后者而言更加客观且易于观察，主要指各种形式的社会组织建立的角色、规则、程序、惯例和各种社会网络。结构型社会资本通过促进信息共享、降低交易成本、协调努力、创造期望等来促进合作，特别是促进互惠的集体性行为；认知型社会资本则相对主观无形，源于文化和意识形态背景下的思想和精神层面，其主要是指共享的规范、价值观、信任、态度和信仰。认知型社会资本创造且加强了彼此间的精神依赖进而促进了互惠的集体性行为。

最后，按照社会资本的层次，可以将其划分为微观、中观和宏观三个层面（Lyon，2000；Narayan and Pritchett，1999）。微观社会资本是指个人或家庭间的水平网络以及与之相适应的价值观念和规范等；中观社会资本主要是指介于个人和社会之间的组织的水平与垂直联系，以及相对应形成的互惠规范、信任和期望等；宏观社会资本则体现为整个经济和社会活动的背景环境，如法律制度以及社会凝聚力等。

2.1.3.2　社会资本的应用与居民合作参与

社会资本作为网络、规范和信任的集合体，已经成功被用来解释诸多现象，如政治选举、经济增长、健康就业和自然资源与环境保护等。社会资本概念是理解个体如何实现合作、克服集体行动问题以及达到更高经济绩效的核心与基础（Ostrom，2000）。社区丰富的以信任、互惠规范和公民参与网络为表现形式的社会资本存量可以有效促进合作（Putnam et al.，1993）。集体的积极结果往往与高水平的社会资本存量联系在一起（Grootaert and Van Bastelaer，2002）。

总结以往文献，社会资本主要通过以下四种机制来影响居民合作倾向。首先，社会资本通过扩散知识和信息促进居民合作。在生活垃圾治理中，居民关于生活垃圾污染危害的信息，以及生活垃圾分类知识和技巧往往难以获得和掌握，尤其是在欠发达的偏远地区更是如此。在这种情况下，社会网络在传递生活垃圾相关的知识中发挥着重要作用。其次，社会资本通过降低交易成本和监督成本促进居民合作。在信息不对称或契约不可完全实施的情形下，社区共享的社会规范可以有效地降低道德风险和“搭便车”行为。同时，对其他人的高度信任也可以减少监督成本的发生。此时，社会网络是传递他人真实行为信息的重要工具，也是对违约行为采取社会制裁的重要工具。再次，社会资本通过增加契约的可执行性促进居民合作。重复互动的社会网络增加了人们在任何单独交易中进行欺骗的潜在成本，能有效弥补正式制度安排的不足，实现自我履约。最后，社会资本通过重塑个体偏好促进居民合作。在社会资本存量丰裕的社区，任何不合作行为或“搭便车”行为都会被社会网络放大进行声誉制裁，同时因为群体认同的存在，违背集体利益将会感到内疚。当个体将集体规范内化为自我认知的组成部分后，规范不仅是约束性规则，还是个人习惯性偏好（高春芽，2012；柯武刚和史漫飞，2003）。

社会资本理论其实也并不否认自利理性假设，但不同于奥尔森理性经济人假设，社会资本采用的是更为宽泛的理性社会人假设。在理性社会人假说下，获取经济利益并不是理性行为的唯一动机，理性社会人还具有其他物质要求之外的社会性需求。可以说，社会资本理论使得理性个体部分地恢复了所谓“社会人”的角色和属性，重申了个体的经济行为决策往往嵌入在社会关系之中，强调了社会网络在群体合作中的作用和影响。此外，正因为二者假设的出发点不同，在寻求公共物品有效供给出路时二者得出的建议也截然迥异。社会资本理论认为，在密集的社会网络中，社会资本的大量存在能够有效促进个体间的交流和协调，同时密集地参与网络增加了欺骗行为和不合作行为的成本，使得人们在避免未来遭受报复的约束条件下，共同遵守长期演化而成的互惠规范，从而孕育了一般性交流的牢固准则，促进了社会信任的产生，进而激励了居民公共物品的自主供给。而奥尔森在集团框架范围内分析认为，公共物品本身所具有的非排他性和非竞争性决定了“搭便车”行为的出现无可避免，使得这类产品的供给总是出现整体不足或低效的情况。出于此原因，在探讨公共物品供给主体时，政府自然而然地成为了供给这类产品的首选。然而正如前文分析，由于我国公共财政资源发展不平衡、不充分，诸多公共财政资源主要集中在东部沿海大城市，在中西部城市，尤其是在中西部城郊地区，公共物品的供给还十分滞后。而在中西部城郊地区，普遍还保留着基于血缘、亲缘和业缘等关系的社会网络，代际传递的互惠规范和社会信任也嵌套在社会网络中遗于保留。在蕴含丰富社会资本的社区中，频繁的互动可以对成员行为进行有效的监督，植根于心的互惠规范和社会信任则可以对内部成员起到极大的激励作用，从而克服“搭便车”行为转向公共物品合作供给。

然而，正如物质资本和人力资本一样，社会资本本身没有好坏之分。除了正面的影响外，社会资本也具有阴暗的一面（Portes，1998）。例如，对于某一参与网络的成员来说社会资本是积极的，而对该参与网络以外的成员却可能带来消极的后果；社会资本也可能约束着内部成员自由的同时阻碍外部成员的进入，进而引起社会的不平等。此外，社会资本也可以被不良团体用来非法的联合以及有组织的犯罪。

2.2 文献综述

2.2.1 生活垃圾管理政策研究

垃圾管理政策，一类主要是针对企业在生产行为中产生工业垃圾污染的政策，如排污税费政策、工业垃圾排污标准政策和执行鼓励制度等；另一类为刺激居民在生活中减少生活垃圾污染的垃圾管理政策，如垃圾收费政策、垃圾源头分类政策和押金返还政策等。由于本书所关注的是生活垃圾，本书主要围绕生活垃圾管理政策进行文献综述[①]。

面对生活垃圾的迅速增长，20 世纪中后期以来，西欧大多发达国家、美国、日本、韩国和新加坡等都纷纷开始对生活垃圾实施了一系列的干预政策，其中总结起来主要有以下几项生活垃圾管理政策。

2.2.1.1 生活垃圾管理政策的类型

（1）生活垃圾源头分类政策。生活垃圾源头分类通常是指家户将自家产生的生活垃圾在家中按规定的类别分类收集后，并将该分类收集的垃圾投放到指定的地点。与生活垃圾源头分类相对应的是生活垃圾服务部门对家户已分类投放的生活垃圾的收集，目前国际上主要流行两种分类收集方法：一种是近房收集方法（property-close systems），如街边收集（kerbside collection）和上门收集（door to door collection）；另一种则是离家庭住房相对较远，需要家户把垃圾送到收集点的方式（drop-off systems），如垃圾收集点（drop-off sites）和垃圾回收中心（drop-off centers）[②]。荷兰作为最早实施生活垃圾源头分类计划的国家之一，其在 1981 年开始向家户免费提供一个 120L 或 240L 的垃圾桶用来收集纸张、硬纸板、罐头瓶、废旧衣物和废旧塑料等（Pieters and Verhallen，1986）。此后，街边回收计划（kerbside recy-

① 下文中提及的垃圾管理政策均为生活垃圾管理政策。

② 垃圾收集点负责收集所有种类的生活垃圾，而垃圾回收中心一般只收集可以回收的生活垃圾。

cling schemes）逐渐在欧洲其他国家和北美国家推行。在美国，有9349个街边回收计划服务于1.4亿居民，其中有6个州的回收率在40%，有23个州的回收率在30%以上（Woodard et al.，2001）。在瑞典，一半以上的城市实施餐厨垃圾分类收集，在其中的一些城市，随着餐厨垃圾分类收集的实施，不仅居民生活垃圾总产量减少了，而且包装垃圾的分类质量也得到了提高（Miliute - Plepiene and Plepys，2015）。

（2）生活垃圾用户收费政策。用户收费（使用者收费）是指居民和企事业等单位一般享受着由政府或第三方提供的生活垃圾收集、运输和最终无害化处理等服务，需要对生活垃圾管理服务支付一定的费用。总的来说，生活垃圾用户收费分为三种类型：第一种是定额用户收费，即不管垃圾排放量是多少，均按规定的固定数额收费；第二种是计量用户收费，即按照生活垃圾排放量来决定收费的数额（pay as you throw，PAYT）；第三种是以上两种类型的结合，即产生的生活垃圾量在规定的数量以内时支付固定的费用，超过限额的部分再按量收费。由于定额用户收费对每个家庭而言，所交的垃圾处理费与其所产生的垃圾数量并不相关，定额收费不仅缺乏公平，对家户减少垃圾排放量也不具有刺激作用。而计量用户收费则能鼓励家户垃圾分类回收，刺激垃圾源头削减，进而为垃圾减量化和资源化发挥激励作用，但在实践中计量用户收费也可能由于收费太高而导致非法倾倒现象的增加（Xevgenos et al.，2015）。目前，大多数发展中国家仍旧采用的是定额用户收费，而实施计量用户收费的城市主要集中在欧洲一些发达国家、美国、日本和韩国等。

（3）填埋税。征收填埋税（费）的主要目的是促使废物生产者寻找更具经济吸引力的、有利于环境的替代填埋处理的方式，如增加堆肥或焚烧等，其更重要的是增加生活垃圾回收、促进垃圾源头削减，从而从根本上减少生活垃圾。在最近的20~30年，填埋税被用于许多国家，尤其是欧洲国家。例如，在英国，为了减少对垃圾填埋的依赖，英国政府在1996年颁布了一项对所有进入填埋场的生活垃圾征收重税的政策（Turner et al.，1998），其后英国每年都调高垃圾填埋税率，截至2014年，垃圾填埋税率已经是当初开始执行的三倍（Calaf-Forn et al.，2014）。虽然各个国家具体实施的垃圾填埋税税率差异很大，但是在大多数情况下，税率较高的国家垃圾填埋率所占的比例较低（0～6%），而税率较低和一般的国家垃圾填埋率所占的比例较大（Eurostat，2013）。然而，由于填埋税的征收并不是根据每家垃圾产生量的多少，而是被当地政府固定地平摊给家户或者基于水电的消费量，填埋税的征收并没有为居民减少垃圾提供直接的经济激励（Bilitewski，2008）。

（4）产品收费。产品收费是指对环境危害较大的产品征收费用，其基本作用是通过提高环境危害较大的产品的价格，相对降低环境危害小的产品的价格，从而减少环境影响较大的产品的生产和消费，达到减少环境污染的目的。产品收费是一种应用较广泛的环境收费制度，其不仅应用在对电池、包装等生活垃圾的管理中，还应用在交通燃料、农业等领域，如汽油、农药和化肥等。目前，在生活垃圾管理中，实施产品收费主要可以划分为两大类产品的废弃物，一类是以电池和荧光灯管为代表的产品对环境影响很大，但使用总量并不多的生活垃圾；另一类是以包装物为代表的使用总量很大而单位产品对环境的危害性并不显著的生活垃圾。对于电池和荧光灯管等产品收费的应用比较简单，也容易执行，如瑞典、葡萄牙和丹麦等就对电池实施产品收费，而对于包装的产品收费，由于种类繁多，在设计和应用中存在的问题较多，其执行费用也较高，现实中只有英国和瑞典等少数国家实施了包装产品收费。

（5）经济补贴。在生活垃圾管理中，补贴的目的在于促使污染者减少生活垃圾的产生和排放，选择更持续的垃圾处理方式，从而减少环境污染。为了鼓励企业减少生产高生活垃圾污染的产品，补贴一般包括奖金、补助金、长期低息贷款和减免税费等。例如，在维也纳，购买价格在250欧元及以上的用于生产可重复使用尿布的基本设备可以享受100欧元的补助金（Salhofer et al.，2008）。而对于普通家户而言，减少生活垃圾污染的补贴一般包括价格补贴和垃圾处置设施的补贴。例如，在加拿大，为了推动餐厨垃圾堆肥处理，当地政府资助每家安装简易家庭堆肥装置（Wilson，1996）；在以色列，为了减少垃圾的填埋量，有城市向购买500L垃圾桶的居民提供50%的价格补贴，也有城市则向装置后院堆肥池的居民提供50%的价格补贴（Palatnik et al.，2005）；在泰国，为了推动餐厨垃圾堆肥从而免于填埋处理，当地政府打算给家户免费提供餐厨垃圾箱（Suttibak and Nitivattananon，2008）；为了提高生活垃圾的回收率，西班牙、瑞典、英国和美国等的一些城市免费为家户提供近邻回收项目；在北京，当地政府给垃圾分类试点的社区居民免费提供垃圾桶或可降解的垃圾袋以鼓励居民积极地按要求实施垃圾分类（Yuan and Yabe，2014）。

（6）押金返还制。押金返还的一般含义是指消费者在购买商品时先支付一定数量的押金，当产品消费后，废弃的产品或包装容器再返还给零售商或生产者，消费者将得到之前押金的返还。押金返还制作为一种广泛应用的经济工具，主要目的是增加废弃产品和包装的回收，使得废弃产品和包装得到适当的集中处理或者再利用，从而在避免乱扔垃圾污染环境的同时减少垃圾处理的压力。此外，由于押金的存在，商品出售价格往往高于不需要押金的商品，从而刺激了无须押金商品的消费进而源头削减了该商品的消费。经过几十年的发展，押金返还制从起初应用于玻璃器皿逐渐推广应用于塑料容器、金属容器、电池、荧光灯和轮胎等。目前，押金返还制实际应用非常广泛，特别是欧洲发达国家应用较多且较有成效，例如，丹麦、挪威和德国的押金返还制覆盖了75%以上的所有包装废弃物（Xevgenos et al.，2015）。而在中国，押金返还制主要应用于啤酒瓶和液体调味瓶等。虽然不能确定是押金返还制还是分类收集项目的执行成本高，这可能和国家层面的法律框架有关（Walls，2011），但从实际的执行情况来看，押金返还制收集站收集的废弃产品和包装物比街边收集项目收集的废弃产品和包装物具有更高的纯度（Anderson，2001）。

2.2.1.2　生活垃圾管理政策的评价

在上述诸多的生活垃圾管理政策中，填埋税、产品收费和押金返还制在发展中国家的实践还处于初始阶段甚至是空白阶段，在此不作进一步讨论。而生活垃圾用户收费政策、生活垃圾源头分类政策和经济补贴政策相对涉及的范围更广且应用得更为频繁，本书接下来对此三种政策的研究现状进行进一步的梳理。

（1）生活垃圾用户收费政策对垃圾分类及产量的影响[①]。对于生活垃圾用户收费政策效果的评估，国外已有一些相关研究，但大多数研究都把篇幅集中在对垃圾计量收费政策的探讨，鲜有文章专门研究垃圾定额收费系统在垃圾减量实践中的具体作用，似乎已把垃圾定额收费系统默认为无须现实验证的不具垃圾减量效果的收费系统。

由于家户通常支付固定的费用给提供生活垃圾服务的政府或私人部门，生活垃圾处理的总成本并不能完全反映在家户支付的费用中，即便定额收费能完全反映出垃圾收集和处理的总社会成本，家户在产生额外一单位垃圾的成本为零（Reschovsky and Stone，1994；Batllevell and Hanf，2008）。更高的定额收费只能通过收入效应发生作用，然而由于生活垃圾收费往往只占家庭收入中很小的比例，这样的收入效应在影响生活垃圾产量上完全可以忽略不计（Wertz，1976）。此外，定额收费政策并没有考虑社会公平因素。低收入者不仅在源头上产生的垃圾少而且更愿意增加回收减少垃圾量，然而低收入者和高收入者支付的费用却是相同的，在这种系统下，实际上是低收入者在为高收入者补贴费用（Reschovsky and Stone，1994）。通过对比利时佛罗明区的分析，盖林克和韦尔赫斯特（Gellynck and Verhelst，2007），以及盖林克等（Gellynck et al.，2011）确实发现垃圾定额收费对人均残余垃圾排放量并无显著影响。

在这样的情况下，一些发达国家纷纷开始实施生活垃圾计量收费政策。虽然该政策相比定额收费政策更具社会公平已在目前文献中得到一致认可，但其实际的减量效果仍存在一定的争议。威兹（Wertz，1976）第一个研究了垃圾计量收费政策对垃圾排放量的影响，通过简单比较已经实施计量收费政策的旧金山市和美国其他一般城市的平均垃圾产生量，其发现垃圾计量收费金额每提高1%，预计将会降低0.15%的垃圾排放量。而后，各国诸多学者也作了类似的研究。美国爱荷华州的一项调查发现，在社区实行垃圾按量收费政策之后，垃圾回收率平均提高了50%（Frable et al.，1997）。斯库麻兹（Skumatz，2000）利用美国各州的社区数据，通过基于截面数据

① 这里所说的生活垃圾收费政策是指狭义上的用户收费，不包括填埋税费，产品收费。

的处理组和控制组的对比，以及基于时间序列数据的事前和事后的对比，结果都表明垃圾按量收费政策具有较大的垃圾减量效应，总的减量效应为16%～17.3%，其中，通过回收减少5%～6.9%，通过庭院垃圾堆肥减少4%～4.6%，通过源头减少5%～7%。福兹和吉尔斯（Folz and Giles，2002）在美国国民邮寄调查数据的基础上，利用OLS回归发现垃圾按量收费政策在提高垃圾回收率和减少垃圾填埋量上都具有显著的作用。生活垃圾收费每袋提高一美元可以带来每人每年412磅垃圾的减少，而同时每人每年只能提高30磅的垃圾回收量（Kinnaman and Fullerton，2000）。这个差值可能是垃圾源头削减或堆肥导致的，但也可能是不期望看到的非法焚烧或倾倒导致的。

爱尔兰在由传统的垃圾定额收费政策转向垃圾按量收费政策后，相比于2000年90%收集的垃圾被最终填埋，现在40%收集的垃圾被回收利用（Irish Presidency of the EU，2004）。绍尔等（Šauer et al.，2008）通过对捷克一些代表城市的问卷调查，发现在实施垃圾按量收费政策的地区，当地居民确实分离了更多的垃圾从而产生了更少的残余垃圾（residual waste）①，实际上，捷克的实践经历也表明PAYT的引入对城市总生活垃圾的减量效应达到22%。酒井等（Sakai et al.，2008）对日本四个城市的案例研究表明，PAYT政策的实施减少了20%～30%的残余垃圾，通过与其他政策的组合实施，尤其是与容器和包装回收政策的组合，PAYT政策可以带来垃圾的大幅减少。然而，日本两种不同的PAYT收费系统的垃圾减量效果具有明显差异。在这两种PAYT收费系统中，一种是简单的垃圾计量收费系统，每家的垃圾费等于其产生的残余垃圾量乘以某一固定的费率；另一种是双层的垃圾计量收费系统，每家产生的残余垃圾量所属的区间不同则其征收的费率也不同，每家的垃圾费等于其产生的残余垃圾量乘以其所在区间实行的费率。在日本219个实施生活垃圾计量收费政策的城市中，山川和上田（Yamakawa and Ueta，2002）发现，双层的垃圾计量收费系统比简单的垃圾计量收费系统能更有效地减少可燃垃圾产生量。

---

① 残余垃圾是指最终焚烧和填埋处理的垃圾。

此外，不同的计量方式也将带来不同的垃圾减量效果。达伦和拉格维斯特（Dahlén and Lagerkvist，2010）通过对比发现，在瑞典，垃圾从重量收费的城市人均生活垃圾产生量比垃圾从体积收费的城市少了 20%。然而，值得注意的是，达伦和拉格维斯特（Dahlén and Lagerkvist，2010）还发现，即便生活垃圾是从重量收费，其垃圾减量效应在不同城市差异也很大，在一些城市，其减量效果很大，而在另外一些城市几乎没有明显的效果。洪等（Hong et al.，1993）通过对俄勒冈州波特兰市 4306 个家庭的调查，发现尽管提高垃圾计量收费能有效促进居民实施垃圾回收，但是对垃圾收集服务的需求并没有显著减少，从而说明垃圾计量收费的增加并不能显著减少垃圾排放量。

垃圾按量收费政策的执行还可能促进垃圾源头分类行为的实施。欧洲许多城市在实施垃圾按量收费政策后，结果显示，垃圾源头分类后的可回收量的增长几乎和垃圾残渣的减少同比例，并且垃圾源头分类后的可回收率上升到 70% 以上（Bilitewski，2008；Reichenbach，2008）。在没有实施生活垃圾计量收费政策而只有回收服务的地区，居民没有动力分类垃圾从而回收垃圾，而生活垃圾计量收费政策的引入导致了 40% 混合垃圾的减少（Watkins et al.，2012）。同时，当没有实施生活垃圾源头分类，尤其是对餐厨垃圾的源头分类时，光有垃圾按量收费政策也是远远不够的，要求源头分类的垃圾上门收集服务可以使垃圾按量收费政策更容易实施（Puig-Ventosa，2008）。

（2）生活垃圾源头分类政策对垃圾产生量的影响。生活垃圾源头分类是提高垃圾回收、实现垃圾减量的重要途径。随着生活垃圾源头分类在许多国家开始实行，进入 21 世纪以来，国际上已经出现了一些关于生活垃圾源头分类政策对垃圾产生量影响的研究。

在英国伦敦附近的一个叫威尔德统的农村地区，当地政府通过引入一个新的街边收集项目，使当地需要填埋的生活垃圾量减少了 55%（Woodard et al.，2001）。该街边收集项目的主要做法是在住宿区给居民提供三种不同的垃圾桶（可堆肥垃圾桶、可回收垃圾桶和其他垃圾桶），并每两周收集清理一次垃圾桶内的生活垃圾，而对任何丢弃在垃圾桶外的垃圾并不收集清理。阿达格（Ağdağ，2009）通过对土耳其代尼兹利实施垃圾源头分类政策前后的对比研究发现，垃圾源头分类政策使垃圾回收量从2003年（政策实施的前一年）的195吨上升到1549吨。马赞蒂等（Mazzanti et al.，2008）以意大利省级层面的数据为分析对象，发现政策规定的源头分类收集的垃圾占总垃圾量的份额与生活垃圾总产量和人均产量均呈显著的负向关系，说明强烈的生活垃圾源头分类收集的政府承诺对垃圾减量具有重要作用。

拉森等（Larsen et al.，2010）利用生命周期评价模型分析了丹麦奥尔胡斯的多种垃圾分类回收方案，发现街边收集项目的垃圾回收率最高，其最终每年产生的人均残余垃圾也最少，为215.5千克，而带有不同垃圾收集箱的垃圾回收点也是合理的选择，通过此途径每年产生的人均残余垃圾量为231.7千克，但是通过垃圾回收中心来收集可回收垃圾的回收率最低，从而导致每年产生的人均残余垃圾量最高，为248.3千克。伯恩斯塔德等（Bernstad et al.，2011）也利用生命周期评价模型研究了瑞典南部奥古斯滕伯格地区的垃圾源头分类项目，基于现实的源头分类和错误分类比例的数据，得出现状的源头分类项目可以从总的垃圾中分拣出33%的可回收物或生植物废弃物的结论。此外，其研究结果还表明，当垃圾源头分类项目处于最优水平（即错误分类比例为零）时，可回收物所占总垃圾的比例将会达到80%且能有效减少一些环境污染问题。

此外，生活垃圾源头分类项目的不同也将导致其垃圾减量效果的不同。布乔尔等（Bucciol et al.，2013）通过对意大利特雷维索地区生活垃圾管理系统的分析，得出相比于回收点收集系统，上门收集系统能更有效地减少人均垃圾产生量，且上门收集系统的垃圾减量效应随着实施年数的增多而增大。达伦等（Dahlén et al.，2007）通过将瑞典三个实施街边收集的城市与三个实施回收点收集的城市对比，发现与实施回收点收集的城市相比，实施街边收集的城市居民丢弃在残余垃圾中的可回收垃圾更少。同时，垃圾源头分类收集的种类不同也将导致残余垃圾排放量的不同。达伦等（Dahlén et al.，2007）通过对比研究还发现，实施有机垃圾分类收集的城市不仅减少了残余垃圾中的有机垃圾，而且还减少了残余垃圾中的可回收垃圾。盖林克等（Gellynck et al.，2011）也得出了相似的结论，其对比利时佛罗明区的研究发现，虽然街边收集项目回收的垃圾种类以及垃圾回收中心回收的垃圾种类对残余垃圾的产生量没有显著影响，但街边收集项目是否分类收集有机垃圾对垃圾减量目标的实现具有重要影响。生活垃圾源头分类项目是否强制实施也对垃圾产生量有影响。强制的垃圾分类回收项目的平均公众参与率将近是自愿的垃圾回收项目的两倍，二者分别为74.3%和39.7%，而前者的平均生活垃圾减少率也将近是后者的两倍，分别为21.6%和12.2%，但是强制的垃圾分类回收项目需要强有力的监督和提醒政策的执行（Folz，1991）。

然而，事实上，生活垃圾源头分类政策自身并不能减少垃圾排放量，其最终是通过影响居民的垃圾分类和回收行为进而影响垃圾产生量。在捷克的城市地区，虽然实施垃圾分类的家户和没有实施垃圾分类的家户在人均残余垃圾产生量上没有太大的差别，但是实施垃圾分类的家户的人均残余垃圾产生量还是显著少于没有实施垃圾分类的家户（Šauer et al.，2008）。在孟加拉国的达卡市，居民实施生活垃圾源头分类行为的意愿直接影响其生活垃圾的产生量（Afroz et al.，2011）。居民对分类回收规则的遵从直接决定其分类效率，而分类效率高的地区导致更多的可回收垃圾被源头分类收集，从而其产生的残余垃圾也更少（Aphale et al.，2015）。

（3）补贴政策对居民生活垃圾源头分类的影响。补贴政策已广泛应用于资源与环境管理，如濒危动物的保护、水土资源的保护和森林草场的恢复等，国内外也有大量的文献验证了补贴对自然资源与环境保护的重要性。然而，作为环境管理重要组成部分的生活垃圾管理，补贴政策目前在其中的应用与研究仍未受到应有的重视。在生活垃圾管理中，虽然基于"污染者付费原则"的惩罚手段可以有效约束具有负外部性的环境行为，如生活垃圾的排放，但对于具有正外部性的环境行为则需要补贴手段的诱导，如生活垃圾源头分类行为。事实上，生活垃圾日益围城的严峻形势也表明，目前单一的惩罚手段难以实现生活垃圾的有效管理。如何综合利用惩罚手段和奖励手段来促进生活垃圾的有效管理也逐渐成为该领域的一个重要研究方向。

由于大多数发展中国家的生活垃圾一直是混合收集的，当地居民与生俱来的没有生活垃圾源头分类的习惯，甚至多只是把具有经济价值的垃圾挑选出来进行售卖以获取一定的经济收入（Moh and Manaf，2017）。此外，不像发达国家实施的生活垃圾计量用户收费，发展中国家实施的定额用户收费不具备刺激居民实施垃圾分类的激励功能。因此，居民没有经济动力来实施生活垃圾源头分类。

为了诱导居民实施生活垃圾源头分类行为，有些国家开始尝试对居民提供一定的补贴或奖励以刺激居民实施分类行为。姆比巴（Mbiba，2014）通过对非洲南部和东部地区城市居民的访谈发现，当向居民提供免费的垃圾袋和一定的实际经济补偿后，居民将会对生活垃圾源头分类表示欢迎。奥乌苏等（Owusu et al.，2013）对加纳的研究也得出了相似的结论，认为免费提供垃圾分类桶和降低垃圾收集费是确保生活垃圾源头分类成功实施的重要途径。杨等（Yang et al.，2011）在分析北京城市居民生活垃圾源头分类行为后，提出现金奖励或补贴等经济手段可以成为居民的第二内在动机，从而吸引更多的居民提高生活垃圾分类率。

2.2.2 社会资本与居民环境保护合作行为研究

社会资本理论不仅在政治民主、经济增长和劳动就业等领域有广泛的应用，其逐渐也被用来解释自然资源与环境保护的合作行为（Ostrom，1990；Pretty，2003；Adger，2003；Gutiérrez et al.，2011；Jones，2010；Lehtonen，2004；de Krom，2017；Crona et al.，2017）。事实上，有些学者已经验证了社会资本在特定情境下对环境管理具有重要的作用，但就社会资本对环境保护的影响机理，以及社会资本是否总是扮演着积极的角色而言，学界还远未达成一致的认可。

在宏观层次上，约戈（Yogo，2015）以核心要素信任代替社会资本，通过利用非洲撒哈拉以南13个国家的面板数据，研究了信任对环境物品的支付意愿的影响，结果显示，在考虑了信任度量偏误、潜在的内生性偏误，以及控制了其他变量的影响后，信任显著地提高了居民对环境物品的支付意愿。万建香和梅国平（2012）通过对江西24个重点调查产业2002~2009年的面板数据分析，发现社会资本积累不仅能促进经济增长，而且是公众环境保护的重要动力。易卜拉欣和劳（Ibrahim and Law，2014）借鉴其他学者基于社会信任、规范和网络结构构建的社会资本指数，利用69个国家和地区的面板数据，实证研究发现，社会资本拉低了因经济发展带来的二氧化碳排放量，即社会资本存量较高的国家往往经济发展造成的污染成本更低。鲍德尔和谢弗（Paudel and Schafer，2009）以社会组织为基础构建了社会资本指数，分析了美国路易斯安那州53个县的社会资本与水污染的关系，结果显示，社会资本只对水体的氮污染有显著的非线性影响，而与水体的含磷量、溶氧量没有直接关联。具体而言，在社会资本存量最低的地区，水体氮污染最严重，随着社会资本存量的增加，污染水平逐渐下降，但当社会资本存量越过某一临界点时，污染水平随着社会资本存量的增加而上升。与上述学者的研究结论不同，格拉夫顿和诺尔斯（Grafton and Knowles，2004）在研究社会资本与国家环境绩效的关系时，使用来自53个国家的截面数据，得出的结果显示，社会资本并没有如人们预期的那样显著地提高国家环境质量，二者不存在明显的相关关系。其对此结果给出的潜在原因是，社会资本对环境的影响取决于社会资本的类型是如何被应用，以及是否与环境管理或宣传直接相关。此外，不同的制度环境和研究层次也将导致社会资本对环境的影响不同。社会资本在地方层面能提高环境绩效并不意味着在更高的加总水平也具有该功能。

国内外学者也纷纷把社会资本概念引入微观层次的居民环境保护合作领域中。欧尼克斯等（Onyx et al.，2004）通过对澳大利亚布罗肯希尔地区社区居民的问卷调查，发现那些社会资本得分较高的居民往往表现出对环境更强的关心度。普雷蒂和史密斯（Pretty and Smith，2004）通过对多种集体资源管理项目的总结，认为社会资本是推动个人行动以保持生物多样性结果的必要资源。随着新规则、规范和制度在频繁的互惠互动行为中的产生，农民逐渐提高了对生物多样性和农业生态学之间关系的认识和理解，这个学习的过程加快了新观念的传递从而能在较大范围内产生积极的生物多样性结果。陈秋红（2011）通过对一个社区主导型草地共管项目的案例研究，认为包括传统文化、社区制度、社区组织、社区信任、民间规范和社区联系等在内的社会资本在草地共管机制形成和成功实践中发挥着关键作用。刘等（Liu et al.，2014）利用来自中国两个典型生态旅游目的地的居民调查数据，研究表明，高水平的社会资本尤其是认知型社会资本，是引导当地居民实施亲环境行为的重要工具，如拥护和执行自然保护政策，采取行动保护周边自然环境。颜廷武等（2016）研究了湖北两市农民对农业废弃物资源化的投资意愿，结果显示，社会资本显著地提高了农民的投资意愿及投资额度。

布马等（Bouma et al.，2008）通过对印度农村资源管理的分析，发现村级层面的平均社会资本与农民对保护土壤与水资源的投资显著相关，但该显著关系只有在政府部门或非政府组织不对农民投资行为给予补贴的情况下成立。哈尔科斯和琼斯（Halkos and Jones，2012）研究了居民对保护希腊北部国家公园生物多样性的支付意愿，发现社会资本尤其是社会规范和社会信任要素，有效地提高了居民的支付意愿和支付水平。琼斯等（Jones et al.，2015）利用英格兰东南部罗姆尼羊地区的居民调查问卷，发现社会资本在居民对维护海岸防护工程的支付意愿中具有重要作用，然而不同社会资本要素的作用差异明显。具体来说，社会信任和制度信任显著提高了居民对维护海岸防护工程的支付意愿，而社会网络却抑制了居民对维护海岸防护工程的支付意愿。相反，社会资本的缺乏是导致阿根廷海岸过度开发和侵蚀的重要原因（Rojas et al.，2014）。然而，社会资本也可能扮演消极的角色。博丁和克罗纳（Bodin and Crona，2008）从渔民村社会资本和领导能力的角度分析了为什么在渔业下降、近海栖息地退化明显和渔民们日益意识到这些问题的情况下可持续管理的集体行动并没有发生，研究显示，强大的社会资本和关键的领导人物并没有促使渔民共同采取行动以应对渔业资源的过度开采。其对此的解释是，密集互动的网络与和谐相处的规范并没有提高反而抑制了渔民对其他人的违规行为进行举报的意愿，而关键的领导人物只有关于购买渔具的人际网络而缺乏关于金融机构和鱼类销售商的联系，从而导致了渔民们的恶性竞争和渔业资源的过度开采。

2.2.2.1 社会网络对居民环境保护合作行为的影响

社会网络是指镶嵌于社会结构之中的人与人、人与团体等之间的关系构成的复杂网络（黄晓东，2011）。普特南（Putnam，2000）把网络理解为公民参与网络，在一个共同体中，公民参与网络促进了有关信息流通，培育了强大的互惠规范，累积了合作的经验，增加了彼此在任何单独交易中进行欺骗的潜在成本，公民参与网络越密，公民就越有可能进行为了共同利益的合作。除以上理论研究外，学者们还进行了广泛的经验研究。克拉姆（Cramb，2005）利用菲律宾土地关爱项目的数据，实证分析发现，农民通过加入当地土地关爱小组为其信息的获得和技术的支持提供了渠道，促进了农民土壤保护行为。普拉托和塞其（Platteau and Seki，2001）发现，日本渔民通过关系网络促进了捕鱼信息和市场信息的共享，从而实现渔业资源的可持续开发。菲奥里洛（Fiorillo，2013）基于意大利全国性调查数据，以5种废弃物（纸、玻璃、塑料、铝、废弃食物）的回收行为为例实证分析了居民垃圾回收行为，结果表明，居民垃圾回收行为与关系网络（参与非营利组织、做礼拜、讨论时事、看报纸）显著相关。安德森（Anderson，2014）也得出相似的结论，强调了在公共政策执行期间社会网络在促进信息的流通和最小化由于信息缺乏导致的不遵守行为中的重要作用。琼斯等（Jones et al.，2010）研究了希腊米蒂利尼地区社区居民对一项基于市场手段的生活垃圾管理政策的接受程度，研究发现，在广泛存在“搭便车”行为的社区中，社会网络并不能提高居民对旨在减少垃圾和增加回收的政策的有效性感知，从而也不能诱导居民如实贯彻政策要求以提高生活垃圾管理。

此外，不同规模、密度、强度、异质性程度、封闭性程度等特征的网络也会对合作行为产生不同的影响（Granovetter，1973；Marwell et al.，1988；Siegel，2009）。米勒和拜斯（Miller and Buys，2008）在澳大利亚易干旱社区的居民用水行为调查数据的基础上，得出了紧密联系的邻里关系网络促进了集体环保行为。蔡（Tsai，2008）以中国台湾地区的垃圾回收为例，指出回收垃圾占总垃圾的比例与居民加入志愿者协会和社会组织的数量呈显著的正相关关系，即社会网络规模越大，垃圾回收率越高。德希尔瓦和拜县（D'Silva and Pai，2003）从社会资本的视角来分析印度农村联合森林管理和流域发展的实施绩效，通过对三个村庄的实施绩效和社会资本存量对比，发现在种族分化和贫富差距较大基础上形成的异质性网络是实施绩效较低的重要原因之一。然而，社会网络在促使不同利益主体共同有效应对资源管理困境中的重要作用并不意味着所有的网络特征都能在资源治理过程中一直显示出单调递增的积极效果，识别出治理效果最好而负面效应最小的网络结构特征既是一个重要的研究方向也是一个严峻的现实挑战（Bodin and Crona，2009）。

2.2.2.2　社会规范对居民环境保护合作行为的影响

社会规范是某一社会群体内为人们所共享的关于义务、允许以及禁止性行动的共同认识，它是人类致力于建立秩序和增加社会结果可预测性的努力结果（Bodin and Crona，2009；Ostrom，1990；Ostrom，2000）。社会规范既可以是诸如法律、制度、规则和准则等形式的正式规范，也可是像道德、习俗和惯例等非正式规范。正式规范明文规定了期望每个人都遵守的行为标准，可以制裁个体违背被期望的行为，能直接外在强制地约束集体成员行为（Pargal et al.，1997），而非正式规范一般是基于道德、承诺、周围人的正向或负向激励的考虑，个体成员已经约定俗成、无明文规定的行为准则（Cohen，1999）。哈尔科斯和琼斯（Halkos and Jones，2012）以保护希腊北部国家公园的生物多样性为例，认为违反社会规范是不合理的居民对保护生物多样性的支付意愿更高以及支付额度更大。在居民生活垃圾回收方面，哈尔沃森（Halvorsen，2008）通过分析挪威居民六种废弃物（纸和硬纸板、饮料纸盒、塑料、金属、玻璃和有机废物）的回收行为，发现社会规范和道德规范都显著提高了居民回收行为的实施。阿伯特等（Abbott et al.，2013）利用英格兰当地政府关于家户垃圾回收量及其决定因素的数据，研究发现，以周围参照组的平均回收量为表征的社会规范和居民的垃圾回收行为呈显著的正相关关系。伯格伦德（Berglund，2006）则利用居民对别人来负责垃圾分类的支付意愿来表征其垃圾回收行为造成的成本，在调查瑞典北部的一个城市后，研究表明，规范动机显著地降低了家户实施垃圾回收行为的感知成本。萨普森和尼克松（Saphores and Nixon，2014）利用美国国家住户调查数据，研究发现，诸如规范、信念和态度等的内在变量是家户实施垃圾回收行为的重要决定因素。

此外，部分学者把社会规范分为外在的社会规范和内在的社会规范，认为不同形式的社会规范对居民垃圾回收行为的影响也不同。哈格等（Hage et al.，2009）在分析瑞典四个城市住户的生活垃圾回收行为后，结果显示，由社会规范内化而成的道德规范很大一部分解释了住户间垃圾回收行为的差异，但道德规范在解释垃圾回收行为中的重要性随着垃圾收集设施的改善而降低，然而社会规范对居民垃圾回收行为并没有显著影响。维斯库西等（Viscusi et al.，2011）利用美国关于垃圾回收行为的问卷调查，得出相比于其他人强制给行为人的社会规范，基于内在价值观而形成的个人规范能更有效地提高居民生活垃圾回收量的结论。值得注意的是，在上述两篇研究中，作者以周围人对被调查者垃圾回收的期望来度量社会规范，而以垃圾回收是道德义务来度量道德规范或以被调查者对周围人垃圾回收的期望来度量个人规范，这种做法实际上混淆了社会规范的定义，也缩小了社会规范的涵盖范围。事实上，社会规范既通过内在机制也通过外在机制来约束人们的行为，尽管这两种机制在不同情境下的作用显著程度各异（Burke and Young，2010）。虽然社会规范在诱导居民环境保护合作行为中发挥着重要的作用，但并不是所有的社会规范都能带来预期的效果，例如，那些与环境保护观念冲突的社会规范反而会阻碍居民对环境问题的认识从而不参与环境保护（Jones，2010）。

2.2.2.3　社会信任和制度信任对居民环境保护合作行为的影响

信任是行为人评估其他行为人或机构将会进行某一特定行动的主观概率水平，这种评估先于该行为者对此特定行动的监控之前，并会影响该行为者自己的行动（Gambetta，2000）。从根本上讲，信任是人们对交换规则的共同理解，即允许行为人对他人行为有预期，并且在缺少完全信息或合法保证的情况下遵循信任原则（Tonkiss，2000）。社会资本之所以能够帮助克服人类集体行动困境，就是因为它能创造人与人之间的信任关系（黄晓东，2011）。信任一般可分为社会信任和制度信任，前者是指在一定范围内对其他人的信任，而后者是指对国家机构部门的信任（Jones，2010）。此外，根据信任群体的范围，社会信任又可以分为特殊信任和普遍信任

（Uslaner and Conley，2003；李伟民和梁玉成，2002）。前者以亲缘和拟亲缘关系为基础，关系的亲疏厚薄直接决定着信任的有无和强弱，后者以观念信仰共同体为基础，信任程度没有明显的内外有别之分（Fukuyama，1995；Weber，1951）。

虽然有些学者把信任概念引入了环境管理研究领域，但目前学界关于信任对居民环境保护合作行为的影响仍未达成一致的意见。格拉夫顿（Grafton，2005）通过案例研究分析了社会资本对渔业治理的影响，研究结果显示，在具有高社会信任水平的渔民社区，渔民更倾向于自觉遵守自然资源管理条例，并不需要外在控制机制渔民就能实现对渔业资源的协作管理。托格勒和加西亚·瓦利尼亚斯（Torgler and Garcia-Valiñas，2007）实证分析了西班牙居民环境保护态度的影响因素，发现被以往研究所忽略的社会信任以及环保组织的参与显著地正向影响着居民的环保偏好。而约根森等（Jorgensen et al.，2009）通过构建居民水资源消费模型，认为信任在居民水资源节约行为中扮演着重要的角色，居民对其他人的节水信任以及对水资源管理部门的信任都重要影响着其节水行为。类似的，居民对美国林务局的高水平信任提升了居民对其保护濒危物种胜任能力的预期，居民从而愿意接受和采取森林管理措施以保护濒危动物（Cvetkovich and Winter，2003）。波利邹等（Polyzou et al.，2011）利用希腊米蒂利尼地区的居民调研数据，研究了居民对改善饮用水质量的支付意愿，结果显示，制度信任显著提高了居民对改善饮用水质量的支付意愿，而社会信任对居民支付意愿的影响不显著。琼斯等（Jones et al.，2012）研究了北希腊居民对湿地三角洲生态系统保护政策的接纳程度，研究表明，居民对保护政策的感知收益与制度信任和社会信任（包括普遍信任和特殊信任）高度正相关，较高的感知收益从而增加了居民对保护政策的接纳程度。说明在不同的情境下，不同研究主题的环境保护合作行为对信任的需求程度和类型都不同。然而，乌斯兰纳和康利（Uslaner and Conley，2003）的研究认为，特殊信任不利于产生广泛的居民合作参与。需要指出的是，高水平的信任并不是与生俱来的。但信任能够从社会资本的另外两个要素中产生，即社会网络和规范（Putnam et al.，1993）。

2.2.3 居民参与生活垃圾治理的合作行为研究

目前，居民参与生活垃圾治理的实际行为主要有两种，一种为斥资行为，即对生活垃圾管理的支付行为；另一种为投劳行为，包括生活垃圾源头分类行为，生活垃圾处置行为和对他人随意倾倒垃圾的监督行为等。接下来也将从这两个方面进行文献梳理。

2.2.3.1 居民对改善生活垃圾管理服务的支付行为研究

生活垃圾管理服务作为城市本该提供的最基本服务在中西部城市尤其是在城郊区并未得到有效的供给。在这些地区，由于当地政府财政预算有限以及中央政府对东部大中城市的财政倾斜，生活垃圾管理服务仍然停留在简陋甚至原始的水平。随着人民生活水平的日益提高，其对生活垃圾管理服务的需求也在提升。在财政预算极其有限的情况下，居民为改进生活垃圾管理服务支付费用便成为一种解决方案。从而，居民对改进生活垃圾管理服务的支付意愿及行为就成为解决财政空缺问题的关键。

居民对改进生活垃圾管理服务的支付意愿及行为已获得了学界的广泛关注。阿塔夫和德沙佐（Altaf and Deshazo，1996）利用条件价值评估法（contingent valuation method，CVM）分析了巴基斯坦古吉兰瓦拉市居民对改善生活垃圾管理的需求，研究指出，对改善垃圾管理感兴趣的居民平均每户每月愿意支付9.80卢比。金等（Jin et al.，2006）研究了澳门居民对生活垃圾管理的支付意愿，发现男性、家庭收入、受教育程度、对生活垃圾管理的关注程度和是否参加环境保护组织对支付意愿有显著的正向影响，而年龄显著地负向影响了居民的支付意愿，其还通过双边界二分式条件价值评估法（double-bounded dichotomous choice contingent valuation method，double-bounded DC-CVM）和选择实验法（choice experiment，CE）得出平均每人每月的支付意愿分别为19.20澳元和20.48澳元。库等（Ku et al.，2009）研究了韩国居民对生活垃圾处理系统的支付意愿，发现每户居民每年对完全改进的生活垃圾处理系统的支付意愿为1.89~2.02美元，但年龄、收入和受教育程度对支付意愿的影响并不显著。酒田（Sakata，2007）通过对日本鹿儿岛的问卷调查，研究显示，增加对垃圾的回收、减少垃圾处理中二噁英的排放显著提高了居民的支付水平，而需要居民分类的垃圾种类越多以及不免费提供垃圾排放的数额则降低了居民的支付水平。

丰塔等（Fonta et al.，2008）运用条件价值评估法研究了尼日利亚埃努古州居民对改善生活垃圾管理设施的支付意愿，研究发现，女性、家庭收入、家庭规模、对环境质量的感知和对筹资管理机构的信任对居民的支付意愿有显著的正向影响，总的来看，每月每户平均愿意支付1.8美元用以改善生活垃圾管理设施。阿夫罗兹等（Afroz et al.，2009）分析了孟加拉国达卡市居民对上门垃圾收集系统的支付意愿，结果表明，在未实施垃圾上门收集的地区，年龄、家庭收入和对垃圾管理关注显著提高了居民的支付意愿，而性别、家庭规模和受教育程度对支付意愿不具显著影响，平均来说，居民每户每月仅愿意支付0.18美元。佩克和贾马尔（Pek and Jamal，2011）则对马来西亚居民对生活垃圾处理的支付意愿进行了研究，结果显示，年龄、家庭规模和家庭收入对居民的支付意愿具有显著的正向影响，而受教育程度更高、自有住房和是环境组织的会员则显著降低了居民的支付意愿。阿夫罗兹和马苏德（Afroz and Masud，2011）也研究了马来西亚居民对改善生活垃圾管理设施的支付意愿，发现受教育程度、家庭收入和对垃圾管理的关注提高了居民的支付意愿，而年龄则有相反的作用，总的来说，平均每户每月愿意支付7.18美元用以改善生活垃圾管理设施。邹彦和姜志德（2010）通过对河南省淅川县农户的调查，研究指出，户主受教育水平、家庭纯收入和家庭目前在学人数显著促进了农户对生活垃圾集中处理的支付意愿，而户主健康状况、家庭规模对农户的支付意愿有显著的负向影响。而梁增芳等（2014）对三峡库区农户生活垃圾处理的支付意愿的研究显示，户主的文化程度和对环境是否关心在农户支付意愿中起着重要作用，而户主年龄、性别和家庭收入等特征与农户支付意愿没有直接联系。此外，琼斯（Jones et al.，2010）利用希腊米蒂利尼地区的居民调查问卷，分析了居民对生活垃圾按袋收费政策的认知程度及居民对改善环境的支付意愿，结果表明，不论是否考虑零支付意愿样本，社会资本在居民的支付意愿中都发挥着重要的作用。

2.2.3.2　居民生活垃圾源头分类与垃圾处置监督行为研究

生活垃圾源头分类作为实现垃圾资源化、减量化和无害化管理的前提条件，其在生活垃圾管理过程中的重要性也逐渐被相关政策制定者所认识。然而，虽然生活垃圾源头分类能给下游处理环节带来诸多的好处，但生活垃圾源头分类往往要求居民长期分类地收集和贮存垃圾。作为生活垃圾源头分类行为的主体，居民在何种条件下更可能实施垃圾分类行为或如何诱导居民实施生活垃圾分类行为便成为相关管理部门必须深思熟虑的难题。埃克雷等（Ekere et al.，2009）通过对乌干达维多利亚湖新月地区居民农业废弃物分类和利用行为的分析，结果表明，性别、土地规模、居住位置、邻里行为、是否是环境组织的会员都显著解释了居民农业废弃物的分类和利用行为。塔德塞（Tadesse，2009）研究了埃塞俄比亚麦克雷镇居民的环境关注程度与生活垃圾分类和处置行为，得出家庭规模、对垃圾的态度、垃圾回收经历和房屋与垃圾桶的距离都显著影响居民生活垃圾分类行为的结论。奥乌苏等（Owusu et al.，2013）则探讨了加纳地区经济激励对居民实施生活垃圾源头分类态度的影响，结果显示，当每月向每户提供 1.63 美元的经济补偿时，大概 80% 的家户愿意实施生活垃圾分类，此外，对生活垃圾分类的认知和足够的家庭分类空间也是影响居民垃圾分类的重要因素。伯恩斯塔德（Bernstad，2014）对瑞典马尔默地区的居民餐厨垃圾分类行为进行了案例研究，结果表明，在给居民的厨房安装一个垃圾分类设施后，分类收集的餐厨垃圾以及总垃圾的分类比例都得到了大幅的提升。姆比巴（Mbiba，2014）对非洲南部和东部地区城市居民的生活垃圾分类意向进行了实地访谈，访谈表明，当向居民提供经济激励时，如提供免费的垃圾袋、切实的经济利益和明确的分类指导，居民将会欢迎生活垃圾源头分类项目的实施。

曲英（2011）利用大连城市居民的调查数据研究了居民生活垃圾源头分类行为的影响因素，认为环境态度、感知的行为障碍、感知的行为动力、公共宣传教育、主观规范、利他的环境价值和利己的环境价值是影响居民生活垃圾源头分类行为意向的主要因素，而且居民的行为意愿直接影响居民是否实施垃圾源头分类行为。加尼等（Ghani et al.，2013）以计划行为理论为基础分析了马来西亚博特拉大学的教职工参与餐厨垃圾分类的影响因素，结果表明，垃圾分类行为与分类设施、分类知识、贮存方便、收集频率和个人道德价值观相关。阮等（Nguyen et al.，2015）通过对越南河内地区的问卷调查分析了居民生活垃圾分类意向的影响因素，研究发现，感知的困难、道德规范、互惠和信任是解释居民垃圾分类行为意向的重要因素。而陈绍军等（2015）同时探讨了影响宁波城市居民生活垃圾分类意愿及行为的因素，最终结果显示，年龄、性别、受教育程度、垃圾分类宣传和惩罚措施对居民垃圾分类意愿有显著影响，而对垃圾分类行为并无显著影响，垃圾分类知识和对垃圾分类必要性的认知则同时影响了居民生活垃圾分类的意愿和行为，而只对居民垃圾分类行为有影响的是否为试点小区和是否具有分类设施。

菲奥里洛（Fiorillo，2013）利用意大利全国性调查数据，分析了居民对五种生活垃圾（废弃纸、玻璃、塑料、铝和食物）的回收行为，结果表明，垃圾回收行为与居民性别、年龄、受教育程度、家庭收入、关系网络（参与非营利组织、做礼拜、讨论时事和看报纸）以及是否存在回收桶显著相关。萨普森和尼克松（Saphores and Nixon，2014）则利用美国的国家住户调查数据，研究了居民对三种生活垃圾（废弃金属、玻璃和塑料）的回收行为，结果表明，诸如规范、信念和态度等的内在变量是家户实施垃圾回收行为的重要决定因素，而社会人口统计变量除了年龄和种族通常对其垃圾回收行为并无显著影响。何可等（2015）利用对湖北省农户的实地调研数据研究了人际信任、制度信任对农户废弃物处置方式的影响，结果显示，人际信任和制度信任在农民废弃物资源化处理的决策中发挥着显著促进作用，但随着农民文化程度和收入水平的提高，人际信任对农民废弃物资源化处理意愿的影响逐渐不显著，但制度信任依旧能发挥作用。对于居民生活垃圾处置行为，塔德塞（Tadesse，2009）利用对埃塞俄比亚麦克雷镇居民的实地调查数据探讨了环境关注程度与生活垃圾分类和处置行为，结果表明，户主的受教育程度、垃圾桶的可获得性、住房离公用垃圾桶较近的距离以及家庭收入显著提高了家户把垃圾送入垃圾桶的概率。而刘莹和王凤（2012）分析了农户按规定定点倾倒生活垃圾的影响因素，研究发现，城镇化水平、邻里信任、村级交通条件、村庄社区布局、农户自身公共意识和家庭耕地面积都是解释农户按规定定点倾倒生活垃圾的重要因素。此外，刘莹和黄季焜（2013）还研究了农户有机垃圾处置方式的影响因素，得出随着农村人均收入水平的提高、交通条件和垃圾处理服务的改善以及部分农户种植面积的减少，农户采取还田方式处置的有机垃圾比例逐渐减少，相反的是，采取丢弃方式处置的有机垃圾所占比例的上升。

虽然居民对随意倾倒垃圾的监督行为在生活垃圾治理中起着重要的作用，但学界目前还未出现明确的相关研究。然而，在其他的一些研究领域，监督行为本质上作为一种强互惠行为，在促进居民自愿合作治理中扮演着重要的角色。监督者在实施合作行为的同时，且不惜个人成本去监督群体中其他人的行为，即便在预期这些个人成本得不到补偿时也这样做。吉布森等（Gibson et al.，2005）利用178个森林使用群体的数据，分析了监督和惩罚行为对森林管理的影响，认为定期执行监督和惩罚行为是实现成功资源管理的前提条件。阿格拉沃尔和果拉（Agrawal and Goyal，2001）通过对印度28个村庄保护其森林的案例研究了集体规模对第三方监督机构建立的影响，结果显示，中等规模的群体比小规模和大规模的群体更可能建立第三方监督机构来保护集体森林资源。科尔曼和斯蒂德（Coleman and Steed，2009）使用来自14个国家100个森林的数据，在当地集体层面和外在的政府层面检验了建立监督和制裁机制的决定因素，研究发现，居民居住密度、社区其他监督和制裁活动的存在、人均GDP和居民对森林享有一定的收获权对居民参与森林保护的监督和制裁活动有显著的正向影响，而与森林保护相关的非政府组织的数量对居民的参与意愿不具显著的影响；然而，人均GDP和居民对森林享有一定的收获权，显著减少了政府实施监督和制裁的概率，但非政府组织的数量显著增加了政府实施监督和制裁的概率。鲁斯塔吉等（Rustagi et al.，2010）分析了埃塞俄比亚49个森林使用群体的森林管理绩效，结果表明，条件合作和有成本的监督是解释森林资源管理是否成功的重要因素，此外，条件合作者在群体中的份额显著提高了群体成员监督时间的投入，而居住地与市场的距离则负向影响了群体成员监督时间的投入。

2.2.4 简要评述及研究启示

实现生活垃圾的减量化、资源化和无害化，改善居民赖以生存的卫生条件和环境状况是生活垃圾治理的主要目标。然而，生活垃圾治理并不仅是一个单纯的技术问题，它更需要良好的治理、利益相关者之间的合作以及公众的参与（Vergara and Tchobanoglous，2012）。居民作为生活垃圾治理的最大利益相关群体，政府能否有效地促进其自愿参与生活垃圾治理直接决定着生活垃圾管理的成败。从上文对现有文献的梳理不难发现，虽然不乏研究从社会经济特征的角度来解释居民参与生活垃圾治理，但如何通过正式的制度安排和非正式的制度的社会资本诱导居民参与生活垃圾治理逐渐成为学术界最为关注的两大研究主题。围绕这两条主线的研究已经取得了丰硕的成果，并对后续研究的开展提供了基础，但仍有如下不足之处。

在正式制度设计方面，现有文献一方面讨论了生活垃圾收费政策和生活垃圾回收政策对垃圾产生量的影响，且研究对象主要集中在以欧美为代表的发达国家。然而，对于生活垃圾源头分类政策，在中国的社会情境下其垃圾减量效应如何，目前还尚未有相关研究实证检验了其对垃圾产生量的影响。此外，哪些因素会影响生活垃圾源头分类政策的垃圾减量效果，生活垃圾收费政策对生活垃圾源头分类政策的垃圾减量效应有何影响，同时生活垃圾收费政策自身对垃圾产生量又有何影响。这些问题的回答对于我们准确了解现阶段中国生活垃圾管理政策的实施效果乃至调整未来政策设计无疑具有重要的推动作用。另一方面，现有文献研究了生活垃圾管理政策，如垃圾收费政策、垃圾回收政策和生活垃圾收集设施对居民生活垃圾回收行为的影响。虽然个别研究考虑了垃圾收费政策与垃圾回收政策对居民垃圾回收行为的交互影响，但鲜有研究系统地分析多种生活垃圾管理政策之间的相互作用。事实上，在多种政策同时实施的情况下，政策间的相互作用（相互促进、相互排斥，还是相互独立）是相关政策设计者必须考虑的问题。

在社会资本培育方面，虽然通过社会资本培育促进环境保护合作行为已经成为环境管理的一个重要研究方向，但由于社会资本定义丰富，甚至有些混乱，加上度量困难，其具体的影响机理还缺乏相应的实证支撑。同时，大多文献把社会资本视之为单一的变量，并没有深入探讨不同的社会资本要素——网络、规范和信任对居民合作行为的影响。此外，目前国内外把社会资本理论引入生活垃圾治理领域的研究仍相对缺乏，从社会资本的视角研究居民合作参与生活垃圾治理有助于补充目前该领域的文献空缺，同时为社会资本理论提供充实的实证支撑。事实上，在人际关系是建立社会信任、开展社会活动基础的中国，嵌入在社会网络结构中的居民，其参与生活垃圾治理的意向及行为不仅受到基于市场的生活垃圾管理政策的影响，还更多地受到具有人际互动属性的社会资本的影响。

纵观现有文献，不管是在西方发达国家还是在发展中国家，系统研究居民参与生活垃圾治理的文献较少，特别是缺乏有关中国居民参与生活垃圾治理的规范严谨的定量研究。在生活垃圾产生量急剧增加、垃圾填埋可用土地日益稀缺和人居环境需求逐渐提高的背景下，就这一问题展开深入的研究显得尤为必要。首先，在宏观方面，有必要实证检验生活垃圾源头分类政策对垃圾产生量的影响，客观评价生活垃圾源头分类试点政策的垃圾减量效应，同时，实证分析生活垃圾收费、生活垃圾分类与垃圾处置削减以更加全面地理解政策相互作用的内在逻辑，力图为相关决策部门及时提供有关政策实施效果的信息从而为政策的调整及优化提供实证依据。此外，在生活垃圾规制政策失灵的情况下，社会资本又是否能有效化解生活垃圾减量困境。本书将在以下章节回答上述问题。其次，在微观层面，居民参与生活垃圾治理表现为多种参与行为，如斥资、投劳，投劳又进一步可细分为垃圾分类行为，以及对随意倾倒垃圾的监督行为。因此，有必要分别验证社会资本和生活垃圾管理政策对居民多种参与行为的作用机理。虽然斥资行为（即缴纳生活垃圾处理费）在现实中已经很普遍且研究成果较丰富，但有关投劳行为（即生活垃圾分类行为和对随意倾倒垃圾的监督行为）的研究仍缺乏。具体来说，在考虑人际关系的情境下，从生活垃圾管理政策的角度研究居民在何种政策组合下愿意实施生活垃圾分类行为更具合理性；在管理部门对随意倾倒垃圾监督缺失和监督成本巨大的条件下，如何诱导居民对随意倾倒垃圾的自发监督应当成为决策相关者所应考虑的重要内容。

为此，结合前人的研究成果和不足之处，本书一方面利用宏观数据实证检验生活垃圾源头分类政策和生活垃圾收费政策对生活垃圾产生量的影响，以及在考虑生活垃圾规制政策的情境下，分析社会资本在生活垃圾排放中的作用；另一方面，利用对承德、宜昌、南昌和杭州城郊区居民的微观调研数据，重点从社会资本和生活垃圾管理政策的视角综合考察居民的生活垃圾分类行为，以及对随意倾倒垃圾的监督行为，以期为相关决策者提供相应的理论参考和实证依据。

第3章 生活垃圾源头分类政策的垃圾减量效应评价

3.1 引　　言

城市生活垃圾管理在全世界范围内已经成为环境管理中的一项重大挑战，尤其是发展中国家的城市更是如此（Al-Khatib et al.，2010；Diaz and Otoma，2014；Idris et al.，2004；Zhang et al.，2010a）。自20世纪后期以来，面对持续增长的固体垃圾，许多发达国家成功地实施了生活垃圾源头分类政策（Bernstad et al.，2011）。在美国，由于垃圾源头分类的实施，分离利用的生活垃圾从1980年的占总生活垃圾产生量的9.6%上升至34.5%（US Environmental Protection Agency，2013）。同时，生活垃圾从量收费（Pay as you throw，PAYT）体系也逐渐在各地区开始实施以促进垃圾混合收集向垃圾源头分类收集过渡（Scheinberg，2003）。在德国的首都柏林，当地政府要求家户把生活垃圾分类成废纸、废玻璃、轻包装、可生物降解垃圾以及其他垃圾（Zhang et al.，2010b）；其被回收利用的生活垃圾所占比例从1992年的大约10%上升到2007年的40%以上（Schulze，2009）。日本在近二十年同样完成了生活垃圾源头分类政策的推广，在日本的许多城市，生活垃圾源头分类的种类已经超过10种甚至是达到20种以上（Sakai et al.，2008）。可以说，发达国家精心设计的生活垃圾源头分类项目有效地促进了生活垃圾的回收和循环利用。

在见证了发达国家在生活垃圾源头分类项目中取得优异表现之后，中国的8个城市（北京、南京、上海、杭州、厦门、深圳、广州和桂林）也在2000年6月被选为生活垃圾源头分类试点城市。其主要的目标就是希望通过分离出可重复利用的、可回收的生活垃圾以达到垃圾减量，进而减轻持续增长的生活垃圾带来的负面环境影响。通常来说，生活垃圾源头分类要求社区居民、机构和商业团体首先在垃圾产生阶段把生活垃圾自愿地分类为可堆肥垃圾、可燃垃圾以及可回收垃圾等种类，然后环卫工人分类地收集这些被分类好的生活垃圾。虽然自愿的环境保护举措在发达国家已经取得了巨大的成就，但这些举措在发展中国家的绩效如何至今仍没有明确定论。事实上，关于发展中国家的自愿性环境规制方面的文献是非常稀缺的（Blackman et al.，2013），很少有研究提供了有关发展中国家生活垃圾管理方面的定量分析（Guerrero et al.，2013）。在中国，生活垃圾源头分类政策是否对生活垃圾减量有影响？如果有，生活垃圾源头分类政策又在何种程度上减少了垃圾产生量？这是一个非常有意义的实证问题。

然而遗憾的是，以往研究并没有明确回答上述问题。虽然自生活垃圾源头分类试点实施后，垃圾源头分类相关的议题逐步引起了中国学者的注意，包括垃圾源头分类的技术和方案（刘梅，2011；何德文等，2003）、各地区垃圾源头分类收集实施的现状（吴宇，2012；陈兰芳等，2012；Tai et al.，2011），以及公众对垃圾源头分类的认知和反应（占绍文和张海瑜，2012；吴小波等，2010；Zhang et al.，2012），但生活垃圾源头分类试点政策对垃圾产生量的影响并没有引起学界应有的关注。鉴于此，本章基于城市层面的数据，利用面板数据模型和逆概率加权法实证检验生活垃圾源头分类政策对生活垃圾产生量的影响。

3.2 中国城市固体垃圾管理现状

伴随着中国社会经济的发展，经济增长和工业化、城镇化进程的加快都不可避免地导致了固体垃圾产生量的大幅增加。在不同的国家，城市固体垃圾所包含的种类差异很大，国际上通常所指的城市固体垃圾即等同于中国的城市生活垃圾（World Bank，2005）。在中国，城市生活垃圾是指城市日常生活或为城市日常生活提供服务的活动中产生的固体废物以及法律行政规定的视为城市生活垃圾的固体废物，包含居民生活垃圾、商业垃圾、集市贸易市场垃圾、街道清扫垃圾、公共场所垃圾和机关、学校、厂矿等单位的生活垃圾。需要说明的是，尽管生活垃圾产生量数据由于包含了可回收垃圾量从而更精确，但现行的统计数据是基于生活垃圾清运量而非生活垃圾产生量。因此，参照世界银行（World Bank，2005）的做法，本章所有分析中的城市生活垃圾产生量数据均是指统计局提供的城市生活垃圾清运量数据。

图3－1展示了1998～2015年中国城市固体垃圾构成及处置模式演进趋势。尽管城市生活垃圾产生量相比于工业固体垃圾产生量其数值较小，但随着城镇化进程的加快，城市生活垃圾的回收利用已经成为固体垃圾管理中的重要议题。事实上，工业固体垃圾综合利用率（工业固体垃圾综合利用量占工业固体垃圾产生量的百分比）从1998年的41.73%上升至2015年的60.31%，而城市生活垃圾并没有获得应有的回收利用，对其依旧是采用无害化处理，其城市生活垃圾无害化处理率相应地从60.00%增长到94.10%。

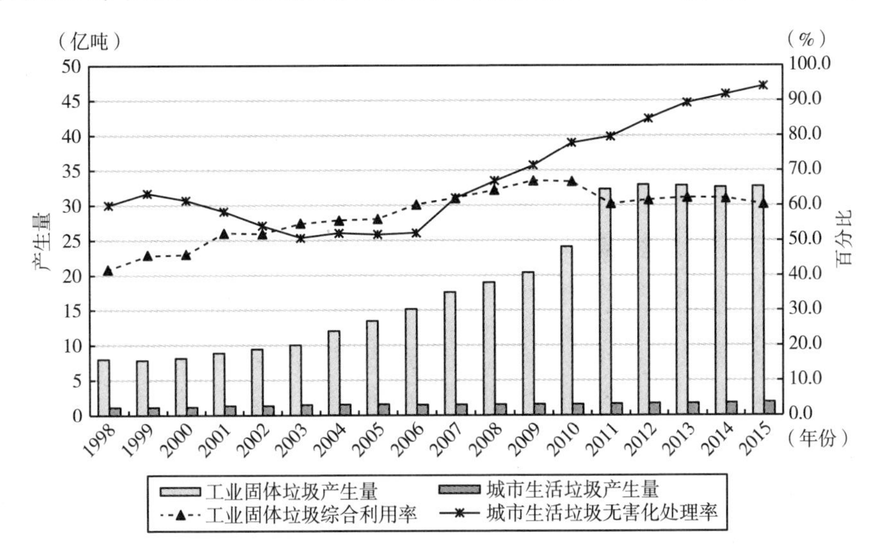

图3－1 1998～2015年中国城市固体垃圾构成及处置模式演进趋势

资料来源：《中国统计年鉴》（1999～2016年），经笔者整理而成。

图 3 - 2 绘出了 1980 ~2015 年的城市生活垃圾产生量、城市人均生活垃圾产生量、人均国内生产总值和城镇人口的情况。尽管生活垃圾技术标准和管理办法已经被提出十多年，但随着经济发展和城镇人口的持续增长，中国城市生活垃圾产生量在过去的三十多年经历了快速增长，从 1980 年的 3131 万吨增加到 2015 年的 19142 万吨，其年均增长率为 5.16%。直观来看，相比于经济增长，城镇人口的增加似乎是造成城市生活垃圾产生量上升的主要原因。然而，城市人均生活垃圾产生量呈现出倒“U”型的增长趋势，其在早期逐渐增长，并在 1995 年达到最大值，而此后其开始下降，这与库兹涅茨假说相一致。

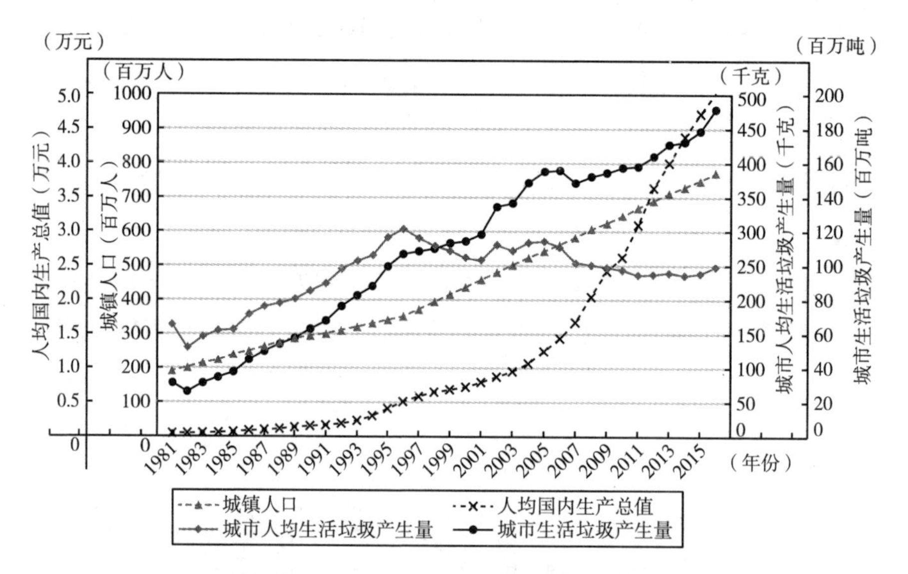

图 3 - 2　经济发展、城镇化与中国城市生活垃圾产生量的演进趋势

资料来源：《中国统计年鉴》（1981 ~2016 年），经笔者整理而成。

生活垃圾源头分类作为生活垃圾管理中实现垃圾最少化和资源化的关键措施（Zhang et al., 2010a），如上文所提及的，其在发达国家已经取得显著的成效（Charuvichaipong and Sajor，2006）。然而，由于分类设备和设施的落后（汪文俊，2012），规制和惩罚措施的缺乏（杨方，2012），垃圾源头分类市场的缺失（虞维，2013），以及垃圾回收系统的不完善（Zhuang et al., 2008），居民生活垃圾源头分类并没有完全实施。为推动生活垃圾源头分类的实施,《再生资源回收管理办法》和《城市生活垃圾管理办法》相继在2007年开始实施。在此背景下,城市生活垃圾产生量和城市生活垃圾无害化处理量之间的差额逐渐减少,即城市生活垃圾堆积量逐年下降(见表3-1)。但即使城市生活垃圾堆积量占城市生活垃圾产生量的比例从2003年的49.58%下降到2014年的8.21%,由于城市生活垃圾绝对量的持续增加,截至1998年末,中国城市生活垃圾累积堆存量已达60多亿吨,侵占土地面积多达5万公顷(Dong et al.,2001),全国660座城市中已有200多座陷于垃圾围城的境地,且有1/4的城市已发展到无适合堆放垃圾的场所(王静,1999)。如此严峻的形势理应值得相关研究者和政策制定者给予特别的关注。

表3-1　　2003~2015年中国城市生活垃圾处置模式变动趋势　　单位:万吨

年份	城市生活垃圾产生量	城市生活垃圾堆积量	卫生填埋		焚烧		堆肥		无害化处理	
			数量	%[a]	数量	%[a]	数量	%[a]	数量	%[b]
2003	14857	7366	6404	85.49	370	4.94	717	9.57	7491	50.42
2004	15509	7441	6889	85.39	449	5.57	730	9.05	8068	52.02
2005	15577	7583	6857	85.78	791	9.90	345	4.32	7994	51.32
2006	14841	7007	6408	81.80	1138	14.52	288	3.68	7834	52.79
2007	15215	5897	7633	81.92	1435	15.40	250	2.68	9318	61.24
2008	15438	5270	8424	82.85	1570	15.44	174	1.71	10168	65.86
2009	15734	4635	8899	80.17	2022	18.22	179	1.61	11099	70.54
2010	15805	3709	9598	79.35	2317	19.15	181	1.49	12096	76.53
2011	16935	3845	10064	76.88	2599	19.86	427	3.26	13090	77.29
2012	17081	2591	10512	72.55	3584	24.74	393	2.71	14490	84.83
2013	17238	1844	10493	68.16	4633	30.10	268	1.74	15394	89.30
2014	17860	1466	10744	65.54	5330	32.51	320	1.95	16394	91.79
2015	19142	1129	11483	63.75	6176	34.28	354	1.97	18013	94.10

注:[a]表示占城市生活垃圾无害化处理量的百分比;[b]表示占城市生活垃圾产生量的百分比。
资料来源:《中国统计年鉴》(2004~2016年),经笔者整理而成。

目前，中国城市生活垃圾有三种处置模式，分别为卫生填埋、焚烧和堆肥（Huang et al.，2006）。囿于数据获取的约束，表3－1只报告了2003～2015年的城市生活垃圾处置模式。由于中国生活垃圾源头分类的效果欠佳，生活垃圾堆肥所占的比例从2003年的9.57%下降到2015年的1.97%，生活垃圾焚烧的比例从2003年的4.94%上升至2015年的34.28%，而生活垃圾卫生填埋所占的比例虽然呈现出下降的趋势，相应地从85.49%下降至63.75%，但其仍占据主导地位。

为鼓励各行各业积极参与城市生活垃圾的综合利用，中国建设部于2000年6月1日发布了《关于公布生活垃圾分类收集试点城市的通知》。该《通知》确定北京、南京、上海、杭州、厦门、广州、深圳和桂林为试点城市。虽然每个城市的生活垃圾服务水平各异，其服务水平呈现出由东部沿海城市向中西部城市降低的趋势（World Bank，2005），但在财政预算普遍紧缺和设备设施严重缺乏的情况下，八个试点城市的生活垃圾分类种类的数量并没有很大区别。在广州、深圳、杭州和南京，城市生活垃圾大致可以分为可回收物、餐厨垃圾、有害垃圾和其他垃圾；上海也类似地把城市生活垃圾分类为可回收物、有害垃圾、湿垃圾和干垃圾；北京和桂林则鼓励居民把生活垃圾分为可回收物、餐厨垃圾和其他垃圾；在厦门，城市生活垃圾主要分类为有害垃圾、餐厨垃圾和其他垃圾。在每个试点城市，家户并非强制而是自愿地在家中把生活垃圾分类好后按规定投入相应的公共垃圾箱。但现实中，生活垃圾源头分类并没有在试点城市中普遍推广，且生活垃圾源头分类在实际操作中只强调了生活垃圾的干湿分离。在这种简单的分类体系下，城市生活垃圾源头分类收集率相对较低。据统计，北京的城市生活垃圾源头分类收集率大约为40%，广州的为31%，而上海、深圳、桂林、杭州、南京和厦门的都低于30%（Tai et al.，2011）。

图3－3展示了试点城市在实施生活垃圾源头分类政策前后的城市生活垃圾产生量。由图3－3可知，试点城市的生活垃圾产生量和其对应的人均生活垃圾产生量具有明显不同的增长模式。例如，深圳的城市生活垃圾产生量在生活垃圾源头分类政策实施后两年发生小幅下降，但其后迅速增加，

且由于其城市人口的低估，其城市人均生活垃圾产生量显著高于其他试点城市；在北京、上海和广州，城市生活垃圾产生量和城市人均生活垃圾产生量都在生活垃圾源头分类政策实施后的短期发生了明显下降，但随着时间的推移，城市生活垃圾产生量和城市人均生活垃圾产生量都小幅波动的上升；在杭州，城市生活垃圾产生量一直在缓慢地上升，而城市人均生活垃圾产生量在生活垃圾源头分类政策开始实施后的第二年发生了大幅度的下降，而后又开始波动的上升；在南京和桂林，城市生活垃圾产生量和城市人均生活垃圾产生量都在小幅上升；在厦门，城市生活垃圾产生量缓慢增长，而城市人均生活垃圾产生量在试点城市中增长速度最快。

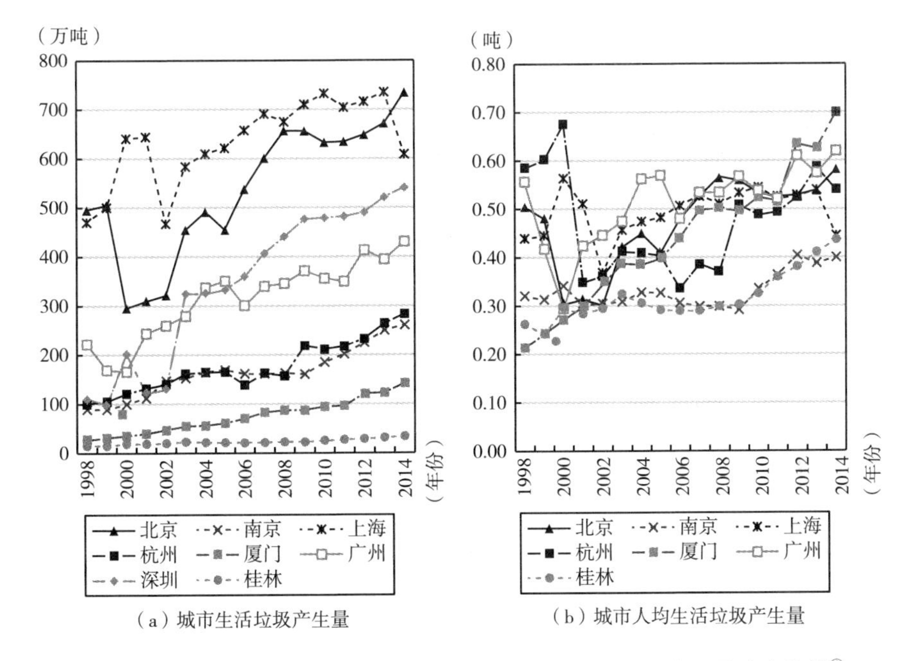

图3-3　生活垃圾源头分类政策与八个试点城市生活垃圾产生量演变趋势[①]

资料来源：《中国区域经济统计年鉴》（1999～2015年），经笔者整理而成。

除了生活垃圾源头分类政策外，还有什么因素潜在地影响了城市生活垃圾产生量？为此，本章在接下来的部分将实证检验社会经济特征对城市

① 由于深圳在城市人口低估的情况下，其城市人均生活垃圾产生量所能衡量的真实情况有限，本章在图中不予展示。

生活垃圾产生量的作用，力图识别导致城市生活垃圾持续增长的影响因素。

3.3 研究方法与数据说明

3.3.1 双重差分模型

为考察生活垃圾源头分类政策对生活垃圾产生量的影响，本章利用面板数据模型对其政策效应进行评估。自赫克曼和罗伯（Heckman and Robb，1985）最早运用双重差分来评估培训项目对培训者收入的影响以来，双重差分逐渐广泛运用于社会各类公共政策的评估（Khandker et al.，2009；Stewart，2004；Wooldridge，2009）。起初，一个简单的双重差分模型可以表述为：

$$mswpc_{it} = \alpha_i + \gamma T_t + \rho D_i + \delta T_t \times D_i + \varepsilon_{it} \tag{3-1}$$

其中，$mswpc_{it}$表示城市 i 在时间 t 的人均生活垃圾产生量，如前一节所述，此处的城市生活垃圾产生量包括居民和机构单位的生活垃圾、商业垃圾、集市贸易市场垃圾、街道清扫垃圾、公共场所垃圾和工业非过程垃圾[①]；虚拟变量 T_t 反映时期，如果在生活垃圾源头分类政策实施后，则 T_t 等于1，否则 T_t 等于0；D_i 同为虚拟变量，$D_i=0$ 表示未实施生活垃圾源头分类政策的城市（即对照组城市），$D_i=1$ 表示实施生活垃圾源头分类政策的城市（即处理组城市）；ε_{it}为模型随机扰动项。α_i 为不随时间变化的城市固定效应；γ 刻画了政策实施前后时间趋势对对照组的影响；ρ 刻画了在政策实施前阶段处理组和控制组之间的影响差异；而 δ 则度量了实施生活垃圾源头分类政策的城市在政策实施后生活垃圾产生量对政策的反应，该反应就是本章所关注的政策效应。

假设对照组城市和处理组城市除了是否实施生活垃圾源头分类政策这

---

① 工业非过程垃圾即工业生产中的生活垃圾。

个因素差异外，其他特征都相同时，则δ就是倍差估计量，其公式为：

$$\delta = [E(mswpc_{it} \mid D_i = 1, T_t = 1) - E(mswpc_{it} \mid D_i = 1, T_t = 0)] - [E(mswpc_{it} \mid D_i = 0, T_t = 1) - E(mswpc_{it} \mid D_i = 0, T_t = 0)] \quad (3-2)$$

然而，上述结论的准确性和可靠性在很大程度上取决于对协变量混合效应的控制，有必要把协变量纳入回归模型中以便获取政策项目对结果变量的净效应（Khandker et al.，2010）。因此，在方程（3－1）的基础上，加入相关控制变量后得到如下扩展模型：

$$mswpc_{it} = \alpha_i + \gamma T_t + \rho D_i + \delta T_t \times D_i + \beta X_{it} + \varepsilon_{it} \quad (3-3)$$

其中，X_{it}为影响城市人均生活垃圾产量的控制向量，β为相应的系数矩阵。根据现有文献，控制变量主要有：（1）城镇居民人均可支配收入（*incpc*）。经济状况直接影响着产品和服务消费的支付能力，经济状况越好，其越有能力消费更多的产品和服务，从而产生更多的垃圾（Al-Khatib et al.，2010）。国内生产总值作为最广泛用来刻画经济繁荣程度的指标，其常被用来解释垃圾产生量的变化，如贝格等（Beigl et al.，2004）、李等（Li et al.，2009）以及康洁和郭蓓（2011），但国内生产总值并不能很好地刻画居民生活福利水平，尤其是在区域经济发展不平衡的地区。而城镇居民可支配收入直接决定了其购买能力，因此，在其他条件不变的情况下，收入越高，垃圾产生量将越大（Bandara et al.，2007）。（2）城市人均受教育水平（*edupc*）。受教育程度代表着居民素质，一个地区的居民受教育程度对垃圾产生量也具有不可忽视的影响。居民受教育程度越高，其往往环保意识也较高，从而产生的垃圾量越少（Benítez et al.，2008）。但受教育水平对生活垃圾的减量效应仍存在争议，经验研究发现，生活垃圾产生量往往与受教育水平呈正相关关系（Afon and Okewole，2007；Sujauddin et al.，2008）。（3）城市平均家庭人口依存率（*dependency*）。人口结构的不同将导致消费模式的不同，从而生活垃圾排放量也将不同（Johnstone and Labonne，2004）。一般来说，相对于工作者，尚未工作的年幼者往往产生更多的生活垃圾，而退休的老人产生的生活垃圾较少。（4）城市平均家庭规模（*famsize*）。通常来说，家庭成员数量越多，由于彼此存在共同消费，家庭规模在垃圾产生量上规模不经济（Qu et al.，2009；Thanh et al.，2010）。（5）城市人口密度（*popden*）。城市人口密度对生活垃圾排放量可能有潜在的影响，但研究结论尚未达成一致。例如，马赞蒂等（Mazzanti et al.，2008）的研究发现，人口密集的地区往往土地昂贵稀缺，垃圾处置所征收的费用较高，从而人均产生的生活垃圾较少；而约翰斯通和拉彭纳（Johnstone and Labonne，2004）则认为，在人口密集的地区，生活垃圾收集服务可以集中供给，从而降低了服务供给的均摊成本，居民则可能产生更多的生活垃圾。

3.3.2 数据收集与样本社会经济特征

本章选取了由国家统计局公布的中国36个大中城市作为研究对象。之所以选取此36个大中城市为研究对象主要是基于以下两点考虑：（1）在全国8个生活垃圾源头分类试点城市中，除了桂林不在这36个大中城市名单中，其他7个均在；（2）这36个城市具有重要的全国性或地域性影响力，且其中的非试点城市与试点城市在社会经济政治各方面具有相对较高的相似性。

由于拉萨部分数据的缺失，且城市各方面特征与其他35个城市相差悬殊（如社会经济发展水平、受教育程度等），故剔除该城市。因此，本章最终选取了35个样本城市，样本区间为1998～2014年。所有数据由历年的《中国城市统计年鉴》《中国城市建设统计年鉴》《中国区域经济统计年鉴》以及各城市统计年鉴整理而成。

考虑生活垃圾源头分类试点城市是建设部在2000年6月1日确定并向社会统一公布的，各试点城市在2000年末或2001年初才陆续开始实施生活垃圾源头分类，本章把1998～2000年作为政策实施前阶段，把2001～2014年作为政策实施后阶段。因此，在1998～2000年，虚拟变量T_t赋值为0；在2001～2014年，虚拟变量T_t赋值为1。同时，在35个样本城市中，只有北京、南京、上海、杭州、厦门、深圳和广州为生活垃圾源头分类试点城市。因此，对于这7个城市，虚拟变量D_i赋值为1，其他样本城市则虚拟变量D_i赋值为0。表3－2概括了样本城市特征。

表 3－2　　变量设置及描述性统计

变量	变量定义与度量方法	均值	标准差
T	是否在生活垃圾分类政策开始实施后（0＝否，1＝是）	0.824	0.382
D	是否为生活垃圾源头分类试点城市（0＝否，1＝是）	0.200	0.400
incpc	城镇居民人均可支配收入（万元）	1.642	0.964
famsize	城市平均家庭规模（人）	2.936	0.178
dependency	城市平均家庭人口依存率（比例）	0.922	0.183
edupc	城市人均受教育水平（比例）	2.251	0.804
popden	城市人口密度（万人/平方公里）	0.160	0.118
mswpc	城市人均生活垃圾产生量（吨）	0.429	0.249

注：*edupc* 的计算公式为，城市高等学校、普通中学和小学各在校人数占城市年末总人口比例分别乘以各自的总学制年数（即 16、9 和 6）的加总（由于普通高中在校人数部分时期数据的缺失，本章把其剔除）。

尽管我们在模型中加入了相关协变量以控制其他因素对城市人均生活垃圾产生量的影响，但由于生活垃圾源头分类政策的实施通常存在自选择问题，即样本城市往往是根据其自有特征来决定是否实施生活垃圾源头分类政策，为确保政策估计效应的可靠性，我们应该对处理组和对照组的最初异质性加以控制（Ravallion，2008）。因此，我们利用逆概率加权（inverse probability weighting，IPW）的方法来解决该问题，逆概率加权法在非随机的研究中能有效调整这些混淆偏误和选择性偏误（Seaman and White，2014）。逆概率加权法的具体做法是，首先，通过一个 Logit 或 Probit 模型对相关协变量进行倾向得分估计[①]；其次，以倾向得分值的倒数为权重对个体接受干预的概率进行加权。逆概率加权法相较于普通的配对法具有如下优势。普通的配对法由于不能对所有的处理组和对照组进行配对，通常会减少样本数量，而逆概率加权法是使用倾向得分值的倒数作为权重来对接受干预的概率进行调整，进而获取政策效果的无混淆效应估计，从而逆概率加权法是一种无样本损失的矫正方法（Guo and Fraser，2014；Rosenbaum and Rubin，1985）。

在估计倾向得分之前，我们对试点城市和非试点城市进行了统计检验以识别出潜在影响选择性偏误的混淆因素。如表 3－3 所示，试点城市和非

① 倾向得分即指个体接受干预处理的预测概率。

试点城市在城镇居民人均可支配收入、城市人均受教育水平、城市平均家庭人口依存率和城市平均家庭规模方面具有显著差异，而在城市人口密度方面的差异在传统的显著性水平下并不显著。

表3-3　　协变量的平衡性检验

变量	未调整前（$N=595$）				逆概率加权后（$N=595$）	
	试点城市	非试点城市	比较		比较	
			t 检验	|SMD|	β	稳健标准误
incpc	2.323	1.471	7.718***	0.945	0.174	0.243
famsize	2.995	2.921	3.684***	0.420	0.035	0.089
dependency	0.863	0.937	5.062***	0.408	0.006	0.040
edupc	2.511	2.186	4.501***	0.264	0.095	0.237
popden	0.149	0.163	1.562	0.111	-0.001	0.029

注：（1）|SMD|表示标准化均数差的绝对值；（2）括号中报告的是稳健的标准误；（3）***表示在1%的显著性水平上显著。

然后，我们以是否为试点城市为因变量对这些协变量同时进行 Logit 模型和 Probit 模型回归，具体估计结果如表3-4所示。模型估计的倾向得分值位于0.009~0.990，识别的共同支持域区间为［0.061，0.881］。样本中试点城市和非试点城市的倾向得分值具有较大的重叠说明符合共同支持域条件。

表3-4　　Logit 模型和 Probit 模型的回归结果

变量	Logit 模型		Probit 模型	
	回归系数	稳健标准误	回归系数	稳健标准误
incpc	1.578***	(0.146)	0.912***	(0.080)
famsize	-1.075***	(0.168)	-0.609***	(0.092)
dependency	5.109***	(0.753)	2.819***	(0.403)
edupc	-1.316**	(0.648)	-0.640*	(0.353)
popden	-0.431	(1.120)	-0.250	(0.607)
constant	-15.819***	(2.267)	-8.877***	(1.258)
Wald chi^2（5）（p-value）	122.32（0.000）		139.38（0.000）	
Pseudo R^2	0.280		0.280	
Observations	595		595	

注：（1）括号中报告的是稳健的标准误；（2）***、**、*分别表示在1%、5%和10%的显著性水平上显著。

随后我们进行了平衡性检验以确定逆概率加权法是否调整了选择性偏误。由于本书中所有的协变量均是连续数据，我们利用加权单元线性回归来做协变量的平衡性检验（Guo and Fraser，2014）。表3-3汇报了平衡性检验的结果。不难发现，在我们利用逆概率加权法后，所有协变量的组间差异在传统的显著性水平下不在显著，表明协变量成功地符合了平衡性要求。

3.4 实证结果和讨论

表3-5汇报了模型估计结果。其中，(1)、(3)、(5)和(7)列是用方程(3-1)估计的结果，而(2)、(4)、(6)和(8)列通过方程(3-2)加入了相关控制变量。由于豪斯曼检验表明，不可观测效应 α_i 与解释变量不相关的原假设在1%的显著性水平下不能被拒绝，而在5%的显著性水平下则被拒绝（$chi^2(7)=14.41$，$p=0.044$），本章同时报告了随机效应（RE）模型和固定效应（FE）模型的估计结果以相互印证。如表3-5的(1)~(4)列所示，除了虚拟变量 D 由于共线性问题在固定效应模型中被删除，没有变量的系数符号和显著性由于二者模型的不同设定而发生了变化。由于两个模型具有相似的估计结果，我们在接下来的篇幅中只讨论随机效应模型的估计结果。

表3-5　生活垃圾源头分类政策对城市人均生活垃圾产生量的影响

变量	RE		FE		PCSE		IPW	
	(1)	(2)	(3)	(4)	(5)	(6)	(7)	(8)
T	0.005 (0.020)	-0.046** (0.022)	0.005 (0.020)	-0.046** (0.022)	0.005 (0.015)	-0.051** (0.022)	-0.054* (0.031)	-0.126** (0.062)
D	0.195* (0.109)	0.116 (0.101)	Omitted	Omitted	0.195** (0.098)	0.117 (0.082)	0.112 (0.109)	0.101 (0.090)
$T\times D$	0.113 (0.088)	-0.081 (0.090)	0.113 (0.088)	-0.082 (0.090)	0.113 (0.108)	-0.100 (0.063)	0.112 (0.092)	-0.112 (0.075)
incpc		0.035*** (0.011)		0.032*** (0.012)		0.074*** (0.022)		0.123*** (0.044)

续表

变量	RE		FE		PCSE		IPW	
	(1)	(2)	(3)	(4)	(5)	(6)	(7)	(8)
famsize		0.119** (0.047)		0.107** (0.052)		0.172*** (0.066)		0.754** (0.304)
dependency		-0.013 (0.042)		-0.022 (0.041)		0.049 (0.034)		0.124 (0.217)
edupc		0.059*** (0.021)		0.058*** (0.020)		0.040*** (0.010)		0.136** (0.061)
popden		0.188 (0.212)		0.197 (0.234)		0.048 (0.065)		-0.050 (0.215)
constant	0.377*** (0.029)	-0.107 (0.281)	0.406*** (0.019)	-0.005 (0.288)	0.377*** (0.014)	-0.228 (0.221)	0.411*** (0.032)	-2.397* (1.354)
R-squared	0.154	0.362	0.054	0.338	0.154	0.412	0.143	0.496
Observations	595	595	595	595	595	595	595	595

注：(1) 括号中报告的是稳健的标准误，其中，RE 和 FE 使用的是聚类在城市层面的普通稳健标准误，而 PCSE 使用的是考虑了组间异方差和组间同期相关的面板校正标准误；(2) ***、**、*分别表示在1%、5%和10%的显著性水平上显著。

表3-5的（1）列表明变量 T 的系数在10%的显著性水平上不显著（$\gamma=0.005$，$p=0.387$），而变量 D 的系数在10%的显著性水平上显著为正（$\rho=0.195$，$p=0.081$），说明非试点城市的人均生活垃圾产生量在生活垃圾源头分类政策实施前后并无显著变化，而试点城市的人均生活垃圾产生量在生活垃圾源头分类政策实施前显著高于非试点城市的人均生活垃圾产生量。T 和 D 交互项的系数为正（$\delta=0.113$），这意味着生活垃圾源头分类政策的实施不但没有减少城市人均生活垃圾产生量，而且增加了城市人均生活垃圾产生量，但在传统的显著性水平下该系数的大小与零并无显著差异（$p=0.175$）。然而，正如上文所述，由于模型中没有控制其他影响城市人均生活垃圾产生量的相关因素，上述结论的准确性仍有待于验证。

当控制变量加入模型后，与之前的发现明显不同，变量 T 的系数在5%的显著性水平上显著为负（$\gamma=-0.046$，$p=0.045$），说明非试点城市的人均生活垃圾产生量在生活垃圾源头分类政策实施后显著减少，而变量 D 的系数变为不显著（$p=0.206$），表明试点城市和非试点城市的人均生活垃圾产生量在生活垃圾源头分类政策实施前并无显著差异。交互项 $T \times D$ 的系数变为负数（$\delta = -0.081$），但在传统显著性水平下仍旧不显著（$p = 0.266$），这证明生活垃圾源头分类政策并不能导致城市人均生活垃圾产生量的显著减量。然而，短面板数据往往容易违反随机扰动项的经典假设（Beck and Katz，1995），上文中的随机效应模型和固定效应模型的稳健标准误未考虑可能存在的组间异方差与组间同期相关。事实上，检验结果表明，随机扰动项不仅存在组间异方差（$chi^2(35) = 7836.10$，$p = 0.000$），而且还存在组间同期相关（$Pesaran's\ test = 6.681$，$p = 0.000$）。为此，我们使用贝克和卡茨（Beck and Katz，1995）所建议的面板校正标准误（panel corrected standard errors，PCSE）进行估计。使用 PCSE 的估计结果展示在表 3－5 的（5）和（6）列中，不难发现，使用 PCSE 估计的交互项 $T \times D$ 的系数就符号和显著性而言与 RE 模型的估计结果基本一致，这验证了我们之前的结论，即生活垃圾源头分类政策在减少城市人均生活垃圾产生量中发挥着微乎其微的作用。

然而，建立在非随机样本基础上的估计结果可能会导致潜在的混杂效应和选择性偏误，上述结论的可靠性仍值得进一步验证。考虑到这些因素，我们使用 IPW 调整的方法重新估计了上述模型。表 3－5 的最后两列报告了使用 IPW 调整的回归结果。总的来看，模型的整体拟合优度有明显的改善，R-squared 由 0.412 上升至 0.496。类似于前面的估计结果，我们最关注的交互项 $T \times D$ 的系数仍是有正有负（$\delta = 0.112$，$\delta = -0.112$），但不管模型是否加入控制变量，其都不能通过 10% 显著性水平的显著性检验（$p = 0.232$，$p = 0.145$）。这说明生活垃圾源头分类政策对减少城市人均生活垃圾产生量确实无显著影响，最少在目前来看是如此。这与鲁先锋（2013）定性研究的结论不谋而合，其认为生活垃圾源头分类试点工作总体减量效果并不理想，甚至有些城市的生活垃圾源头分类政策形同虚设。从媒体报道上看，截至 2014 年，人民网报道“我国 8 城市试点垃圾分类 14 年收效甚微”①，新华网报道“北京垃圾分类 14 年后还在‘原地打转’”②。

生活垃圾源头分类政策对垃圾减量无效果的一个可能原因是居民生活

① http：//politics. people. com. cn/n/2014/0611/c1001－25132656. html。

② http：//news. xinhuanet. com/city/2014－06/27/c_126679973. htm。

垃圾分类意识和知识的缺乏。尽管受访者都压倒性地赞成城市生活垃圾源头分类，但北京只有52%的居民参与了生活垃圾源头分类试点项目，而上海居民的生活垃圾源头分类正确率只有45%（Li et al.，2009；Zhang et al.，2012）。作为一项自愿的项目，城市生活垃圾源头分类主要受居民自身的环境保护价值观驱动。中国政府应该在提高公众垃圾减量意识方面扮演积极的角色（World Bank，2005）。此外，不像许多发达国家实施的是PAYT垃圾收费方式，该收费方式在促进生活垃圾源头分类和回收方面发挥着强有力的作用（Reichenbach，2008；Skumatz，2008），中国现有的垃圾收费方式仍是垃圾定额收费。由于家户多排放一单位的生活垃圾的边际成本为零，生活垃圾定额收费未能提供足够的经济激励刺激居民实施生活垃圾源头分类。因此，本章认为，任何政策的有效实施都需要相配套的政策实施环境，生活垃圾源头分类政策的实施不仅需要政府提供充足的基础配套设施和完善的法律法规体系，而且需要采取多种形式和手段激励居民实施生活垃圾分类（如合理借鉴发达国家的垃圾按量收费制度，实施垃圾分类积分奖励制度等），不能一味地“只闻政府声，不见居民动”，只有调动了广大居民的积极性，生活垃圾源头分类政策才能取得良好的效果。

从控制变量的影响来看，可以发现，控制变量的估计结果在各模型间呈现出高度一致。证实了先前的研究（Al-Khatib et al.，2010；Bandara et al.，2007；Daskalopoulos et al.，1998；Li et al.，2009），经济状况越好的城市往往人均生活垃圾产生量也越高。城镇居民人均可支配收入在各模型中对城市人均生活垃圾产生量都具有一致的显著正向影响。三个主要方面，即城镇化、城镇人口增长和收入增加，正在推动中国生活垃圾总量的增加（World Bank，2005）。

然而，与曲等（Qu et al.，2009）和冉恩等（Thanh et al.，2010）关于家庭规模在人均生活垃圾产生量上规模不经济的研究结论不一致，本章中城市平均家庭规模的扩大还是显著增加了人均生活垃圾产生量。本章对此的解释是，目前在中国城市地区，在所有家庭规模为两人及以上的家庭中，80.6%的家庭为核心户（王跃生，2013）①，即较大规模的家庭主要是因为

① 核心户是指由一对夫妻和其未婚子女组成的家庭。

拥有更多的未婚子女数，而家庭未婚子女是家庭生活垃圾产生的主要群体（Podolsky and Spiegel，1998），相比于由于家庭成员存在共同消费而产生的家庭规模在生活垃圾产生量上的规模不经济，因为家庭未婚子女增多而形成的较大规模家庭往往产生了更多的生活垃圾。

城市平均家庭人口依存率对人均生活垃圾产生量的影响在传统的显著性水平上不显著。导致这一结果的可能原因在于：一方面，虽然没有工作的年幼人口可能产生较多的生活垃圾；另一方面，退休的老年人口则往往产生较少的生活垃圾，综合两者效应，人口依存率对生活垃圾产生量的总体影响可能并不明显。

城市人均受教育程度对人均生活垃圾产生量在5%及以上的显著性水平下具有持续显著的积极影响。一个潜在的原因可能是，尽管受教育程度较高的居民具有较高的环境意识，但在现实生活中，由于必要的节能减排知识和技巧的缺乏，较高的环境意识很少转化为实际的环境友好决策和行为。此外，受教育程度较高的居民一般还具有良好的经济状况，一方面，他们往往不愿意为了减少生活垃圾产生量而改变现有的高消费生活模式；另一方面，由于其时间机会成本较高，其用于生活垃圾回收利用的时间也将较少。

最后，虽然以往的研究发现城市人口密度可能会正向地或负向地影响人均生活垃圾产生量（Johnstone and Labonne，2004；Mazzanti et al.，2008），但本章中的城市人口密度估计系数在各模型中与零值都没有显著差异。本章对各异结论的解释是，城市人口密度与人均生活垃圾产生量可能并非只是简单的线性关系，而是更复杂的其他关系。

3.5 本章小结

面对逐年高攀的生活垃圾产生量，中国一直在积极探索一套有效的生活垃圾管理政策体系。生活垃圾源头分类政策因此在2000年6月被提出并在中国八个城市开始试点。这种独一无二的政策为我们识别生活垃圾源头分类政策与垃圾产生量的因果关系提供了宝贵机会。利用全国 1998 ~ 2014 年的大中城市数据，本章首次实证分析了生活垃圾源头分类政策对生活垃圾产生量的影响。估计结果显示，生活垃圾源头分类政策对城市人均生活垃圾产生量的影响不显著。这一基本发现在使用不同的模型设定和不同的估计方法的情形下都保持不变，在纳入了控制变量的情形下也依然稳健。此外，估计结果还表明，城镇居民人均可支配收入、城市平均家庭规模和城市人均受教育水平都显著地加速了城市人均生活垃圾的产生，而城市平均家庭人口依存率和城市人口密度对城市人均生活垃圾产生量没有显著影响。

尽管生活垃圾源头分类政策对生活垃圾减量的影响收效甚微，但源头分类为生活垃圾的再使用、回收和恢复（reuse，recycling and recovery）提供了基础。面对由于工业化、城镇化和经济增长带来的城市生活垃圾迅速增加，源头分类对生活垃圾管理来说是减少垃圾末端处理负担的最好方式。同时，源头分类也是通过垃圾堆肥和焚烧处理以重复利用生活垃圾的前提条件。因此，为减轻持续增长的生活垃圾对环境造成的负面影响，推进居民生活垃圾源头分类势在必行。事实上，随着生活垃圾源头分类政策的持续推进，上海市在生活垃圾减量方面已经取得一定成效（见图 3 - 3）。尽管生活垃圾源头分类政策的减量成效不可能一蹴而就，但其政策实施更不应因噎废食。考虑到生活垃圾源头分类公众参与率低的现状，发达国家的成功经验可以为当下转型中的中国政策设计提供一些有益建议，以促进城市生活垃圾的有效减量。

首先，美国在早期采用的自愿遵守方法被普遍认为影响有限（Shortle et al.，2001），且该方法在发展中国家获取成功的风险被证明为更高（Blackman et al.，2013）。自愿项目的有限成功概率表明需要强制的措施以确保足够的环境保护行为，因为纯粹的自愿项目和纯粹的强制项目都不能为非点源污染控制提供一个理想的解决措施（Segerson and Wu，2006）。一种自愿措施与强制措施相结合的新模式已经被提出来用以克服环境保护项目的低参与率（Wilson and Needham，2006）。因此，自愿措施与强制措施合理地相结合。例如，与生活垃圾分类相兼容的垃圾收费体系，需要进一步讨论从而为中国城市生活垃圾管理的政策规划提供实用的信息。

其次，公众自愿参与环境项目主要受其环境保护的价值观驱动。生活垃圾源头分类政策的垃圾减量绩效不仅与政府的合理投入有关，而且与公众关于生活垃圾源头分类的意识和知识有关。因此，通过广泛的宣传教育活动来提高公众关于垃圾污染的意识以及提供其垃圾减量的实用技巧至关重要，因为设计良好的教育宣传项目能够在激励居民参与垃圾减量、再利用和回收活动方面发挥重要作用（Folz and Hazlett，1991；Vining and Ebreo，1990）。

虽然本章证实了我国的生活垃圾源头分类政策并不像发达国家那样取得了明显的垃圾减量效果，而是垃圾减量收效甚微，但并没有揭示为什么我国的生活垃圾源头分类政策对城市人均生活垃圾产生量没有显著影响。在接下来的一章中，为识别出生活垃圾源头分类政策的垃圾减量效应是否受限于其他政策安排，本书将同时把生活垃圾源头分类和生活垃圾收费政策纳入分析框架，以考察是否是生活垃圾收费政策的存在导致了生活垃圾源头分类政策的垃圾减量效果欠佳。

第4章 垃圾用户收费、垃圾源头分类与生活垃圾减量

4.1 引　　言

城市生活垃圾一直在挑战世界各国的环境管理政策设计，特别是发展中国家迅速发展城市的环境管理政策设计正在经历着前所未有的考验（Al-Khatib et al.，2010；Ilić and Nikolić，2016；Ragazzi et al.，2014）。为应对城市生活垃圾导致的环境污染问题，污染者付费原则的生活垃圾计量收费系统（Reichenbach，2008；Skumatz，2008）和生活垃圾源头分类项目（Nguyen et al.，2015；Permana et al.，2015；Rada et al.，2013）广泛地在发达国家实施。近年来，尽管垃圾收费系统和垃圾回收项目在各城市的实际效果还远未达成共识，一些发展中国家在没有深入考虑自身特定的社会政治环境和传统的前提下已经实施了这两项政策工具，以期缓解他们日益增长的生活垃圾问题（Charuvichaipong and Sajor，2006）。这也引起了越来越多的文献开始考察发展中国家的垃圾管理政策对增加垃圾回收和减少垃圾产生量的影响。例如，洪（Hong，1999）通过利用截面数据模型考察了垃圾收费系统对家户垃圾管理的影响，发现提高生活垃圾计量收费能诱导家户回收更多的垃圾以及减少总垃圾产生量。艾勒斯和霍本（Allers and Hoeben，2010）在通过双重差分回归模型估计垃圾收费系统对家户垃圾产生量和回收量的效果后也得出了类似的结果。虽然大多数这样的研究仅局限于单一政策的分析，但也有少数研究

试图同时考虑生活垃圾收费系统和垃圾回收项目的效果。基于截面数据模型，金纳曼和富勒顿（Kinnaman and Fullerton，2000）发现，生活垃圾计量收费系统显著地减少了垃圾产生量，而垃圾回收项目则相对无效。但与此相反，詹金斯等（Jenkins et al.，2003）、帕克和博瑞（Park and Berry，2013）通过类似的截面多元回归分析证实，能有效提高垃圾回收率的是垃圾回收项目而非垃圾计量收费系统。然而，与上述的结果都不一致，西迪克等（Sidique et al.，2010）和拉汗（Lakhan，2015）得出了垃圾计量收费和垃圾回收项目都有效增加了城市生活垃圾回收率的结论。

但遗憾的是，这些重要的研究并没有考虑现有的政策可能会相互作用。事实上，这可能就是他们得出的结论不同甚至矛盾的一个重要潜在原因。最近，在与本章密切相关的一篇文章中，斯塔尔和尼科尔森（Starr and Nicolson，2015）基于面板数据模型发现，单独的路边垃圾回收项目对城市垃圾回收率并没有显著效果，但路边垃圾回收项目和垃圾计量收费系统的交互项对城市垃圾回收率的提高明显高于单个政策的效果。事实上，政策干预组合对居民亲社会行为动机的影响一直是一个具有争议性的议题（Frey and Jegen，2001；Wiersma，1992）。一些学者认为，内在动机和外在奖励对绩效的影响是可加的（Porter and Lawler，1968），而另一些人认为，基于任务绩效的外在奖励会抑制个人的内在动机（“挤出”）从而降低绩效（De Charms，2013；Deci，1975；Frey，1993；Gneezy and Rustichini，2000a；Lindenberg，2001）。此外，尽管先前关于生活垃圾管理的研究已经强调了政策干预在垃圾减量中的重要作用，但大多数研究主要聚焦于发达国家的垃圾收费体系和垃圾回收项目对垃圾产生量的影响，定量分析发展中国家的生活垃圾管理政策的现有文献却非常有限（Guerrero et al.，2013）。在社会政策环境明显不同的背景下，综合理解发展中国家干预项目的有效性需要丰富的相应研究。

作为人口最多和最大的发展中国家，随着工业化和城镇化进程的加快，中国迅速增长的城市生活垃圾已经成为环境安全和居民健康的一个严峻威胁（Chu et al.，2016；Tong and Tao，2016）。尽管生活垃圾用户收费政策早在 20 世纪 90 年代中期就已经在各城市开始陆续实施，以及带有小额补贴的自愿生活垃圾源头分类项目在 2000 年 6 月开始在八个试点城市逐渐推广，但由于生活垃圾分类设备的不足以及家户根深蒂固的生活垃圾混合收集习惯（Zhang et al.，2010a），生活垃圾源头分类试点项目的整体减量效果并不尽如人意（鲁先锋，2013）。事实上，发展中国家城市生活垃圾减量项目获取成功的风险被证明比预期更高（Blackman et al.，2013），它们在减少生活垃圾产生量中的有效性更加不确定（Montevecchi，2016）。尽管挤出效应在动机理论中历来是一个充满争议的议题，但从经济学的角度还缺乏相关经验研究的实证支撑（Frey and Jegen，2001）。例如，现有关于私人和公众提供公共物品的文献通常忽略了收入税的扭曲效应，如挤出效应（Itaya and Schweinberger，2006）。对政策设计者来说，对政策工具是否设计合理以及政策组合是否兼容的细致理解是至关重要的。幸运的是，中国各城市的多样性，拥有不同的经济、社会和政策条件，为本章的研究提供了丰富的现实素材。

为弥补现有文献的缺陷，本章通过利用面板数据模型，在控制相关社会经济变量的基础上，实证考察带有小额补贴的自愿生活垃圾源头分类项目和生活垃圾收费系统对城市生活垃圾产生量的影响。与现有文献相比，本章具有以下两点不同：首先，本章全面分析了中国生活垃圾收费系统和生活垃圾源头分类项目对生活垃圾产生量的组合效应；其次，本章同时运用了静态面板数据模型和动态面板数据模型来考察政策组合与垃圾产生量的关系。相比于以往基于截面数据模型的研究，本章应用的面板数据模型不仅能够分析动态时变效应，而且还能捕获因不可观测因素（如风俗习惯）导致的垃圾排放持续性。此外，通过比较两种面板数据模型的估计系数可以为本章的估计结果是否稳健提供一致性检验。

4.2 中国城市生活垃圾管理体系的演变和城市生活垃圾的现状

4.2.1 城市生活垃圾管理体系的演变

在中国，专门关于垃圾管理方面的国家层面立法是1995年颁布的，分别在2004年、2013年和2015年修订的《中华人民共和国固体废物污染环境防治法》(以下简称固废法)。该法明确规定了垃圾管理的基本准则、监督管理的内容、污染防治的措施，以及相关违反行为的法律责任，从而为垃圾管理体系奠定了坚实的法律基础。在该法律框架下，国务院相关部委通过了一系列的行政法规和政策，包括《关于公布生活垃圾分类收集试点城市的通知(2000)》《关于实施城市生活垃圾处理收费制度促进垃圾处理产业化的通知(2002)》《城市生活垃圾管理办法(1993；2007和2015修订)》《再生资源回收管理办法(2007)》。

除了上述的法律法规，中国政府还发布了一系列关于生活垃圾管理的技术规范和污染控制标准。对于生活垃圾收集和运输，就包括《生活垃圾分类及其评价标准(CJJ/T102-2004)》《生活垃圾收集站技术规程(CJJ179-2012)》和《生活垃圾收集运输技术规程(CJJ205-2013)》。对于生活垃圾处理和处置，包括《生活垃圾堆肥处理技术规范(CJJ52-2014)》《生活垃圾填埋场污染控制标准(GB16889-2008)》和《生活垃圾焚烧污染控制标准(GB18485-2014)》。所有的这些文件成功地为生活垃圾管理提供了基本的法律约束和实用的过程指导。

4.2.2 垃圾产生和收集

随着工业化和城镇化进程的加快，中国城市固体垃圾的产生量迅速增加。图4-1展示了1998~2015年的中国城市固体垃圾产生量与处置率的演变趋势。城市生活垃圾产生量从1998年的1.13亿吨增加至2015年的1.91亿吨，而工业固体垃圾产生量则相应地从8.0亿吨增加至32.7亿吨。然而，尽管工业固体垃圾产生量远大于城市生活垃圾产生量，但考虑到工业固体垃圾综合利用率更高，而对异质多样的城市生活垃圾依旧是采用无害化处理，因而城市生活垃圾更值得相关部门和学者的关注(Chen et al., 2010)。目前，尽管垃圾源头分类收集可以增加垃圾回收和堆肥处理的机会，从而减少垃圾的堆积和填埋，但在中国绝大多数城市生活垃圾仍是采用混合收集的方式，结果可回收垃圾和餐厨垃圾的价值因被污染而减少甚至完全丧失。当然，也有个别例外，如八个生活垃圾分类试点城市已经不同程度地实施了生活垃圾源头分类收集。①

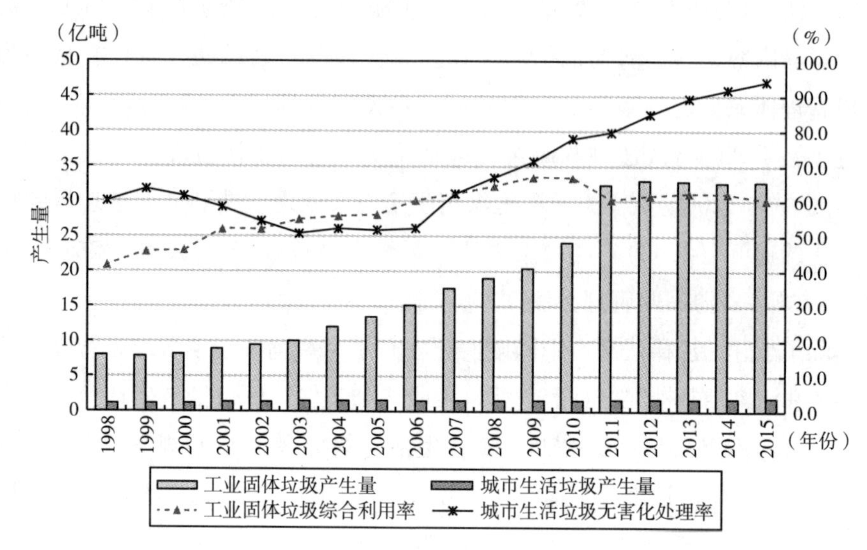

图 4－1　1998～2015 年中国城市固体垃圾产生量与处置率的演变趋势

资料来源：《中国统计年鉴》（1999～2016 年），经笔者整理而成。

4.2.3　垃圾处理与处置

随着生活垃圾管理法律法规的颁发，以及生活垃圾收集、运输和处置污染控制标准的实施，城市生活垃圾堆积量获得了有效的减少，即城市生活垃圾产生量减去城市生活垃圾无害化处理量。如表 4－1 所示，城市生活垃圾堆积量占城市生活垃圾产生量的比例从 2003 年的将近一半下降至 2015 年的 5.90%。尤其是在 1996 年固废法生效后，工业固体垃圾综合利用率（即工业固体垃圾综合利用量占工业固体垃圾产生量的百分比）从 1998 年的 41.73% 上升至 2015 年的 60.30%，而城市生活垃圾的无害化处理率（即卫生填埋、焚烧和堆肥处置的生活垃圾占城市生活垃圾产生量的百分比）相应地从 60.00% 增长到 94.10%。由于不同的生活垃圾处置模式对垃圾物理属性的要求不同，把城市生活垃圾分类成可堆肥垃圾、可燃垃圾和可回

① 八个生活垃圾分类试点城市分别为北京、南京、上海、杭州、厦门、广州、深圳和桂林。

收垃圾是高效利用城市生活垃圾的必要前提（Yuan et al.，2006）。例如，高温堆肥只有在有机垃圾的比例超过40%的时候才能用于处理可降解垃圾，焚烧只能适用于当生活垃圾的平均低热值高于5000kJ/kg的时候。如表4－1所示，一方面，城市生活垃圾焚烧量从2003年的370万吨上升至2015年的6176万吨，其占城市生活垃圾无害化处理量的比例相应地从4.94%增加至34.28%，而城市生活垃圾堆肥量从2003年的717万吨下降至2015年的354万吨，其占城市生活垃圾无害化处理量的比例则从9.57%减少至1.97%。同时，在现有粗放的生活垃圾源头分类系统下，中国垃圾卫生填埋量仍占据主导地位，卫生填埋量从2003年的6404万吨上升至2015年的11483万吨。

表4－1　2003～2015年中国城市生活垃圾处置模式结构演进趋势　单位：万吨

年份	城市生活垃圾产生量	城市生活垃圾堆积量	卫生填埋		焚烧		堆肥		无害化处理	
			数量	%[a]	数量	%[a]	数量	%[a]	数量	%[b]
2003	14857	7366	6404	85.49	370	4.94	717	9.57	7491	50.42
2004	15509	7441	6889	85.39	449	5.57	730	9.05	8068	52.02
2005	15577	7583	6857	85.78	791	9.90	345	4.32	7994	51.32
2006	14841	7007	6408	81.80	1138	14.52	288	3.68	7834	52.79
2007	15215	5897	7633	81.92	1435	15.40	250	2.68	9318	61.24
2008	15438	5270	8424	82.85	1570	15.44	174	1.71	10168	65.86
2009	15734	4635	8899	80.17	2022	18.22	179	1.61	11099	70.54
2010	15805	3709	9598	79.35	2317	19.15	181	1.49	12096	76.53
2011	16935	3845	10064	76.88	2599	19.86	427	3.26	13090	77.29
2012	17081	2591	10512	72.55	3584	24.74	393	2.71	14490	84.83
2013	17238	1844	10493	68.16	4633	30.10	268	1.74	15394	89.30
2014	17860	1466	10744	65.54	5330	32.51	320	1.95	16394	91.79
2015	19142	1129	11483	63.75	6176	34.28	354	1.97	18013	94.10

注：[a]表示占城市生活垃圾无害化处理量的百分比；[b]表示占城市生活垃圾产生量的百分比。
资料来源：《中国统计年鉴》（2004～2016年），经笔者整理而成。

4.2.4 自愿生活垃圾源头分类项目与生活垃圾用户收费政策

为促进城市生活垃圾的源头分类，建设部于2000年6月1日公布了《关于公布生活垃圾分类收集试点城市的通知》。八个城市，即北京、南京、上海、杭州、厦门、深圳、广州和桂林，被原建设部确定为生活垃圾源头分类试点城市。各试点城市在2000年末和2001年初先后逐步地实施了生活垃圾源头分类项目。为鼓励当地居民参与生活垃圾分类，试点城市向实施生活垃圾分类的居民提供了一定的经济奖励或补贴，如向表现优秀的家庭提供洗衣液、毛巾等小奖品，免费提供垃圾桶和垃圾袋等，但具体奖励类型和持续时间因试点城市而异。随着生活垃圾源头分类项目的推进，不同试点城市探索出自身不同的生活垃圾分类模式。在广州、深圳、杭州和南京，城市生活垃圾大致可以分为可回收物、餐厨垃圾、有害垃圾和其他垃圾；上海也类似地把城市生活垃圾分类为可回收物、有害垃圾、湿垃圾和干垃圾；北京和桂林则鼓励居民把生活垃圾分为可回收物、餐厨垃圾和其他垃圾；在厦门，城市生活垃圾主要分类为有害垃圾、餐厨垃圾和其他垃圾。通常来说，在大多数试点城市中部分居民已自愿地对生活垃圾干湿分类。然而，尽管生活垃圾源头分类被认为是中国生活垃圾减量的关键措施（Tai et al.，2011），但由于当地政府财政资源的短缺、垃圾处理设备设施的简陋、管制和惩罚措施的不健全、源头分类市场的缺失，以及回收系统的绩效低下，中国生活垃圾源头分类项目仍处于初始阶段（Zhuang et al.，2008；虞维，2013；汪文俊，2012）。

此外，为了缓解生活垃圾管理的资金压力和提供家户经济激励以刺激其参与生活垃圾减量，国家多部门在2002年联合出台了《关于实施城市生活垃圾处理收费制度促进垃圾处理产业化的通知》。在中国，虽然每个城市生活垃圾用户收费的费率不同，但绝大多数城市都是采用固定费率的方式，即同一城市同一年份每户家庭缴纳的生活垃圾费用相同。图4－2展示了不同试点城市人均生活垃圾产生量与生活垃圾用户收费的动态关系。在深圳、杭州和上海，在2000年生活垃圾源头分类试点实施后，城市人均生活垃圾产生量紧接呈现出短期下降的趋势，而北京和广州的城市人均生活垃圾产生量在生活垃圾源头分类试点实施后一直呈现出上升的趋势。然而，厦门、桂林和南京的城市人均生活垃圾产生量在生活垃圾源头分类试点实施前后都一直保持小幅的稳定增长趋势。广州最高的生活垃圾收费并没有导致其最低的城市人均生活垃圾产生量，而桂林在中等生活垃圾收费水平下拥有最低的城市人均生活垃圾产生量。总的来说，除了深圳，仅生活垃圾收费并不能导致试点城市人均生活垃圾产生量的降低。

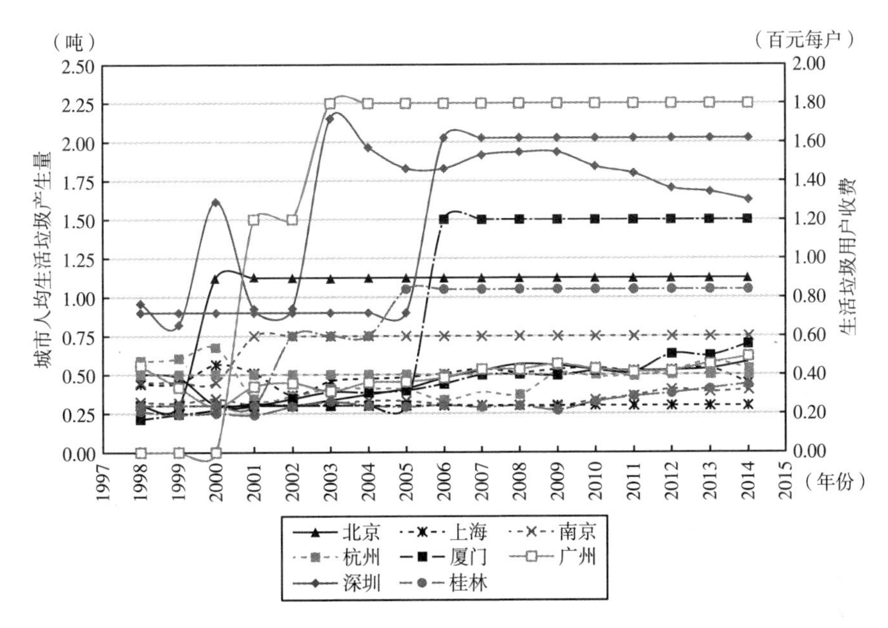

图4－2　1997～2015年八个试点城市人均生活垃圾产生量与生活垃圾用户收费的动态关系

注：图中实线表示城市人均生活垃圾产生量，而虚线表示生活垃圾用户收费金额。

资料来源：《中国区域经济统计年鉴》，1999～2015年和各试点城市政府文件，经笔者整理而成。

中国并不能阻止城市生活垃圾的增长，他们能做的只是减缓城市生活垃圾的增长速度（World Bank，2005）。考虑到中国可回收垃圾占城市生活垃圾的8%～10%（Wang and Nie，2001），城市生活垃圾减量化和资源化已成为解决增长的城市生活垃圾造成的环境污染问题的关键策略。然而，从前文分析可知，生活垃圾源头分类项目和生活垃圾收费政策对城市生活垃圾产生量的效果随不同试点城市而呈现出较大差异，到底什么因素能潜在影响城市生活垃圾产生量还有待于进一步深入分析。识别出生活垃圾分类和收费政策在不同城市对城市人均生活垃圾产生量具有不同影响的潜在原因能为相关管理部门政策的设计提供实用意见。在以下的篇幅中，本章将实证检验生活垃圾分类和生活垃圾收费政策组合，以及社会经济特征对城市人均生活垃圾产生量的影响，旨在识别出导致中国城市生活垃圾产生量持续增长的相关因素。

4.3 计量模型与数据说明

4.3.1 模型构建

与传统的截面数据模型或时间序列数据模型相比，面板数据模型通常具有多种优势，如减少解释变量间的多重共线性问题、控制遗漏变量的影响、允许样本个体的异质性差异、更准确地推断模型参数，以及识别变量间的动态关系（Hsiao，2014）。这些特性很好地满足了本章对计量方法的需求。因此，我们首先利用如下静态面板数据模型来考察补贴的生活垃圾分类和垃圾用户收费组政策组合对垃圾产生量的影响：

$$mswpc_{it} = \alpha_i + \gamma Separation_{it} + \rho Fee_{it} + \delta Separation_{it} \times Fee_{it} + \beta X_{it} + \varepsilon_{it} \quad (4-1)$$

其中，$mswpc_{it}$表示城市 i 在年份 t 的城市人均生活垃圾产生量；$Separation_{it}$为是否实施生活垃圾源头分类项目的虚拟变量，当城市 i 在年份 t 实施了生活垃圾源头分类项目，则城市 i 在年份 t 及随后年份 $Separation_{it}$赋值为1，否则，$Separation_{it}$赋值为0；Fee_{it}为居住在城市 i 的每个家户在年份 t 需要缴纳的生活垃圾服务费；X_{it} 为其他潜在协变量向量，包括城镇居民人均可支配收入（*incpc*）、城市平均家庭规模（*famsize*）、城市人均受教育水平（*edupc*）、城市平均家庭人口依存率（*dependency*）和城市人口密度（*popden*）；α_i 为不随时间变化的城市固定效应；ε_{it} 为捕获其他遗漏因素的对于所有 i 和 t 期望 $E(\mu_{it})=0$ 的随机扰动项；γ、ρ、δ 和 β 则是待估计的参数或向量。

然而，除了严格的关于随机扰动项的假设，静态面板数据模型通常还要求所有的解释变量严格外生。尽管普通面板数据模型能够控制与城市和年份固定效应相关的生活垃圾分类和垃圾用户收费内生性问题，但并不能控制与城市随时间变化的不可观测特征相关的生活垃圾分类和垃圾用户收费内生性问题，即 $Cov\ (Separation_{it},\ \varepsilon_{it})$ 和 $Cov\ (Fee_{it},\ \varepsilon_{it})$ 可能不为0。此外，由于人们的消费行为和生活习惯不可能在短期内发生剧烈的变化，城市人均生活垃圾产生量可能随着时间的推移呈现出持续性特征。因此，我们在方程（4-1）的基础上加入城市人均生活垃圾产生量的滞后项作为解释变量，得出如下动态面板数据模型：

$$mswpc_{it} = \alpha_i + \gamma Separation_{it} + \rho Fee_{it} + \delta Separation_{it} \times Fee_{it} + \beta X_{it} + \lambda mswpc_{it-1} + \varepsilon_{it} \tag{4-2}$$

其中，$mswpc_{it-1}$是城市人均生活垃圾产生量的滞后项。为获取参数的无偏一致估计量，本章采用阿雷利亚诺和邦德（Arellano and Bond，1991）提出的广义矩估计（Generalized Method of Moments，GMM）来估计方程（4-2）。

4.3.2 变量说明和数据来源

城市人均生活垃圾产生量。根据世界银行的定义，此处的城市生活垃圾产生量包括居民和机构等单位的生活垃圾、商业垃圾、集市贸易市场垃圾、街道清扫垃圾、公共场所垃圾和工业非过程垃圾①（World Bank，2005）。需要说明的是，虽然生活垃圾产生量数据可能更加精确，但现行的统计数据是基于生活垃圾清运量而非生活垃圾产生量。因此，参照世界银行（World Bank，2005）的做法，本章所有分析中的城市生活垃圾产生量数据均是指国家统计局提供的城市生活垃圾清运量数据。

生活垃圾源头分类项目如上述章节提及的在许多发达国家被认为是减少生活垃圾产量增加生活垃圾回收量的关键措施。在2000年6月1日，八个试点城市被国家原建设部确定为生活垃圾源头分类试点城市。由于试点

① 工业非过程垃圾即工业生产中的生活垃圾。

城市纷纷在2000年末和2001年初先后开始实施了生活垃圾源头分类项目，本章把2001年作为生活垃圾源头分类开始实施的年份，即2001年及以后，试点城市的生活垃圾分类变量赋值为1，其他则赋值为0。

在中国，城市生活垃圾管理办法（1993年版）明确规定了所有产生城市生活垃圾的实体和个人必须缴纳城市生活垃圾服务费[①]。但对于不同的时间段和不同的城市，每个家户每年需要缴纳的城市生活垃圾服务费不同。因此，垃圾用户收费变量赋值为该城市每个家户在特定年份需要缴纳的城市生活垃圾服务费。

根据以往研究，本章把城镇居民人均可支配收入、城市平均家庭规模、城市人均受教育水平、城市平均家庭人口依存率和城市人口密度作为影响城市人均生活垃圾产生量的控制变量。通常认为，生活垃圾产生量随着居民生活水准的改善而增加（Al-Khatib et al.，2010）；生活垃圾产生量随着家庭规模的增大而呈现出小于线性的增长（Qu et al.，2009；Thanh et al.，2010）；由于只有劳动人口的家户和拥有依存人口的家庭具有不同的消费模式，不同的城市家庭人口依存率从而可能会导致不同的城市生活垃圾产生模式（Johnstone and Labonne，2004）；尽管拥有高教育水平的居民一般具有较高的环境意识从而可能产生更少的垃圾（Benítez et al.，2008），但受教育水平与城市生活垃圾产生量的关系尚不明确（Hage and Söderholm，2008）；城市人口密度对生活垃圾排放量可能有潜在的影响，但研究结论尚未达成一致（Johnstone and Labonne，2004；Mazzanti et al.，2008）。此外，生活垃圾管理政策，以及政策设计中的公众参与也可能影响生活垃圾减量绩效（Folz and Hazlett，1991）。

在我们的计量分析中，城镇居民人均可支配收入是指城镇居民家庭成员平均可用于安排家庭日常生活的收入，城市平均家庭规模是指城市居民平均家庭人口数。城镇居民人均可支配收入和城市平均家庭规模变量直接来源于相关统计年鉴。而城市人均受教育程度的度量公式为城市高等学校、普通中学和小学在校人数占城市年末总人口的比例，再分别乘以各自的总

① 政策规定的特殊群体除外，如低保户、政策扶持的企事业单位等。

学制年数（即16、9、6）并求和[①]。城市平均家庭人口依存率是指城市家庭中平均非就业人口占就业人口的百分比，具体计算公式为城市平均每户家庭人口减去城市平均每户就业人口后再除以城市平均每户就业人口。城市人口密度是指市辖区每平方公里的人口数，该变量也直接从相关统计年鉴复制而来。

本章利用面板数据来验证补贴的生活垃圾分类与生活垃圾收费政策组合对生活垃圾产生量的影响。本章选取了由国家统计局公布的中国36个大中城市为研究对象。之所以选取此36个大中城市为研究对象主要是基于以下两点考虑：（1）在全国8个生活垃圾源头分类试点城市中，除了桂林不在这36个大中城市名单中，其他7个均在；（2）这36个城市具有重要的全国性或地域性影响力，且其中的非试点城市与试点城市在社会经济政治各方面具有相对较高的相似性。由于拉萨部分数据的缺失，且城市各方面特征与其他35个城市相差悬殊（如社会经济发展水平、受教育程度等），故剔除该城市。因此，本章最终选取了35个样本城市，同时囿于数据的可获得性，样本区间为1998～2014年。本章的数据来源于两个渠道：对于生活垃圾收费，该变量的数据来源于相关城市的政府文件，而其他的数据全部来源于统计年鉴，即《中国城市统计年鉴》《中国城市建设统计年鉴》《中国区域经济统计年鉴》和各城市统计年鉴。此外，由于乌鲁木齐、海口、长沙和合肥分别于2007年11月、2011年2月、2012年2月和2013年7月开始实施按自来水消费量折算系数法征收城市生活垃圾服务费方案，本章把此17个观测值在模型估计中删除。

表4－2展示了本章所使用变量的定义和描述性统计。由表4－2可知，城市人均生活垃圾产生量为每年0.429吨，每户每年需要交纳55元的城市生活垃圾服务费。而对于城市社会经济特征变量来说，城镇居民人均可支配收入为1.642万元，城市平均家庭规模为2.936人，大约1个就业者负担1个非就业者，城市人均受教育水平为2.251，城市平均人口密度为0.160万人每平方公里。

---

① 由于普通高中在校人数部分时期数据的缺失，本章把其剔除。

表 4－2　　　　变量定义及描述性统计

变量	变量定义	均值	标准差
mswpc	城市人均生活垃圾产生量（吨）	0.429	0.249
separation	城市是否实施生活垃圾源头分类政策（0＝否，1＝是）	0.165	0.371
fee	生活垃圾用户年度收费金额（百元）	0.557	0.378
incpc	城镇居民人均可支配收入（万元）	1.642	0.964
famsize	城市平均家庭规模（人）	2.936	0.178
dependency	城市平均家庭人口依存率（比例）	0.922	0.183
edupc	城市人均受教育水平（比例）	2.251	0.804
popden	城市人口密度数（万人/平方公里）	0.160	0.118

4.4　模型回归结果与讨论

4.4.1　模型基本结果概括

由于标准的回归分析要求方程中所有的变量是平稳的，因此，在计量分析之前有必要检验面板数据的平稳性。本章利用列文等（Levin et al.，2002）提出的 LLC 检验和因等（Im et al.，2003）提出的 IPS 检验进行面板单位根检验，与其他检验方法相比，该类检验方法不仅在相关文献中获得了广泛的应用而且更适合本章中的小样本数据。LLC 和 IPS 检验结果表明，除了城镇居民人均可支配收入只在 LLC 检验中拒绝存在单位根的原假设，其余变量都在 LLC 检验和 IPS 检验中拒绝存在单位根的原假设，因此，有理由相信所有变量的水平值是平稳的。事实上，由于本章的面板包括 35 个城市而时间跨度为 1998～2014 年，相对较短的时间跨度允许我们减少对变量平稳性特征的过分担心（Aşıcı，2013）。

表 4－3 报告了面板数据模型的估计结果。第（1）～（4）列展示了方程（4－1）的基本估计结果，其中，（1）和（3）列运用垃圾源头分类、生活垃圾收费、城镇居民人均可支配收入、城市平均家庭规模、城市平均家庭人口依存率、城市人均受教育水平和城市人口密度为解释变量，而（2）和（4）

在此基础上加入了垃圾源头分类和生活垃圾收费的交互项。首先，（1）~（2）列是控制了潜在异方差和组间组内序列相关的可行广义最小二乘法（feasible generalized least squares，FGLS）估计结果。虽然可行广义最小二乘法估计比聚类广义最小二乘法（clustered generalized least squares，clustered GLS）估计更有效率，但其有效性严重依赖于随机扰动项的协方差矩阵是一致估计的假设。因此，为了使模型结果更稳健可靠，本章还汇报了更适合一般情况的聚类广义最小二乘法估计结果。此外，由于广义最小二乘法（包括FGLS和Clustered GLS）仅适用于解释变量和随机扰动项之间存在强外生性假设的前提下，当该假设不满足时可能会导致参数估计的有偏，（5）和（6）列汇报了基于方程（4-2）的采用差分广义矩估计法（difference generalized method of moments，difference GMM）的估计结果。其中，我们把垃圾源头分类、生活垃圾收费和二者交互项作为前定解释变量，并分别利用各自的滞后二阶和滞后三阶作为垃圾源头分类、生活垃圾收费和二者交互项的工具变量。

表4-3　　面板数据模型的回归结果

变量	FGLS		Clustered GLS		Difference GMM	
	(1)	(2)	(3)	(4)	(5)	(6)
separation	-0.007 (0.018)	-0.057* (0.030)	-0.118 (0.085)	-0.095* (0.053)	-0.119 (0.127)	-0.303* (0.156)
fee	-0.005 (0.013)	-0.022* (0.012)	-0.021 (0.033)	-0.061* (0.032)	-0.048 (0.082)	-0.226** (0.112)
separation×fee		0.103** (0.046)		0.286*** (0.101)		0.384** (0.158)
incpc	0.064*** (0.014)	0.065*** (0.013)	0.056** (0.026)	0.048** (0.023)	0.036*** (0.010)	0.034** (0.014)
famsize	0.091*** (0.029)	0.091*** (0.029)	0.189** (0.090)	0.177** (0.084)	0.117** (0.056)	0.121* (0.069)
dependency	0.018 (0.017)	0.019 (0.019)	-0.014 (0.042)	-0.001 (0.039)	0.037 (0.038)	0.057 (0.042)

续表

变量	FGLS		Clustered GLS		Difference GMM	
	(1)	(2)	(3)	(4)	(5)	(6)
edupc	0.029 *** (0.007)	0.031 *** (0.007)	0.063 *** (0.019)	0.061 *** (0.020)	0.043 ** (0.017)	0.041 ** (0.019)
popden	0.100 (0.143)	0.099 (0.142)	0.181 (0.209)	0.154 (0.186)	0.064 (0.104)	-0.065 (0.185)
trend	-0.018 (0.013)	-0.018 (0.013)	-0.011 (0.009)	-0.009 (0.007)	-0.005 (0.004)	-0.007 (0.006)
constant	0.179 * (0.097)	0.200 ** (0.096)	-0.010 (0.291)	0.056 (0.274)	-0.195 (0.187)	-0.224 (0.191)
lag. mswpc					0.304 *** (0.095)	0.200 *** (0.062)
lag2. mswpc					0.033 (0.067)	-0.022 (0.093)
Sargan test					1.000	1.000
AR(1) test					0.039	0.027
AR(2) test					0.375	0.389
Prob > chi2					0.000	0.000
Observations	578	578	578	578	473	473

注：(1) 括号中报告的是相应的标准误；(2) ***、**、* 分别表示在1%、5%和10%的显著性水平上显著。

GMM参数估计的一致性取决于三个假设：被解释变量的平稳性，如前文所述已经满足，工具变量的有效性，以及随机扰动项无序列相关。对于后两个假设条件，我们采用阿雷利亚诺和邦德（Arellano and Bond, 1991）建议的两个专门检验以检验其是否满足。第一个为用来检验工具变量整体有效性的过度识别约束Sargan检验，而第二个检验考察扰动项的差分是否序列相关。如表4-3所示，Sargan统计量在（5）和（6）列的P值为1，表明过度识别的矩约束条件是有效的原假设在传统显著性水平上不能被拒绝。AR(1)检验和AR(2)检验分别报告了扰动项一阶差分和二阶差分是否存在自相关的P值。不难发现，在传统显著性水平下，不能拒绝“扰动项的一阶差分不存在自相关”和“扰动项的二阶差分不存在自相关”的原假设。这表明我们动态面板数据模型的设定是合理有效的。同时，从相关控制变量来看，所有回归方程在系数符号和显著性方面具有高度的一致性，说明估计结果具有良好的稳健性。

4.4.2 实证结果与讨论

4.4.2.1 社会经济特征与城市人均生活垃圾产生量

与贝尼特斯等（Benítez et al.，2008）和冉恩等（Thanh et al.，2010）的先前研究相吻合，城镇居民人均可支配收入的系数在5%或更低的显著性水平上为正，说明拥有更高城镇居民人均可支配收入的城市往往产生更多的人均生活垃圾。富裕城市的居民拥有相对较高的购买能力从而排放了更多的生活垃圾。然而，与以往关于拥有更大家庭规模的城市产生更少的生活垃圾的发现不同（Qu et al.，2009；Thanh et al.，2010），城市平均家庭规模与城市人均生活垃圾产生量在传统显著性水平上为正相关。造成这种差异的潜在原因可能是，目前在中国的城市地区，在所有家庭规模大于或等于两人的家庭中，有80.6%的家庭为核心户（王跃生，2013）[①]，即较大规模的家庭主要是因为拥有更多的未婚子女数，而家庭未婚子女是家庭生活垃圾产生的主要群体（Podolsky and Spiegel，1998），相比于由于家庭成员存在共同消费而产生的家庭规模在生活垃圾产生量上的规模不经济，由于家庭未婚子女增多而导致的较大规模家庭通常产生了更多的生活垃圾。城市平均家庭人口依存率对生活垃圾产生量的影响在所有的回归中均不显著，说明当下的中国城市平均家庭人口依存率与城市人均生活垃圾产生量没有直接关联。与哈格和索德霍尔姆（Hage and Söderholm，2008）和苏贾丁等（Sujauddin et al.，2008）的研究结论相一致，城市人均受教育程度的系数在5%或更低的显著性水平下为正。潜在的可能解释为，一方面，尽管受教育程度较高的居民具有较高的环境意识，但在现实生活中，由于必要的节能减排知识和技巧的缺乏，较高的环境意识很少转化为实际的环境友好决策和行为；另一方面，受教育水平更高的居民通常拥有较好的经济状况且

---

① 核心户是指由一对夫妻和其未婚子女组成的家庭。

并不愿意为了减少生活垃圾产生量而改变现有的高消费生活模式。

此外，值得特别说明的是，城市人均生活垃圾产生量的滞后一项对城市人均生活垃圾产生量的影响在1%的显著性水平下为正，说明由于生活习惯和消费模式的惯性，城市人均生活垃圾产生量呈现出一定的持续性特征。通常认为，人们自愿参与环境保护项目主要是受他们自身的环境保护习惯所驱动。然而，在北京，虽然绝大多数的居民支持实施城市生活垃圾源头分类项目，但只有52%的居民参与了该项目（Li et al.，2009），在上海生活垃圾源头分类正确率也只有45.1%（Zhang et al.，2012），而对于其他六个试点城市，生活垃圾源头分类率低于15%（Tai et al.，2011）。与此相反，在德国柏林，所有的家户均要把他们的生活垃圾分类为纸张、玻璃、轻包装、可降解物和其他垃圾（Zhang et al.，2010b），相应的，柏林的生活垃圾回收率从1992年的大约10%上升至2007的40%以上（Schulze，2009）。由于居民生活垃圾长期混合收集的习惯，生活垃圾源头分类项目公众参与的缺乏导致了城市生活垃圾源头分类政策在垃圾减量方面收效甚微，人们养成生活垃圾源头分类的习惯还将需要很长一段的时间。

4.4.2.2 垃圾源头分类和生活垃圾收费对城市人均生活垃圾产生量的单独作用

与发达国家的生活垃圾源头分类在减少生活垃圾方面取得巨大成功的结果不同（Charuvichaipong and Sajor，2006；Zhang et al.，2010a），垃圾源头分类的系数在表4-3中的（1）、（3）和（5）列中虽然为负数，但在传统显著性水平上与零值均无明显差异。导致这一结果的可能原因在于自愿环境政策的实施情境不同。发达国家自愿项目的基本目标在于鼓励人们和企业更加遵从环境强制措施，而发展中国家的自愿项目却被用来纠正对环境强制措施的遵从（Blackman et al.，2013）。此外，由于制度的弱化、法制基础的不完善，以及政治意愿的有限，发展中国家环境强制措施的执行充满着严峻挑战（Eskeland and Jimenez，1992）。在强制措施缺失的情况下，公众意识和公众参与的缺乏在某种程度上导致了中国自愿生活垃圾源头分类项目的失败。此外，正如4.2.4所提及的，垃圾源头分类令人失望的垃圾减量效果还归咎于垃圾分类设施的缺乏和垃圾回收系统的不健全。在缺乏丰富的、方便的基础设施使人们更加容易地实施垃圾源头分类的情况下，居民垃圾分类行为不会增加。因此，中国政府，不仅是中央政府，而且尤其是地方政府，一方面需要采取积极的措施，如设计良好的教育和宣传项目，提高人们垃圾减量的总体环境意识；另一方面需要深思熟虑地提供充足的和便捷的垃圾分类设备以及相配套的基础设施。

生活垃圾收费系统在提高垃圾回收和减少垃圾产生方面的作用在以往研究中一直是一个充满争议的议题（Allers and Hoeben，2010；Hong，1999；Podolsky and Spiegel，1998；Fullerton and Kinnaman，1996；Jenkins，1993；Linderhof et al.，2001）。在本书中，如表4-3中的（1）、（3）和（5）列所示，生活垃圾收费的系数在城市人均生活垃圾产生量方程中为负数，但在10%的显著性水平下均不显著。本章对此的潜在解释如下，在发达国家，生活垃圾计量收费系统是提高居民生活垃圾源头分类和回收行为的强有力工具（Reichenbach，2008；Skumatz，2008），而中国实施的生活垃圾定额收费系统与发达国家实施的生活垃圾计量收费系统不同，在生活垃圾定额收费系统中，每额外产生一单位生活垃圾的边际成本为零，因而不能为居民生活垃圾源头分类和减量行为提供应有的经济激励（Zhang et al.，2010a；Chung and Lo，2008）。因此，应该设计一个更加激励兼容的生活垃圾收费系统来诱导更多的人参与生活垃圾分类，例如，减少或免除已经正确实施生活垃圾分类的家户的生活垃圾服务费。

4.4.2.3 垃圾源头分类和生活垃圾收费对城市人均生活垃圾产生量的交互作用

从表4-3中的（4）和（6）列可知，垃圾源头分类和垃圾用户收费的交互项的系数在5%的水平上显著为正，表明与先前关于生活垃圾收费系统和生活垃圾回收项目联合导致了垃圾产生量的减少（Gellynck et al.，2011）和垃圾回收量的增加（Starr and Nicolson，2015）的发现。相反，中国生活垃圾源头分类项目和生活垃圾定额收费政策的联合刺激了城市人均生活垃圾的增长。这意味着生活垃圾源头分类项目和生活垃圾定额收费政策的联合实施不但没有强化而是挤出了人们实施生活垃圾减量行为的内在动机。因此，以下几方面值得额外关注。

第一，生活垃圾定额收费的增加对收入的增加具有相反的影响。作为收入税的一部分，生活垃圾定额收费对城市人均生活垃圾产生量的影响可以分解为收入效应和替代效应。生活垃圾定额收费的净效应取决于上述两种效应的比较。根据表4－3的（6）列，我们可以计算出城市人均生活垃圾产生量的收入弹性和价格（即垃圾收费）弹性，如我们预期，估计的收入弹性显著为正而估计的价格弹性显著为负。与其他国家的估计值相比，中国的家户具有相对较低的收入弹性和中等的价格弹性（见表4－4）。根据我们的样本数据，平均来说，每户家庭需缴纳的生活垃圾费用大约占城镇居民家庭可支配收入的0.12%。由于家户持续增长的可支配收入远大于需要缴纳的生活垃圾定额费用，家户可支配收入带来的城市人均生活垃圾产生量的增长不仅抵消了垃圾用户收费的收入效应，而且还主导了垃圾用户收费的替代效应，这部分解释了为什么经济和社会的发展依旧导致了垃圾产生量的持续上升（van den Bergh，2008）。

表4－4　城市生活垃圾收入弹性和价格弹性的估计

	研究	国别	研究层次	估计值
收入弹性	Wertz（1976）	美国	家户层次	0.272，0.279
	Hong（1999）	韩国	家户层次	0.088
	Reschovsky and Stone（1994）	美国	家户层次	0.22
	Jenkins（1993）	英国	城市层次	0.41
	Kinnaman and Fullerton（2000）	美国	社区层次	0.262
	本研究	中国	城市层次	0.113
价格弹性	Wertz（1976）	美国	家户层次	－0.15
	Fullerton and Kinnaman（1996）	美国	家户层次	－0.076
	Jenkins（1993）	英国	城市层次	－0.12
	Linderhof et al.（2001）	荷兰	家户层次	－0.26
	Kinnaman and Fullerton（2000）	美国	社区层次	－0.28
	Dijkgraaf and Gradus（2004）	荷兰	城市层次	－0.06～－0.47
	本研究	中国	城市层次	－0.251

第二，垃圾用户收费不但挤出了人们垃圾减量的内在动机，而且削弱了生活垃圾源头分类原有的垃圾减量效果。我们利用表4－3的（6）列结

果计算了垃圾源头分类和垃圾用户收费的边际效应。在图4-3（a）中，圆点线为垃圾源头分类对城市人均生活垃圾产生量的条件边际效应，而方形线则为相应边际效应的95%显著性水平的置信区间。不难发现，垃圾源头分类的边际效应为垃圾用户收费的函数，而置信区间反映了边际效应估计值在95%显著性水平上的不确定性。垃圾源头分类的边际效应随着垃圾用户收费每增加一个单位而增加0.384吨的城市人均生活垃圾。当垃圾用户收费为0时，垃圾源头分类的边际效应为-0.303且在5%的水平上显著。随着垃圾用户收费从0.230增加至1.383，垃圾源头分类的边际效应在5%的水平上与零值没有显著差异。然而，当垃圾用户收费上升至1.8时，垃圾源头分类的边际效应显著为正，数值为0.388。由于经济激励在短时期内只是一个弱化的正向强化刺激，而在长时期内为负向的强化刺激（Bénabou and Tirole，2003），其对人们内在动机的持续侵蚀将会抑制公众参与生活垃圾源头分类项目的积极性，尤其是当人们相信他们已经向环境管理部门支付了足够的生活垃圾费用时更是如此（Gneezy and Rustichini，2000b）。

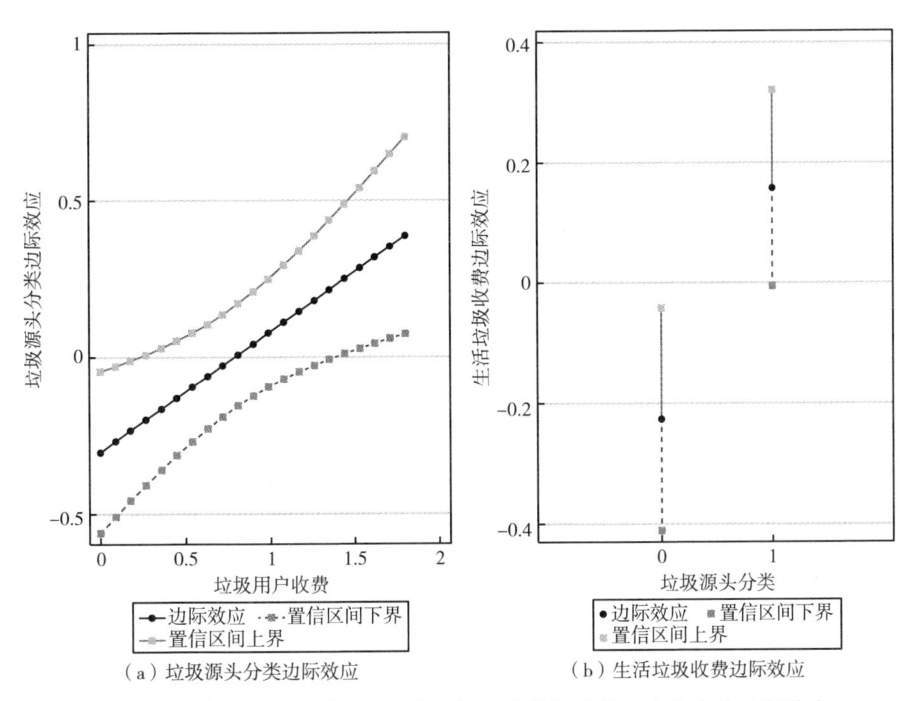

（a）垃圾源头分类边际效应　　（b）生活垃圾收费边际效应

图4-3　带有95%置信区间的垃圾源头分类和垃圾用户收费的边际效应

第三，垃圾用户收费对垃圾产生量的边际效应也取决于垃圾源头分类的影响。当没有实施垃圾源头分类项目时，垃圾用户收费的边际效应为-0.226，且在5%的水平下显著为负，而当实施了垃圾源头分类项目后，垃圾用户收费的边际效应为0.158，但在5%的水平下与零值没有显著差异（见图4-3b）。那些原本具有内在动机的家户在被外在干预措施强制实施垃圾减量行为后将会感到过度地被矫正（overjustified），因此，有必要进一步呼吁加强公众环境保护责任意识，从而促进公众参与生活垃圾源头分类项目（Gottfried et al.，1996；Kline et al.，2000）。

第四，强制的生活垃圾定额收费对家户生活垃圾减量行为的挤出效应值得进一步关注。传统的经济学文献认为，根据表现绩效来进行金钱奖励或惩罚可以诱导人们合意行为的实施（Lakhan，2015；Sidique et al.，2010；Hong，1999；Kinnaman and Fullerton，2000）。然而，最近相关经济学文献越来越认识到人们不仅关心金钱方面的报酬，而且在乎非金钱方面的满足（Frey and Jegen，2001；van den Bergh，2008；Brekke et al.，2003）。人们自愿生活垃圾源头分类行为的实施主要受原有动机的驱动（Berglund，2006）。收入税通常具有显著的扭曲效应，并且对高收入家户的扭曲效应更加显著（Itaya and Schweinberger，2006；Feldstein，1995）。生活垃圾定额收费对自愿提供公共物品的挤出效应随着收入的增长而加强。

第五，小额补贴的自愿生活垃圾源头分类项目对家户生活垃圾减量行为的挤出效应也值得进一步关注。典型的经济学分析范式通常假设基于绩效的奖励可以为期望绩效的达成充当一个正向刺激（Prendergast，1999）。然而，事实上，基于绩效的奖励除了可能会减少人们出于内在动机的努力（Weibel et al.，2007），奖励的不足甚至会造成人们自愿贡献努力的完全挤出（Fehr and Falk，2002；Gneezy and Rustichini，2000a）。在生活垃圾分类设备和基础配套设施严重匮乏的情境下，如免费提供垃圾袋或垃圾桶的小额补贴不但不能激发人们垃圾分类的积极性，反而可能挤出人们关于垃圾源头分类的环境道德（Rode et al.，2015）。

中国生活垃圾定额收费和垃圾源头分类小额补贴的双重挤出效应很大程度上导致了垃圾减量的失败。当通过扭曲的税收来给公共物品付费时，那么只能通过高额的补贴来激励人们私人地提供公共物品（Roberts，1992；Roberts，1987）。人们垃圾减量行为的内在动机不仅受税收惩罚的负面影响，而且还进一步地被垃圾分类的小额补贴所挤出。因此，当下中国迫切需要一个精心设计的垃圾用户收费和垃圾源头分类相互兼容的生活垃圾管理系统。

4.5 本章小结

伴随着对环境安全和人们健康的担忧，持续增长的生活垃圾产生量迫使中国政府需要在各个层次改革其生活垃圾管理系统。如垃圾用户收费和垃圾源头分类的政策工具也在此背景下应运而生，以期能有效地缓解各地垃圾围城的压力。利用中国城市层面1998～2014年的面板数据，本章在同一分析框架下考察了垃圾用户收费、垃圾源头分类，以及二者的交互项对城市生活垃圾产生量的潜在影响。在同时使用静态面板数据模型和动态面板数据模型后，本章发现，城镇居民人均可支配收入、城市平均家庭规模和城市人均受教育程度是推动城市人均生活垃圾产生量持续增长的主要因素。更重要的是，本章还发现尽管垃圾用户收费和垃圾源头分类能单独地在一定程度上减少城市人均生活垃圾产生量，但两者的交互项不但没有减少而且增加了城市人均生活垃圾产生量。相反，较大的交互效应几乎抵消了垃圾用户收费和垃圾源头分类的垃圾减量效应，该结果在使用不同的模型设定、不同的估计方法和考虑了相关控制变量的情形下依然稳健。对于垃圾源头分类和垃圾用户收费的政策组合增加了而不是减少了城市人均生活垃圾产生量，潜在地可以解释如下。首先，相对较高的城镇家庭可支配收入对垃圾产生量的正向效应主导了垃圾用户收费的负向效应。其次，强制的生活垃圾定额收费和垃圾源头分类的小额补贴对家户自愿实施生活垃圾分类的内在动机具有挤出效应，从而垃圾收费和小额补贴的双重挤出效应导致了垃圾减量效果收效甚微。此外，由于经济激励在短时期内是一个弱化的正向强化刺激，而在长时期内为负向的强化刺激，生活垃圾定额收费不可避免地降低了人们长期自愿实施生活垃圾分类的内在动机。尽管传统的经济学文献主张基于绩效的金钱奖励或惩罚可以诱导人们合意行为的发生，但相关干预政策对人们亲环境行为原有动机的挤出效应应当在生活垃圾管理政策的设计和选择时给予应有的重视。

本章的研究结论对当下的中国和其他发展中国家关于如何全面地设计生活垃圾管理政策组合以应对垃圾污染压力具有重要的潜在启示意义。首先，生活垃圾定额收费等外部干预措施的贸然引进确实会抑制家户生活垃圾分类行为。因此，尽管征收生活垃圾定额费用能在某种程度上唤起和增加公众对垃圾污染问题的意识，但应该根据垃圾用户收费系统是否存在挤出效应而做出适当的调整使其与生活垃圾源头分类项目相互兼容。例如，建立差异化的生活垃圾收费系统，对已经正确实施生活垃圾分类的家户给予生活垃圾服务费的优惠或免除。另外，通过免费提供垃圾袋或垃圾桶的小额外部奖励最终可能会适得其反。在生活垃圾分类设备和基础配套设施严重匮乏的情况下，家户对免费提供垃圾袋或垃圾桶的小额补贴感知到的有效性十分有限，从而认为小额补贴是一种控制性的而非支持性的活动，小额补贴的实施最终降低了居民对生活垃圾分类的原有积极性。因此，补贴不应该只包括室内的垃圾袋和垃圾桶，更应包括充足和便捷的垃圾分类设备和基础配套设施。最后，虽然监督惩罚和外在奖励是各国广泛使用的政策工具，但公共信息和教育活动应该得到同等的关注，其对于普通大众来说可能更可取。除了培育公众的社会责任感，公共精神和合作社会规范，良好设计和实施的公共宣传教育活动也能重塑公众关于生活垃圾管理的偏好、习惯和行为。

本章证实了垃圾用户收费和垃圾源头分类的组合实施导致了正式规制政策的失灵。那么在正式规制政策失灵的背景下，非正式制度是否能弥补正式规制政策在生活垃圾治理中的作用，协调着人与生活垃圾管理的关系？在接下来的一章，本书将同时考察规制政策和社会资本在生活垃圾排放中的作用。

第5章 社会资本对生活垃圾减量的影响及其作用机制

5.1 引　言

在城镇人口快速增加、资源短缺日益突出、环境恶化趋势加剧的态势下，如何有效地节约资源、减少污染排放，已经成为世界各国共同关注的议题。作为人类活动的直接后果，生活垃圾不仅有碍城市的市容卫生，堵塞排污排涝管道，其末端处置还占用着大量日益稀缺的土地资源，排放多种强有害气体，严重污染土壤、空气、地表水和地下水。同时，垃圾中有众多致病微生物，往往是蚊、蝇和老鼠等的滋养地。生活垃圾的持续增长将严重威胁着生态环境和人类健康。如何实现生活垃圾减量化已经引起了政府部门和学界的高度关注。普遍认为，生活垃圾必须得到相关规制政策的有力约束，方能避免生活垃圾的迅猛增长和垃圾围城的困境。例如，一项对日本四个城市的案例研究表明，计量用户收费政策（pay as you throw，PAYT）的实施可以减少20%～30%的残余垃圾产生量，此外，通过与其他政策的组合实施，尤其是与容器和包装回收政策的组合，计量用户收费政策可以带来垃圾的大幅减少（Sakai et al.，2008）。现实中，鉴于异常严峻的生活垃圾增长形势，中国政府也做出了诸多的努力。《城市生活垃圾管理办法（1993，2007)》直接提出要“采取有利于城市生活垃圾综合利用的经济、技术政策和措施，提高城市生活垃圾治理的科学技术水平，鼓励对城市生活垃圾实行充分回收和合理利用”。为促进生活垃圾的综合利用，实现生活垃圾的有效削减，《关于公布生活垃圾分类收集试点城市的通知（2000）》确定北京等八个城市为生活垃圾分类试点城市，以及《关于实行城市生活垃圾处理收费制度促进垃圾处理产业化的通知（2002）》更是明确要求城市生活垃圾的产生主体应当按照当地确定的收费标准缴纳生活垃圾处理费。这说明增加生活垃圾的回收利用，减少生活垃圾的最终排放，既是城市环境治理的客观要求，也是保障民众健康的前提条件。然而，自生活垃圾收费政策和生活垃圾分类试点政策实施以来，城市生活垃圾产生量仍旧保持着快速增长。

除了规制政策对生活垃圾排放的作用，当地居民的社会经济特征，以及生活习惯也是影响生活垃圾排放量的重要因素。对于人均生活垃圾排放量而言，经济状况被认为是决定垃圾产生量的重要因素，经济状况直接影响着产品和服务消费的支付能力，经济状况越好，越有能力消费更多的产品和服务，从而产生更多的垃圾（Al-Khatib et al.，2010；Li et al.，2009）。同样，居民受教育程度代表着居民素质，一个地区的居民受教育程度对生活垃圾产生量也具有不可忽视的影响。居民受教育程度越高，其往往环保意识也较高，从而产生的垃圾量更少（Benítez et al.，2008）。通常来讲，家庭成员数量越多，由于彼此存在共同消费，一定程度上节约了因包装而产生的生活垃圾，家庭规模在生活垃圾产生量上规模不经济（Qu et al.，2009；Thanh et al.，2010）。此外，人口结构对人均生活垃圾排放量有一定影响。由于拥有小孩的家庭与全是成年人组成的家庭具有不同的消费支出模式，其生活垃圾产生模式也将不同（Johnstone and Labonne，2004）。人口密度也可能潜在影响人均生活垃圾排放量，但研究结论尚未一致。例如，马赞蒂和佐波里（Mazzanti and Zoboli，2008）的研究发现，人口密集的地区往往土地昂贵稀缺，垃圾处置所征收的费用从而较高，所以人均产生的生活垃圾较少；而约翰斯通和拉彭纳（Johnstone and Labonne，2004）则认为，在人口密集的地区，生活垃圾收集服务可以集中供给，从而降低了服务供给的均摊成本，居民则越可能产生更多的生活垃圾。

区别于既有文献，本章主要聚焦于以下三个问题：第一，近来少量研究证实，社会资本在抑制大气污染、水体污染，以及提高环境绩效方面的作用绝非虚言（Ibrahim and Law，2014；Keene and Deller，2015；Paudel and Schafer，2009；万建香和梅国平，2012），那么，社会资本在生活垃圾污染排放减量中发挥着怎样的作用？本章将利用城市层面的宏观数据，同时考察规制政策和社会资本对城市生活垃圾排放量的影响。但至今还尚未有文献定量分析二者与污染排放或环境绩效的关联。第二，虽然社会资本广泛应用于解释民主政治、经济增长、劳动就业、健康状况和环境绩效等领域，但到目前为止，学界对社会资本还没有一个普遍接受的、绝对权威的定义，对其测度也相对随意、争议较大。本章将高度综合以往研究对社会资本的定义，严格按照社会资本定义得出其度量指标，并同时利用主成分加权法和无量纲等权重加总法构造社会资本指数，力求能准确可靠地度量社会资本。第三，假如社会资本的确起到了抑制生活垃圾排放的作用，那么社会资本在不同生活垃圾排放群里中的作用有何差异，社会资本的不同维度在抑制生活垃圾排放中的作用又有何差异，以及社会资本效应是否随时空而发生改变？本章将通过利用2004～2014年的35个大中城市的面板数据实证分析了规制政策和社会资本对生活垃圾排放量的影响。

5.2 规制政策和社会资本在生活垃圾治理中的作用：文献述评

5.2.1 规制政策

近年来，规制政策对生活垃圾治理的影响受到经济学界越来越多的关注。目前，虽然各个国家具体实施的生活垃圾治理政策各不相同，但生活垃圾治理中常用的规制政策主要有垃圾收费政策、垃圾源头分类政策、填埋税、产品收费政策、经济补贴政策和押金返还制，而又以生活垃圾用户收费政策和生活垃圾源头分类政策应用得最为广泛且受到学界的关注最多。

现实中，生活垃圾用户收费政策又可细分为三种类型：第一种是计量用户收费，即按照生活垃圾排放量来决定收费的数额（PAYT）；第二种是定额用户收费，即不管垃圾排放量是多少，均按规定的固定数额收费；第三种是以上两种类型的结合，即产生的生活垃圾量在规定的数量以内时支付固定的费用，超过限额的部分再按量收费。学界也针对生活垃圾用户收费政策的垃圾减量效应做了初步的研究。例如，斯库麻兹（Skumatz，2000）利用美国各州社区层面的数据，通过基于截面数据的处理组和控制组的对比，以及基于时间序列数据的事前和事后的对比，结果表明，垃圾按量收费政策的垃圾减量效应为16%～17.3%。类似的，基于美国国民邮寄调查数据，福兹和吉尔斯（Folz and Giles，2002）利用普通最小二乘法回归发现，垃圾按量收费政策在提高垃圾回收率和减少垃圾填埋量上都具有显著的作用。生活垃圾收费每袋提高一美元可以带来每人每年412磅垃圾的减少，但每人每年只能提高30磅的垃圾回收量（Kinnaman and Fullerton，2000）。绍尔等（Šauer et al.，2008）通过对捷克一些代表城市的问卷调查发现，在实施垃圾按量收费政策的地区，当地居民确实分离了更多的垃圾从而产生了更少的残余垃圾（residual waste）①，实际上，捷克的实践经历也表明PAYT的引入对城市总生活垃圾的减量效应达到22%。艾勒斯和霍本（Allers and Hoeben，2010）利用倍差法估计了垃圾计量收费政策对荷兰城市生活垃圾排放量的影响，研究发现，每30加仑的生活垃圾收费提高1美元，每户每周平均能减少1.66磅的生活垃圾排放。然而，虽然垃圾定额收费能在一定程度上唤起和增强居民有关垃圾问题的公众意识，盖林克和韦尔赫斯特（Gellynck and Verhelst，2007）、盖林克等（Gellynck et al.，2011）通过对比利时佛罗明区的分析，发现垃圾定额收费对人均残余垃圾排放量并无显著影响。总的来说，虽然学界关于垃圾按量收费政策的实际减量效果仍存在一定的争议，但学界就垃圾按量收费政策比垃圾定额收费政策在垃圾减量方面更有效而言还是达成了相对一致的意见。

生活垃圾源头分类是提高垃圾回收、实现垃圾减量的重要途径。随着生活垃圾源头分类在许多国家开始实行，进入21世纪以来，国际上已经出现了一些关于生活垃圾源头分类政策对垃圾产生量影响的研究。例如，一

① 残余垃圾是指不可回收利用的，需要终端焚烧或填埋等处理的垃圾。

项对英国伦敦附近的一个叫威尔德统的农村地区的研究发现，当地政府通过引入了一个新的街边收集项目，使当地需要填埋的生活垃圾量减少了55%（Woodard et al.，2001）。该街边收集项目的主要做法是在住宿区给居民提供三种不同的垃圾桶（可堆肥垃圾桶、可回收垃圾桶和其他垃圾桶），并每两周收集清理一次垃圾桶内的生活垃圾，然而对于任何丢弃在垃圾桶外的垃圾并不收集清理。阿达格（Ağdağ，2009）通过对土耳其代尼兹利实施垃圾源头分类政策前后的对比研究，发现垃圾源头分类政策使垃圾回收量从2003年（政策实施的前一年）的195吨上升到1549吨。马赞蒂等（Mazzanti et al.，2008）分析了意大利城市生活垃圾产生量的驱动因素，发现生活垃圾源头分类份额与生活垃圾总产量和人均产量均呈显著的负向关系。伯恩斯塔德等（Bernstad et al.，2011）则研究了瑞典南部奥古斯滕伯格地区的垃圾源头分类项目，基于现实的源头分类和错误分类比例的数据，得出现状的源头分类项目可以从总的垃圾中分拣出33%的可回收物或生植物废弃物的结论。此外，拉森等（Larsen et al.，2010）还评价了丹麦奥尔胡斯的多种垃圾分类回收方案的垃圾减量效应，发现街边收集项目的垃圾回收率最高，其每年产生的人均残余垃圾最少，为215.5千克，而带有不同垃圾收集箱的垃圾回收点也是合理的选择，使用此方案每年产生的人均残余垃圾量为231.7千克，但是通过垃圾回收中心来收集可回收垃圾的回收率最低，从而导致每年产生的人均残余垃圾量最高，为248.3千克。

尽管上述研究在评价生活垃圾收费政策和生活垃圾源头分类政策对垃圾产生量的影响方面已经取得了丰富的成果，但遗憾的是，其研究对象都集中在欧美国家，采用的方法也相对过于简单，更为重要的是，上述研究只是重点地考察了某一项政策，尚未同时把生活垃圾收费政策和生活垃圾源头分类政策纳入同一分析框架。因此，其结论的准确性和可靠性还有待于进一步研究。但需要指出的是，韩洪云等（Han et al.，2016）的研究弥补了上述缺陷，基于1998~2012年的面板数据，研究发现，中国目前实施的生活垃圾收费政策和生活垃圾源头分类试点政策在中国现有情境下并没有有效减少生活垃圾产生量。由此可见，生活垃圾治理并没有放之四海而皆准的解决方案，各地区社会政治经济文化的差异性决定了生活垃圾管理政策的设计应符合当地的特定情境（Charuvichaipong and Sajor，2006）。如何设计符合当下中国情境的规制政策是中国生活垃圾管理必须破解的难题。中国作为典型的为人所熟识的人情社会，居民生活垃圾减量行为不仅受正式制度的影响，其行为还嵌入在以血缘、地缘和业缘为依托建立起来的人际关系网络中。因此，考察正式制度之外的其他力量对生活垃圾治理的影响及其发挥作用的机制机理，理应成为理解生活垃圾治理绩效中一个不容忽视的因素。以下述评社会资本在生活垃圾治理中的作用。

5.2.2　社会资本

由于社会资本理论的复杂性和过于宽泛，目前学界对社会资本还缺乏一个广为接受的、绝对权威的定义，但国内外文献中仍存在几种相对流行的社会资本概念。首先是著名社会学家布迪厄（Bourdieu，1986）对社会资本的定义，其认为社会资本是实际或潜在的资源集合体，这些资源与拥有或多或少制度化的共同熟识和认可的关系网络有关。而科尔曼（Coleman，1988）主张从功能的角度理解社会资本，认为社会资本由构成社会结构的各个要素组成，而且能为结构内部的个人行动提供便利。其次，也有学者从集体层面对社会资本进行了定义。普特南等（Putnam et al.，1993）认为，社会资本是指社会组织的特征，诸如信任、规范，以及网络，它们能够通过推动协调行动来提高社会的效率。福山（Fukuyama，1995）则认为，社会资本是指群体成员之间共享的非正式的价值观念、规范，能够促进成员间的相互合作。奥斯特罗姆（Ostrom，2000）对社会资本的定义为关于互动模式的共享知识、理解、规范、规则和期望，个人组成的群体利用这种模式来完成经常性活动。最后，林南（Lin，2001）从网络资源的角度将社会资本定义为嵌入于社会网络中的资源，行动者在其中能够摄取与使用该资源。虽然学界由于研究对象、目的和情境的不同，从而从不同层次不同学科来定义社会资本导致了社会资本概念的争议，但对于社会资本是多维度的、其核心在于具有促进某些活动和获取其他资源功能的关系和利益还是达成了共识（Bowles and Gintis，2002；Narayan and Cassidy，2001；Woolcock and Narayan，2000）。对比以上定义可知，社会资本并非是单个孤立存在的概念，而是一个带有复合性质的多维概念集合体，需要在不同的维度和语境中将其加以拆分解读。因此，本章把社会资本定义为一种包含网络、规范和信任三要素的能促进某些活动的资源集合体。这一定义既是对普特南等（Putnam et al.，1993）、奥斯特罗姆（Ostrom，1990）、福山（Fukuyama，1995）以及武考克和纳拉扬（Woolcock and Narayan，2000）等以往学者概念的高度综合，也是目前经济学界最频繁采纳的定义。

作为一种非正式制度，社会资本在环境治理过程中的作用虽然一直遭到一些学者的质疑，但目前来看，社会资本，至少是社会资本的某些方面，在环境治理中发挥着重要的作用已经得到不少文献的支持。

微观层面上，社会资本与环境治理的关联已经得到诸多证实。例如，社会资本促进了集体资源的协调管理（Pretty，2003）、提高了个人为保护生物多样性的支付意愿（Halkos and Jones，2012）、保障了渔业资源的可持续开发（Grafton，2005）、提升了居民对湿地保护政策的接受程度（Jones et al.，2012），以及推动了农民水土保护措施的采纳（Teshome et al.，2016）。但社会资本在局部层面上促进了当地环境治理的证据并不意味着其在更高层面上能够照样获得成功，社会资本在宏观层次上对环境治理的作用仍需要宏观证据的检验。

宏观层面上，利用来自53个国家的截面数据，格拉夫顿和诺尔斯（Grafton and Knowles，2004）分析了社会资本对环境绩效的影响，研究发现，通过世界价值观调查来度量的社会资本在环境可持续指数、空气质量和水质量等回归方程中都不能通过显著性检验，社会资本并没有如人们预期的那样显著地提高国家环境质量。然而，杜拉尔等（Dulal et al.，2011）在其基础上，把样本数量增加至116个国家后，研究发现，社会资本的某些方面，例如，社会资本的性别包容维度和社会信任维度显著提高了环境绩效，但以社团协会表征的社会网络则恶化了环境绩效。鲍德尔和谢弗（Paudel and Schafer，2009）则用人均社团协会数表征社会资本，基于美国路易斯安那州的53个地方行政区的数据，分析了社会资本对水污染的影响，最终结果显示，社会资本只对水体的氮污染有显著的非线性影响，而与水体的含磷量、溶氧量没有直接关联。基恩和戴勒（Keene and Deller，2015）

利用美国县级层面的截面数据，分析了社会资本对空气污染的影响，研究发现，以当地人均组织的密度为表征的社会资本显著降低了该地区细微颗粒物的浓度。易卜拉欣和劳（Ibrahim and Law，2014）借鉴以往学者基于社会信任、规范和网络结构构建的社会资本指数，利用69个国家和地区的面板数据，实证研究发现，社会资本拉低了因经济发展带来的二氧化碳排放量，即社会资本存量较高的国家往往经济发展造成的污染成本更低。但由于其社会资本指数是截面形式，并不能如实反映各国社会资本存量的动态变化，从而其结论的准确性还有待于进一步考究。国内学者卢宁和李国平（2009）首先考察了我国社会资本与环境质量的关系，其利用工会组织数、居民委员会组织数、妇联组织数和共青团组织数的综合指数来度量社会资本，基于1995~2007年29个省区的面板数据，发现社会资本只对解释工业二氧化硫的排放有意义，并不能解释其他四种工业污染物的排放。然而，与此结论相左的是，万建香和梅国平（2012）通过对江西24个重点调查产业2002~2009年的面板数据分析发现，以群众环境信访次数为表征的社会资本积累不仅能促进经济增长，而且是公众环境保护的重要动力。此外，赵雪雁（2013）基于甘肃省20个村域的调查数据，探讨了村域社会资本与环境影响的关系，研究结果显示，社会资本的信任要素与环境影响呈显著正相关，规范要素与环境影响呈显著负相关，而网络要素与环境影响并无显著相关。然而，赵雪雁（2013）认为，由于样本量较少，该结论仅为社会资本在环境治理中的作用提供了较少的经验支持。

综合上述文献可知，社会资本在宏观上对环境治理的作用在学术界中仍没有一致的定论。一方面，除了格拉夫顿和诺尔斯（Grafton and Knowles，2004）、杜拉尔等（Dulal et al.，2011）、易卜拉欣和劳（Ibrahim and Law，2014）和赵雪雁（2013）外，其他研究都只是探讨了社会资本的某一要素对环境治理的影响。但是即便上述四篇文献在度量社会资本变量时综合考虑了各个要素，由于截面数据或样本量等问题，以及研究所运用的方法比较简单单一，其结论的准确性和可靠性仍需要进一步的验证。另一方面，现有关于社会资本在宏观上对环境治理影响的研究并没有考虑社会资本内生性问题，而实际上，社会资本除了常见的遗漏变量而产生的内生性问题，还会因社会资本与环境治理互为因果而导致联立内生性问题（Durlauf and Fafchamps，2005）。此外，在当下处于转型时期的中国，社会资本对环境治理的影响是否会随着时空变化而产生差异也是一个值得关注的议题。上述研究主要集中在工业污染物的环境治理，而尚未有研究分析社会资本对生活污染物的环境治理。事实上，作为人类活动的直接副产品，居民生活垃圾排放行为更易受到具有人际互动属性的社会资本的影响。

5.3 模型建立与数据来源

5.3.1 计量模型的选择

基于城市人均生活垃圾决定因素模型（Johnstone and Labonne，2004），本章引入了社会资本变量、规制政策变量，以及城市人均生活垃圾的滞后项。模型具体形式如下：

$$mswpc_{it} = \alpha + \varphi soccap_{it} + \gamma sousep_{it} + \rho garfee_{it} + \beta X_{it} + \lambda mswpc_{it-1} + \mu_i + \eta trend_t + \varepsilon_{it} \quad (5-1)$$

其中，i 表示样本城市，t 表示考察年份。$mswpc_{it}$为城市人均生活垃圾产生量，$soccap_{it}$为社会资本，$sousep_{it}$为源头分类，$garfee_{it}$为垃圾收费。X_{it}为控制变量，包括城镇居民人均可支配收入（$incpc_{it}$）、城市平均家庭规模（$famsize_{it}$）、城市人均受教育程度（$edupc_{it}$）、城市平均家庭人口依存率（$dependency_{it}$），以及城市人口密度（$popden_{it}$）。此外，由于居民的某些相关特征，如生活习惯，在短期内难以发生剧烈改变，城市人均生活垃圾产生量很可能随着时间的推移表现出一定的持续性，本章用其滞后一期来表示（$mswpc_{it-1}$）。为了克服地域和时间因素带来的外部冲击，设置了不随时间变化的个体固定效应 μ_i，以及不随个体变化的时间固定效应 $trend_t$，其中，μ_i 主要反映气候、自然条件和基础设施等不可观测因素，$trend_t$ 主要反映生活垃圾管理技术水平提高带来的影响。α、φ、γ、ρ、λ，以及 η 为待估参数，β 为待估向量。ε_{it}为随机扰动项。

5.3.2 变量说明与数据来源

城市人均生活垃圾产生量。城市生活垃圾指城市日常生活或为城市日常生活提供服务的活动中产生的固体废物以及法律行政规定的视为城市生活垃圾的固体废物，包括居民生活垃圾、商业垃圾、集市贸易市场垃圾、街道清扫垃圾、公共场所垃圾和机关、学校、厂矿等单位的生活垃圾（国家统计局，2015）。由于统计的难度性，采用生活垃圾清运量代替生活垃圾产生量是目前国际上的主要做法，如世界银行（World Bank，2005）和张等（Zhang et al.，2010a）。生活垃圾清运量是指收集和运送到各生活垃圾处理厂（场）和生活垃圾最终消纳点的生活垃圾数量。本章中城市人均生活垃圾产生量的计算公式为城市生活垃圾清运量除以城市人口。

5.3.2.1 社会资本

社会资本是本章考察的关键变量之一。在前述的文献回顾中可以发现，由于社会资本自身概念模糊和学者对其理解差异，社会资本在宏观层面上仍缺乏一个广泛采纳的度量指标。有不少学者只是探究了社会资本的某一方面与环境治理的关系，如鲍德尔和谢弗（Paudel and Schafer，2009）和基恩和戴勒（Keene and Deller，2015）强调了社会资本的网络方面，其分别用人均社团协会数和当地人均组织的密度来度量社会资本；国内学者卢宁和李国平（2009），以及万建香和梅国平（2012）也是关注了社会资本的网络方面，前者基于工会组织数、居民委员会组织数、妇联组织数和共青团组织数，通过主成分分析构建了社会资本指数，后者选择群众信访的环境诉讼数作为公众参与网络的度量指标。事实上，正如本章在上文中所强调的，社会资本是一个带有复合性质的包含网络、规范和信任多维度的资源集合体，如易卜拉欣和劳（Ibrahim and Law，2014）和赵雪雁（2013）对社会资本的度量。因此，本章分别对社会资本各维度进行度量：对于社会信任，类似于潘越等（2009）用无偿献血作为信任的替代指标，我们用平均每人捐赠款物合计（*donation*）[①] 来度量社会信任；对于社会规范，我们用

① 捐赠款物合计等于捐赠款数额加上捐赠其他物资价值（不含衣被捐赠），捐赠款物合计以元为单位，而衣被捐赠以件为单位。

每万人调解纠纷数（*dispute*）来度量，一个地区发生的纠纷数量是该地区社会失序的直接表现，在社会规范缺失的地区，其纠纷发生率往往较高；而对于社会网络，我们用每万人民间组织单位数（*organization*）来度量。民间组织具体包括社会团体、民办非企业单位和基金会。本章之所以仅利用民间组织，而不用工会组织、居民委员会组织、妇联组织和共青团组织等来度量社会网络，是因为普特南等（Putnam et al.，1993）所指的网络是公民参与网络，而后者或多或少带有政府色彩。

为了避免因不同度量方法而导致最终社会资本结论差异，本章同时采用两种方法构建社会资本综合指数。首先，由于社会资本各维度指标的属性和量纲量级不同，无法进行直接综合，需要对原始数据进行一些变换和处理。对于指标属性问题，由于社会规范的度量指标是每万人调解纠纷数，我们对该逆指标采取 $\max(dispute_{it}) - dispute_{it}$ 变换，以使社会规范度量指标对社会资本的作用力同趋化。而对于量纲量级问题，我们采用目前国际上经常使用的极值化方法，具体处理公式为 $x'_{it} = [x_{it} - \min(x_{it})]/[\max(x_{it}) - \min(x_{it})]$。相对于普通的标准化方法，采用极值化方法在达到消除量纲和数量级影响的同时，还保留了各度量指标在变异程度上的差异。其次，是权重方法的确定，如何科学合理地对社会资本的每个维度确定一个权数对社会资本的度量至关重要，并直接影响后续估计结果的准确性。为此，本章一方面从样本数据的角度出发，采用主成分分析法来确定社会资本各维度的权重，关于该方法的详细介绍，请参阅钞小静和任保平（2011）的研究。在利用主成分分析获得社会资本各维度的权重后，我们分别将经过无量纲化的社会资本各维度的数值乘以各自的权重并求和，从而得到社会资本综合指数。另一方面，本章从理论角度出发，根据普特南等（Putnam et al.，1993）对社会资本的定义可知，社会资本的三个维度，社会网络、社会规范和社会信任是一个缺一不可的有机整体，并没有孰轻孰重之分。因此，类似于赵连阁等（2014）的做法，我们对社会资本的三个维度采用无量纲等权重加总的方法以获取社会资本综合指数。

5.3.2.2 城市生活垃圾收费

自国务院于1992年颁布《城市市容和环境卫生管理条例》以来，各地区陆续出台地方层面的城市市容和环境卫生管理条例，并明确提出居民应当按照规定缴纳卫生保洁、垃圾收集清运和处理等有关费用。总的看来，大多数样本城市在20世纪末或21世纪初逐步开始征收生活垃圾管理服务的相关费用，并在2014年前对生活垃圾管理服务收费标准进行了一次左右的调整。但也有个别城市尚未对城市居民实施生活垃圾收费，如宁波等地。此外，由于生活垃圾定额收费征收效率较低，有些城市把生活垃圾定额收费转换成按自来水消费量折算系数法征收生活垃圾服务费。目前，在36个大中城市中，乌鲁木齐、海口、长沙和合肥分别于2007年11月、2011年2月、2012年2月和2013年7月开始实施按自来水消费量折算系数法征收城市生活垃圾服务费方案。对于城市实施按用水量征收生活垃圾服务费后的年份，本章将其从样本中剔除。因此，在本章中，城市生活垃圾收费变量的取值等于城市 i 在年份 t 对每户征收的生活垃圾定额费用。

5.3.2.3 城市生活垃圾源头分类

为应对生活垃圾迅速增长的严峻形势，国家开始积极探索生活垃圾源头分类政策，并在2000年6月1日国家建设部确定八个城市为全国生活垃圾源头分类试点城市[①]。由于试点城市纷纷在2000年末和2001年初先后开始实施了生活垃圾源头分类项目，因此，本章把2001年作为生活垃圾源头分类开始实施的年份，即2001年及以后，试点城市的生活垃圾源头分类变量赋值为1，其他则赋值为0。

5.3.2.4 控制变量

城镇居民人均可支配收入是指城镇居民家庭成员平均可用于安排家庭日常生活的收入。城市平均家庭规模是指城市居民平均家庭人口数。城镇居民人均可支配收入和城市平均家庭规模变量直接来源于相关统计年鉴。而城市人均受教育程度的度量公式为城市高等学校、普通中学和小学在校人数占城市年末总人口的比例，再分别乘以各自的总学制年数（即16、9、6）并求和[②]。城市平均家庭人口依存率是指城市家庭中平均非就业人口占就业人口的百分比，具体计算公式为城市平均每户家庭人口减去城市平均

---

① 八个试点城市分别为北京、南京、上海、杭州、厦门、深圳、广州和桂林。

② 由于普通高中在校人数部分时期数据的缺失，本章将其剔除。

每户就业人口后再除以城市平均每户就业人口。城市人口密度是指市辖区每平方公里的人口数，该变量也直接从相关统计年鉴拷贝而来。

本章中，社会资本的度量数据来源于《中国民政统计年鉴》，垃圾收费的数据来源于当地政府关于城市生活垃圾收费标准的官方文件，源头分类的取值出自国家建设部于2000年末颁布的《关于公布生活垃圾分类收集试点城市的通知》，而被解释变量和控制变量的数据由历年的《中国城市统计年鉴》《中国城市建设统计年鉴》《中国区域经济统计年鉴》，以及各城市统计年鉴整理而成。

本章选取了由国家统计局公布的中国36个大中城市为研究对象。选取此36个大中城市为研究对象主要基于以下考虑：首先，在全国8个生活垃圾源头分类试点城市中，除了桂林不在这36个大中城市名单中，其他7个均在；其次，这36个城市具有重要的全国性或地域性影响力，且城市在社会经济政治各方面具有相对较高的相似性；最后，这36个城市坐落于全国各地，长期受当地发展的影响，社会资本存量的分布相对离散。由于拉萨部分变量数据缺失，本章最终样本城市为35个，样本区间为2003～2014年。具体的变量设置及统计性描述见表5-1。由表5-1可知，各变量的取值量级差异较大，在实际估计中，除了无量纲化的社会资本指数和源头分类虚拟变量，本章对其他变量进行了取对数处理。

表5-1　　变量设置及描述性统计

变量设置及度量方法			描述性统计	
类型	变量符号	变量度量方法	均值	标准差
因变量	*mswpc*	城市人均生活垃圾产生量（吨）	0.463	0.321
社会资本	*organization*	每万人民间组织单位数（个）	4.496	2.788
	dispute	每万人调解纠纷数（件）	56.367	41.086
	donation	平均每人捐赠款物合计（元）	13.763	35.866
	*soccap*1	主成分加权的社会资本指数	0.510	0.086
	*soccap*2	等权重加总的社会资本指数	0.872	0.142
规制政策	*sousep*	是源头分类试点城市=1，否=0	0.194	0.396
	garfee	每户缴纳的生活垃圾服务费（元）	65.704	36.938

续表

变量设置及度量方法			描述性统计	
类型	变量符号	变量度量方法	均值	标准差
控制变量	*incpc*	城镇居民人均可支配收入（元）	19863.130	9168.442
	edupc	城市人均受教育水平（比例）	2.511	0.791
	famsize	城市平均家庭规模（人）	2.889	0.171
	dependency	城市平均家庭人口依存率（%）	94.572	17.492
	popden	城市人口密度（人）	1570.899	1252.843

5.4 实证结果及分析

5.4.1 规制政策、社会资本与生活垃圾排放关系的单因素分析

为考察规制政策、社会资本与生活垃圾排放的关系，我们分别画出了规制政策与生活垃圾排放、社会资本与生活垃圾排放的散点图。

图5-1描述了生活垃圾收费和是否为垃圾分类试点城市两个规制政策变量与城市人均生活垃圾产生量的关系。观察散点图的分布和拟合曲线可知，随着生活垃圾收费的提高，以及为垃圾分类试点城市，城市人均生活

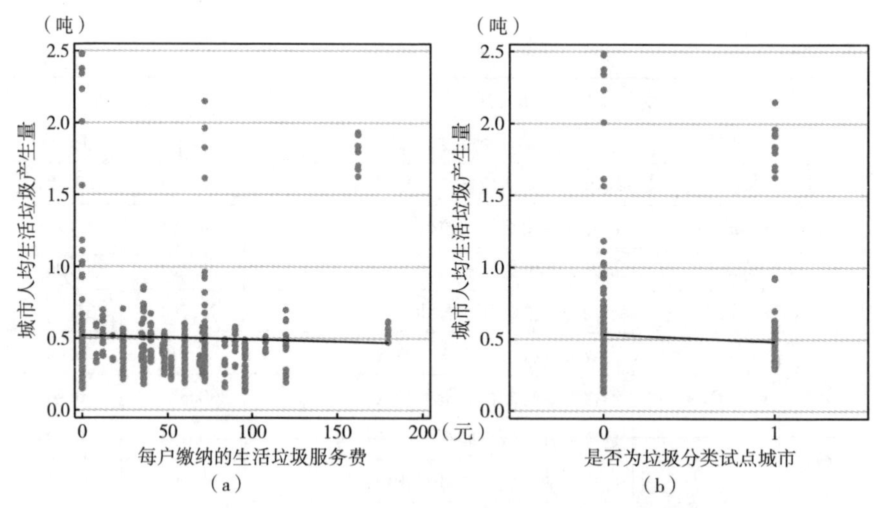

图5-1　规制政策与城市人均生活垃圾产生量的关系

垃圾产生量呈现出微弱下降的趋势，但拟合曲线十分平缓。

图5-2描述了社会网络、社会规范、社会信任和社会资本与城市人均生活垃圾产生量的关系。不难发现，社会网络越大以及社会规范越缺乏，城市人均生活垃圾产生量越高，但社会网络的拟合曲线比较平缓，而随着社会信任水平和社会资本存量的提升，城市人均生活垃圾产生量呈现出可观的下降趋势。

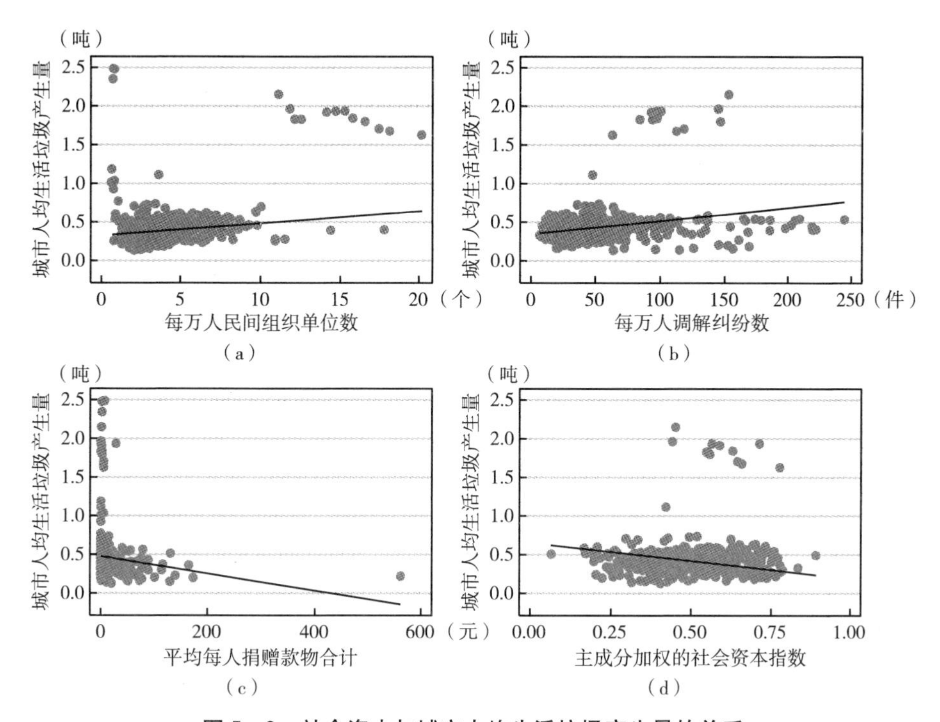

图5-2　社会资本与城市人均生活垃圾产生量的关系

尽管通过上述分析能够直观地得出规制政策和社会资本具有一定生活垃圾减量效应的结论，但简单的作图分析并没有控制其他因素的影响，更不能反映变量的具体影响程度，更为可靠的结论需要进一步的计量分析。

5.4.2　计量回归结果及分析

由于方程（5-1）允许城市人均生活垃圾产生量具有一定的持续性，本章采用系统广义矩（SYS-GMM）的两步估计法对以下所有模型进行估计。

相比于差分广义矩估计（DIF-GMM），系统广义矩估计不仅可以有效避免小样本偏误的影响，而且较好地解决了弱工具变量问题（Che et al.，2013；韦倩等，2014）。在实际操作中，我们采用罗德曼（Roodman，2009）提出的方法来估计实证模型。基于方程（5－1），我们建立了两个计量模型，详细回归结果见表5－2。其中，模型1是对主成分加权的社会资本指数进行回归，而模型两把等权重加总的社会资本指数纳入模型。如表5－2所示，两个模型的Sargan检验都无法拒绝所有工具变量均有效的原假设，而AR(1)检验和AR(2)检验表明，扰动项的差分存在一阶自相关但不存在二阶自相关。因此，模型估计结果都不存在工具变量过度识别和扰动项自相关问题，具有良好的稳健性。此外，两个模型在变量系数符号和显著性方面具有较高的一致性，说明模型结果表现出较好的可靠性。回归结果的具体分析如下。

表5－2　　基准回归结果

解释变量	模型1		模型2	
	回归系数	稳健标准误	回归系数	稳健标准误
*soccap*1	－0.226**	(0.104)		
*soccap*2			－0.116**	(0.050)
sousep	－0.074	(0.073)	－0.072	(0.070)
garfee	－0.009	(0.013)	－0.016	(0.012)
lag. mswpc	0.825***	(0.142)	0.738***	(0.088)
lag2. mswpc	－0.178	(0.112)	－0.006	(0.060)
incpc	0.257**	(0.121)	0.265**	(0.110)
famsize	－0.044	(0.284)	0.041	(0.303)
dependency	0.0126	(0.085)	0.027	(0.100)
edupc	0.096**	(0.043)	0.118**	(0.044)
popden	0.008	(0.020)	－0.001	(0.022)
trend	－0.017	(0.015)	－0.027**	(0.013)
constant	－1.539	(1.118)	－2.263**	(0.976)
Sargan test	0.574		0.690	
AR(1) test	0.006		0.003	
AR(2) test	0.407		0.890	
F test	0.000		0.000	
Observations	393		393	

注：(1) 括号中报告的是稳健的标准误；(2) ***、**、*分别表示在1%、5%和10%的显著性水平上显著；(3) Sargan test、AR (1) test、AR (2) test和F test报告的均为统计量的p值。以下各表同。

不论是基于主成分加权构建的社会资本指数，还是通过等权重加总产生的社会资本指数，社会资本的系数在5%水平下均显著为负，说明社会资本确实对城市人均生活垃圾产生量具有一定的减量作用。这与易卜拉欣和劳（Ibrahim and Law，2014）、基恩和戴勒（Keene and Deller，2015）以及万建香和梅国平（2012）的发现相类似，但本章的社会资本指数相对更加全面，并把先前的研究领域从工业污染物的环境治理扩展到生活污染物的环境治理中。在社会资本存量高的群体中，人们对投资于集体活动更具信心，因为他们知道其他人也会这样做（Pretty，2003）。减少生活垃圾污染作为一项典型的集体行动，其减量的多少也将深受当地社会资本存量的影响。

与马赞蒂等（Mazzanti et al.，2008）和伯恩斯塔德等（Bernstad et al.，2011）等学者对西欧发达国家的研究结论不同，生活垃圾源头分类的系数虽然为负，但并不能通过显著性检验，表明生活垃圾源头分类试点并不能有效降低城市人均生活垃圾产生量。事实上，目前国内城市生活垃圾源头分类政策处于名存实亡的状态。[①] 导致这一结果的可能原因在于：一方面，由于许多生活垃圾源头分类试点城市在分类基础设施和末端处理环节的滞后，即便是生活垃圾在源头上居民做到有效分类，生活垃圾的混合收集和处置直接导致了垃圾回收和综合利用的失败；另一方面，尽管诸多居民熟知生活垃圾源头分类的意义，但由于垃圾分类工作繁杂，在自愿分类的条件下，大多居民缺乏分类的动力。

生活垃圾收费的系数为负但在10%水平上并不显著，这个结果与早期文献关于垃圾定额收费与人均残余垃圾排放量并无直接关联的研究结论基本相符（Gellynck et al.，2011；Gellynck and Verhelst，2007）。在垃圾定额用户收费体系中，居民额外排放一单位生活垃圾的边际成本为零，这种激励不兼容的收费体系并不能有效刺激居民实施减少垃圾排放的行为。相比于定额用户收费，计量用户收费能很好地弥补上述缺陷，其在生活垃圾减量中取得了较好的效果，但计量用户收费的贸然实施也可能导致非法倾倒垃圾现象的增加（Kinnaman，2006）。

---

① 引自 http：//news. solidwaste. com. cn/view/id_41375。

滞后一期的城市人均生活垃圾产生量的系数在1%水平上显著为正，而滞后二期的城市人均生活垃圾产生量的系数为负且不能通过显著性检验，表明人均生活垃圾产生量严重依赖于上一期的产生量，各样本城市的人均生活垃圾产生量具有一定的惯性特征。这可能是由于居民的生活习惯和消费模式在一定时期内呈现出相对稳定性导致的。

与以往的研究发现相一致（Al－Khatib et al.，2010；Li et al.，2009），城镇居民人均可支配收入的系数在5%水平下显著为正，表明越富裕的地区，其人均生活垃圾产生量也将越多。因此，随着我国城镇居民人均收入的进一步提高，人均生活垃圾产生量不可避免地增加将加剧我国垃圾围城的紧张局面，如何有效应对持续增加的城市生活垃圾是相关管理者急需解决的难题。

然而，与我们的预期相反，人均受教育程度的系数在5%水平下显著为正，表明人均受教育程度较高的城市往往拥有较高的人均生活垃圾产生量。这可能是由于尽管受教育程度较高的城市居民具有较高的环境意识，但其同时一般还具有良好的经济状况，一方面，他们往往不愿意为了减少生活垃圾产生量而改变现有的高消费生活模式，另一方面，由于其时间机会成本较高，其用于生活垃圾回收利用的时间较少。事实上，苏贾丁等（Sujauddin et al.，2008）在孟加拉国的微观层面也发现了类似的现象。

此外，平均家庭规模、平均家庭人口依存率和人口密度的系数都不能通过显著性检验，说明至少在样本区间内，城市人均生活垃圾产生量与平均家庭规模、平均家庭人口依存率以及人口密度没有直接关联。最后，时间趋势项的系数虽然为负，但估计结果并不稳健。

5.4.3 社会资本垃圾减量效应的异质性

5.4.3.1 社会资本的减量效应在不同人均生活垃圾产生量组中是否有差异

上述的计量分析证实，在中国城市，社会资本积累能显著地降低人均生活垃圾产生量，那么，对于拥有不同人均生活垃圾产生量的城市，社会资本的垃圾减量效应会有差异吗？本部分将对该问题做出尝试性的阐释。

首先，根据城市人均生活垃圾产生量的均值，本章把样本城市划分为两组，其中，低于城市人均生活垃圾产生量均值的组，我们命名为“低产生量组”，而高于城市人均生活垃圾产生量均值的组，我们命名为“高产生量组”。其次，本章将2个子样本分别进行回归，回归结果见表5-3。不难发现，模型中各检验结果都支持了系统广义矩估计法的有效性，且模型1和模型2的估计结果在变量的符号和显著性水平方面高度一致，说明估计结果表现出良好的稳健性。此外，在“低产生量组”中，社会资本的系数为负但不显著，而在“高产生量组”里，社会资本的系数在1%水平上显著为负。这说明，对于人均生活垃圾产生量较低的城市，由于其自身的生活垃圾产生量已经足够低，社会资本的垃圾减量效应十分有限，而对于人均生活垃圾产生量较高的城市，其生活垃圾产生量基数较大，社会资本具有可观的垃圾减量空间。

表5-3　城市人均生活垃圾产生量的分组回归结果

解释变量	模型1		模型2	
	低产生量组	高产生量组	低产生量组	高产生量组
*soccap*1	-0.187 (0.174)	-0.330*** (0.093)		
*soccap*2			-0.093 (0.077)	-0.129*** (0.036)
sousep	0.044 (0.073)	-0.250 (0.225)	0.046 (0.073)	-0.269 (0.252)
garfee	-0.016 (0.020)	0.074* (0.039)	-0.016 (0.021)	0.078* (0.041)
滞后项	yes	yes	yes	yes
控制变量	yes	yes	yes	yes
趋势项与常数项	yes	yes	yes	yes
Sargan test	0.927	0.958	0.933	0.960
AR（1）test	0.021	0.039	0.020	0.030
AR（2）test	0.580	0.494	0.505	0.486
F test	0.000	0.000	0.000	0.000
Observations	205	188	205	188

然而，垃圾源头分类对城市人均生活垃圾产生量的回归系数有正有负，但均不显著。值得注意的是，垃圾收费在“低产生量组”中对城市人均生活垃圾产生量有抑制作用，但不显著；而生活垃圾收费在“高产生量组”中的系数在10%水平上显著为正，表明垃圾收费不但没有减少“高产生量组”的城市人均生活垃圾产生量，反而促进了其城市人均生活垃圾产生量的增长。本章对此的潜在解释是，在人均生活垃圾产生量较高的城市，当地居民一般具有良好的经济状况，其对小额的垃圾收费惩罚的敏感程度微乎其微[①]；但小额的生活垃圾费用的支付将会被居民视之为“环境赎罪券”(environmental indulgences)，一旦其支付该费用之后，他们将对生活垃圾减量问题不再感觉有道德责任（Rode et al.，2015）。因而，生活垃圾费用的征收不仅没有外在激励居民减少生活垃圾的排放，反而降低了居民减少生活垃圾排放的内在动机。

5.4.3.2　社会资本的减量效应随时间和区域差异是否有改变

社会资本作为一种非正式制度，在处于转型时期的中国，随着市场机制的日益完善与正式制度的逐步建立，社会资本的价值和作用会随之下降(陆铭和李爽，2008；张文宏和张莉，2012)。那么，在中国环境治理领域中，社会资本对城市人均生活垃圾排放量的减量效应是否会随着时间推移和地域差异而有所变化？为回答此疑问，在方程（5－1）的基础上，本章加入社会资本与时间、区域的交叉项，详细结果见表5－4。我们注意到，与基准年份2010相比，社会资本的系数在2003～2007年均为负数，其中2003年、2005年和2006年的系数显著为负，且作用大小依次递减；社会资本的系数在2008年、2009年和2011年均为较小的正数，且都不显著，而社会资本的系数在2012～2014年均为相对较大的正数，且在2012年显著。这说明，总的来看，社会资本的垃圾减量效应随时间变化呈现出波动下降的趋势。从区域差异看，与东部地区相比，社会资本在西部地区和东北地区的系数为负数，而在中部地区的系数为正数，但三者均不显著。表明社会资本的垃圾减量效应并不受区域差异的影响。

---

① 实际上，根据现有样本数据的计算，平均而言，生活垃圾收费只占城镇居民家庭可支配收入的0.12%，严重低于发达国家。

表5-4　　基于时间趋势与区域差异的回归结果

年份与区域		模型1		模型2	
		回归系数	稳健标准误	回归系数	稳健标准误
年份	2003	-0.095**	(0.044)	-0.087**	(0.041)
	2004	-0.017	(0.039)	-0.008	(0.017)
	2005	-0.076***	(0.027)	-0.057***	(0.020)
	2006	-0.049**	(0.023)	-0.033*	(0.017)
	2007	-0.017	(0.066)	-0.017	(0.069)
	2008	0.006	(0.089)	0.005	(0.035)
	2009	0.043	(0.095)	0.022	(0.021)
	2011	0.039	(0.134)	-0.004	(0.024)
	2012	0.141**	(0.061)	0.093**	(0.045)
	2013	0.195	(0.129)	0.104	(0.065)
	2014	0.125	(0.191)	0.061	(0.055)
区域	西部	-0.095	(0.190)	-0.014	(0.068)
	中部	0.004	(0.080)	0.001	(0.037)
	东北	-0.072	(0. 85)	-0.017	(0.068)
滞后项		yes		yes	
政策变量		yes		yes	
控制变量		yes		yes	
趋势项与常数项		yes		yes	
Sargan test		0.960		0.815	
AR(1) test		0.026		0.057	
AR(2) test		0.590		0.597	
F test		0.000		0.000	
Observations		393		393	

上述结果在某些程度上验证了陆铭和李爽（2008）与张文宏和张莉（2012）的观点。事实上，近来年中国生活垃圾管理法律法规体系逐步走向成熟和完善。例如，在法律层面，早在1996年就实施了《中华人民共和国固体废物污染环境防治法》，明确提出了实行固体废弃物减量化原则，对固体废弃物进行充分回收和合理利用。在法规、规章层面，为促进各种再生资源的回收利用，如废纸、废金属、废玻璃、废家电等，国家在2006年制

定了《再生资源回收管理办法》；为抑制白色垃圾的排放量，国务院于2007年底颁发了《关于限制生产销售使用塑料购物袋的通知》，明确提出“实行塑料购物袋有偿使用制度”。在地方层面，重庆市制定了《餐厨废弃物管理办法（2009）》以加强对餐厨垃圾的循环利用；广州市通过了《限制商品过度包装管理暂行办法（2014）》以减少包装废弃物的产生。随着这些正式制度安排的生效，社会资本在生活垃圾治理中的作用逐渐被削弱。

5.4.3.3 社会资本的三维度分别对城市人均生活垃圾产生量有何影响

既然社会资本能够降低城市人均生活垃圾产生量，那么，究竟是社会资本的哪些维度在发挥作用？为此，我们分别考察了社会资本三维度对城市人均生活垃圾产生量的影响，结果报告如表5-5所示。

表5-5 基于社会资本三维度的回归结果

变量	模型1	模型2	模型3	模型4
organization	0.066 (0.043)			0.100 (0.067)
dispute		0.049** (0.024)		0.054** (0.025)
donation			-0.014** (0.006)	-0.016*** (0.006)
sousep	-0.048 (0.056)	-0.054 (0.088)	-0.076 (0.081)	-0.057 (0.080)
garfee	-0.005 (0.011)	-0.012 (0.016)	-0.007 (0.014)	-0.022 (0.016)
滞后项	yes	yes	yes	yes
控制变量	yes	yes	yes	yes
趋势项与常数项	yes	yes	yes	yes
Sargan test	0.514	0.583	0.480	0.509
AR(1) test	0.011	0.005	0.005	0.008
AR(2) test	0.449	0.402	0.455	0.401
F test	0.000	0.000	0.000	0.000
Observations	403	403	393	393

就社会网络维度看，每万人民间组织单位数在模型1和模型4中的系数都不能通过显著性检验。该结论不符合先前研究关于以团体组织为表征的社会资本对减少工业污染有一定作用的判断（Keene and Deller，2015；Paudel and Schafer，2009）。解释其差异的原因在于：在西方国家，社团协会等民间组织主要是居民出于共同的兴趣爱好、共同的目标而独立成立的，其大多与政府并没有直接关联，是一种公民自主参与网络；而在中国，尽管民间组织对政府的依赖性呈现出下降的趋势，但大多数民间组织，尤其是登记在册的，都不同程度地受国家干预或赞助扶持（Pei，1998）。民间组织所呈现出的“依附式自主”还将在较长一段时期内存续（王诗宗和宋程成，2013）。与西方国家的公民社会网络往往通过会员身份和自愿参与积累不同，中国公民社会网络更多地表现为血缘、地缘和业缘关系结成的“私人圈子”（周红云，2004）。这种非正式网络在宏观层面上是难以体现的。

就社会规范维度看，每万人调解纠纷数在模型2和模型4中的系数在5%水平下显著为正，说明纠纷发生的次数越多，城市人均生活垃圾产生量越大。社会规范是缓和民众冲突和促进共同合作的不可忽略因素。在微观层面，阿伯特等（Abbott et al.，2013）也得出了类似结论，其研究发现以周围参照群体的平均垃圾回收量为表征的社会规范是家户实施垃圾回收行为的重要决定因素。社会规范借助于互惠、报复或舆论压力等形式对个人行为加以约束。当人们的行为背离社会规范时，违背者不仅会遭到群体其他成员如疏远、驱逐之类的惩罚，而且违背者自身也会觉得内疚痛苦。因而，社会规范能有效抑制“搭便车”行为，从而成为集体行动的协同力量（Grootaert et al.，2004）。然而，社会规范的缺乏则增加了集体行动过程中可能出现的不确定性，在合作行为结果不可预测的情况下，个体将不得不选择短期利益的最大化。

就社会信任维度看，平均每人捐赠款物合计在模型3和模型4中的系数在5%水平下显著为正，表明社会信任能有效抑制城市人均生活垃圾的产生。从根本上讲，社会信任是人们对交换规则的共同理解，即允许个体行为者对他人或群体行为有预期，并且在缺少完全信息或合法保证的情况下遵循信任原则（Tonkiss，2000）。因此，社会信任能够减少人们之间的交易成本，节约因监督其他人而耗费的金钱和时间，是合作的润滑剂（Pretty，2003）。例如，在高社会信任水平的集体中，个体更倾向于遵守应对气候变化的缓和措施以及更愿意改变日常习惯来达到更加可持续的海岸管理；而在社会信任度较低的集体里，彼此猜疑对方是否会完全服从新的政策规定或专注于实施合作行为无疑提升了个体对集体合作行为成本的感知，从而迫使个体偏好于“搭便车”行为（Jones and Clark，2013）。

5.4.4 内生性讨论与稳健性检验

5.4.4.1 内生性讨论

对于规制政策来说，生活垃圾收费标准更多的是反映环卫工人的工资水平和垃圾处置场的地价成本，而生活垃圾源头分类试点城市是中央政府决定的，与地方当局者的决策行为关联较弱，因此，我们认为二者内生性问题并不严重，我们主要关心社会资本的内生性问题。在前文回顾的相关文献中，学者们都视社会资本为外生变量，很少考虑社会资本在环境治理中的内生性问题。而实际上，社会资本除了常见的遗漏变量而产生的内生性问题，即社会资本与污染物排放共同受一些不可观测因素（如风俗文化、生活习惯）的影响，还会因社会资本和污染物排放互为因果而导致联立内生性问题（Durlauf and Fafchamps，2005），如一个地区的环境污染越严重，人们越可能选择待在家中，减少外出社交互动频率。在本章中，虽然面板数据模型同时控制城市和年份的固定效应能在一定程度上消除部分内生性问题（程名望等，2014），但为了尽量削弱社会资本内生性的影响，本章还采取了如下方法。

首先，以社会资本的滞后项作为工具变量。如表5-6所示，模型1和模型2均采用了社会资本的滞后2期和3期作为工具变量，分析模型1和模型2并与表5-2比较后不难发现，虽然社会资本的系数大小均有所变化，但其系数符号及其显著性与之前结果基本一致，说明克服社会资本内生性问题保证了回归结果的稳健性。

表5-6　分别以滞后项和自然灾害为社会资本工具变量的回归结果

变量	模型1	模型2	模型3	模型4
*soccap*1	-0.477** (0.230)		-0.638** (0.257)	
*soccap*2		-0.161** (0.065)		-0.267** (0.106)
sousep	-0.018 (0.106)	-0.020 (0.110)	-0.098 (0.075)	-0.103 (0.069)
garfee	-0.024 (0.020)	-0.021 (0.015)	-0.018 (0.014)	-0.017 (0.014)
滞后项	yes	yes	yes	yes
控制变量	yes	yes	yes	yes
趋势项与常数项	yes	yes	yes	yes
Sargan test	0.985	0.981	0.596	0.560
AR(1) test	0.003	0.005	0.008	0.007
AR(2) test	0.958	0.628	0.668	0.662
F test	0.000	0.000	0.000	0.000
IV策略	滞后项为IV	滞后项为IV	自然灾害为IV	自然灾害为IV
Observations	393	393	393	393

其次，以自然灾害作为工具变量。在实际操作中，本章利用米列娃（Mileva，2007）所提出的SYS-GMM模型外部工具变量法，以每万人自然灾害生活救助支出作为外部工具变量，重新估计表5-2中的模型1和模型2。之所以选取此工具变量：首先，自然灾害的严重程度是影响社会资本培育的重要因素。当面临外来威胁时，群体内部的社会凝聚与团结程度将会提高，并且每次成功地应对一次外来威胁都会使群体积累起一些共同情感和组织经验，而自然灾害就是这样的一种外来威胁，当地居民在这种威胁挑战中可以培育出更丰厚的社会资本（赵延东，2007）。例如，一项研究发现，日本神户地震的爆发显著提高了当地居民社会资本存量（Yamamura，2016）。实际上，在通过豪斯曼检验确定模型类型后，本章以两种方法构建的社会资本指数为被解释变量分别对自然灾害进行固定效应模型回归，结果显示，模型整体效果的F检验的p值都小于0.000，自然灾害对两种方法构建的社会资本指数均有较好的解释能力，p值都小于0.000。其次，虽然自然灾害由于破坏类型的不同（如干旱、洪涝、冰雹和地震等），对人类的

生产生活具有不同程度的影响，但自然灾害并不直接影响城市人均生活垃圾排放量。生活垃圾只是人类生活活动的直接后果。从表5－6中的模型3和模型4可以看出，社会资本的系数在5%水平下均显著为负，该结果再一次表明之前的结论具有良好的可靠性。

5.4.4.2 稳健性检验

使用不同度量指标的稳健性检验。在之前的回归分析中，社会网络和社会信任分别是用每万人民间组织单位数和平均每人捐赠款物合计（不含衣被捐赠）衡量的，但仍可能存在如下缺陷。对于用每万人民间组织单位数来度量社会网络，此度量方法合理的前提是民间组织的规模是相同的。当民间组织的规模存在较大差异时，用每万人民间组织年末职工人数来衡量社会网络更具合理性。而对于用平均每人捐赠款物合计来度量社会信任，该度量方法在贫富差距较大的情况下可能出现富裕地区捐赠的金额多于贫穷地区的现象，而这可能导致不能如实反映社会信任的特征。对此，本章用平均每人衣被捐赠来度量社会信任。通过对社会网络和社会信任测量指标的替换，本章再次利用主成分加权法和等权重加总法构造社会资本指数，并用新构造的社会资本指数重新估计了表5－2中的模型1和模型2，回归结果如表5－7所示。

表5－7　使用不同度量指标的稳健性检验回归结果

变量	模型1		模型2	
	回归系数	稳健标准误	回归系数	稳健标准误
*soccap*1′	－0.254**	(0.104)		
*soccap*2′			－0.123**	(0.055)
sousep	－0.063	(0.079)	－0.072	(0.087)
garfee	－0.006	(0.015)	－0.007	(0.014)
滞后项	yes		yes	
控制变量	yes		yes	
趋势项与常数项	yes		yes	
Sargan test	0.778		0.707	
AR (1) test	0.011		0.017	
AR (2) test	0.337		0.679	
F test	0.000		0.000	
Observations	301		301	

不难发现，与之前的结果相比，除了新构建的社会资本指数的系数大小有略微的变化，其系数符号和显著性程度依旧保持一致，说明即便是使用不同的测量指标，社会资本有效地抑制了城市人均生活垃圾排放量这一结论依然成立。

使用不同估计方法的稳健性检验。上文的分析均采用 SYS-GMM 估计方法，这里将采用传统的面板模型进行估计，估计结果在表 5 - 8 中列出。从中可见，模型拟合系数较为理想，且社会资本的系数均在传统水平下显著为负，这一结果再一次验证了我们之前的结论，在控制了生活垃圾规制政策及系列相关变量后，社会资本仍有效地抑制了城市人均生活垃圾产生量。

表 5 - 8　　使用不同估计方法的稳健性检验回归结果

变量	模型 1		模型 2	
	回归系数	稳健标准误	回归系数	稳健标准误
*soccap*1	-0.238**	(0.114)		
*soccap*2			-0.092*	(0.047)
sousep	(omitted)		(omitted)	
garfee	-0.002	(0.013)	-0.002	(0.013)
滞后项	yes		yes	
控制变量	yes		yes	
趋势项与常数项	yes		yes	
R^2	0.825		0.828	
Observations	393		393	

5.5 社会资本影响居民生活垃圾排放的机制考察

上述实证分析发现，不论是基于主成分加权构建的社会资本指数，还是通过等权重加总产生的社会资本指数，社会资本对人均生活垃圾排放均有显著减量效应，本部分将进一步探讨其中的作用机理。由于官方统计年鉴没有居民生活垃圾排放行为的统计数据，但幸运的是中国综合社会调查（2013）为本书社会资本机制识别提供了宝贵机会。中国综合社会调查作为国内为数不多的全国性大样本调查，在相关学术界获得了广泛利用。

5.5.1 社会资本是否通过影响垃圾分类投放行为从而影响垃圾排放量

社会资本不仅可以促进垃圾分类知识的扩散，从而减少垃圾分类的感知成本，而且还能促进有关个人品行的信息流通，增加人们垃圾不分类的潜在感知成本，社会资本对垃圾分类行为具有重要影响。而垃圾分类投放行为是垃圾后期回收和减量的关键前提（Boonrod et al.，2015；Owusu et al.，2013）。那么，前文所发现的社会资本对垃圾排放的影响是否通过垃圾分类投放这一机制发挥作用呢？在控制了居民社会经济特征以及环境态度知识后，本书分别考察了主成分加权的社会资本指数和等权重加总的社会资本指数对居民垃圾分类投放行为的影响①，估计结果如表5-9所示②。

---

① 在此处，综合普特南等（Putnam et al.，1993）对社会资本的定义以及格罗塔特（Grootaert et al.，2004）的社会资本度量手册，微观社会资本的度量同样包括社会网络、社会规范和社会信任三个维度。具体来说，社会网络的度量指标为：在过去一年中，您是否经常在您的空闲时间进行社交/串门？（1=从不，2=很少，3=有时，4=经常，5=非常频繁）；您与邻居、其他朋友进行社交娱乐活动（如互相串门，一起看电视，吃饭，打牌等）的频繁程度分别是？（1=几乎每天，2=一周1到2次，3=一个月几次，4=大约一个月1次，5=一年几次，6=1年一次或更少，7=从来不）。社会规范的度量指标为：您认为当前社会坑蒙拐骗、偷盗、“生活奢侈，铺张浪费”和“公共场所缺乏公德，如大声喧哗、不排队、随地吐痰等”状况的严重程度分别如何？（1=非常不严重，2=比较不严重，3=一般，4=比较严重，5=非常严重）。社会信任的度量指标为：总的来说，您同不同意在这个社会上，绝大多数人都是可以信任的？（1=非常不同意，2=比较不同意，3=说不上同意不同意，4=比较同意，5=非常同意）；总的来说，您同不同意在这个社会上，您一不小心，别人就会想办法占您便宜？（1=非常不同意，2=比较不同意，3=说不上同意不同意，4=比较同意，5=非常同意）；总的来说，您认为当今的社会公不公平？（1=完全不公平，2=比较不公平，3=说不上公平但也不能说不公平，4=比较公平，5=完全公平）。

② 社会经济特征变量具体包括年龄、性别、婚姻状况、受教育程度、家庭规模、家庭收入、工作类别和房屋产权，而环境态度知识变量包括环境态度指数和环保知识指数，限于篇幅，相关变量详细的度量方法和估计结果未能呈现于此，有兴趣的读者可以向作者索取。

表5-9　　社会资本对垃圾分类投放行为的影响

变量名	被解释变量：垃圾分类投放行为			
	OLS		Ordered logit	
*soccap*1	0.240*** (0.072)		0.278*** (0.079)	
*soccap*2		0.133*** (0.041)		0.198*** (0.055)
社会经济特征	Yes	Yes	Yes	Yes
环境态度知识	Yes	Yes	Yes	Yes
常数项/切点项	Yes	Yes	Yes	Yes
R^2/ *Pseudo* R^2	0.203	0.203	0.162	0.162
Observations	5666	5666	5666	5666

可以看出，无论是主成分加权的社会资本指数还是等权重加总的社会资本指数，均对垃圾分类投放行为具有显著正向影响。虽然囿于数据限制，本书不能实证考察垃圾分类投放行为对垃圾排放的影响，但结合以往关于垃圾分类是实现减量化、资源化和无害化的前提的发现，可以间接地认为，社会资本通过促进居民垃圾分类投放行为从而减少生活垃圾排放。

5.5.2　社会资本是否通过影响垃圾源头减量行为从而影响垃圾排放量

除了通过影响垃圾分类投放行为，社会资本是否会通过影响垃圾源头减量行为从而对垃圾排放量产生影响呢？在控制了居民社会经济特征以及环境态度知识后，本书再次分别考察了主成分加权的社会资本指数和等权重加总的社会资本指数对居民垃圾源头减量行为的影响，估计结果如表5-10所示。

表 5－10 社会资本对垃圾源头减量行为的影响

变量名	因变量：购物自带购物篮或购物袋				因变量：重复利用塑料包装袋			
	OLS		Ordered logit		OLS		Ordered logit	
*soccap*1	0.238 *** (0.074)		0.282 *** (0.089)		0.243 *** (0.073)		0.248 *** (0.079)	
*soccap*2		0.285 *** (0.104)		0.307 *** (0.116)		0.294 *** (0.112)		0.282 ** (0.141)
社会经济特征	Yes	Yes	Yes	Yes	Yes	Yes	Yes	Yes
环境态度知识	Yes	Yes	Yes	Yes	Yes	Yes	Yes	Yes
常数项/切点项	Yes	Yes	Yes	Yes	Yes	Yes	Yes	Yes
R^2/*Pseudo* R^2	0.156	0.155	0.129	0.129	0.147	0.145	0.124	0.124
Observations	5666	5666	5666	5666	5666	5666	5666	5666

在表 5－10 中，居民垃圾源头减量行为分为购物自带购物篮或购物袋和重复利用塑料包装袋。由表 5－10 可知，主成分加权的社会资本指数和等权重加总的社会资本指数均显著促进了居民垃圾源头减量行为的实施。综上可知，社会资本通过影响垃圾分类投放和垃圾源头减量从而降低了生活垃圾的产生量。

5.6 本章小结

在经济快速发展、城镇人口持续增加，以及人民生活水平大幅改善的背景下，生活垃圾产生量也在急剧增加，为了回答规制政策和社会资本能否缓解垃圾围城的压力这一问题，本章采用城市层面的面板数据及中国综合社会调查数据，考察了规制政策和社会资本对城市人均生活垃圾排放量的影响。结果显示：（1）生活垃圾收费政策和垃圾源头分类试点政策并不能显著降低城市人均生活垃圾排放量，生活垃圾收费政策甚至会提升高生活垃圾排放群体的排放量。(2)社会资本对城市人均生活垃圾排放量产生了显著负向影响，该结果在使用不同的测量指标、不同的度量方法、不同的估计方法和考虑了社会资本内生性的情形下依然稳健显著。(3)社会资本主要通过抑制高生活垃圾排放群体的排放量来减少生活垃圾的产生，在社会资本三维度中，社会信任维度和社会规范维度能显著降低城市人均生活垃圾产生量，然而，社会资本的生活垃圾减量效应随时间的推移呈现出波动下降的趋势。(4)进一步的影响机制分析发现，社会资本通过促进居民垃圾分类投放和垃圾源头减量行为从而降低生活垃圾排放。

本章的研究结论对中国环境管理转型推进进程中的政策设计具有重要的启示意义。首先，虽然近年来我国环境管理法律法规体系逐步走向成熟和完善，但政策机制在具体设计和实施过程中仍有待于优化。本章中定额的生活垃圾收费政策和自愿的生活垃圾源头分类政策由于缺乏有效的激励兼容机制而导致垃圾减量效果甚微。事实上，目前有些城市已经开始了探索，例如，南京正在酝酿生活垃圾按量收费和垃圾源头分类实施积分奖励制，而北京拟对分类垃圾和混运垃圾实施差别定价。其次，在命令控制型环境规制和市场激励型环境规制失灵的背景下，社会资本作为政府和市场之外的第三方资源配置机制为环境问题的治理提供了新路径。本章中的社会资本，尤其是社会信任和社会规范维度，在抑制城市人均生活垃圾产生量中扮演着重要的角色。因此，培育社会资本应当成为环境管理转型的非正式制度路径而加以重视。具体来说，政策制定者应综合采取多种措施、运用各种方法，培育整个社会的普遍信任，树立互惠有序的社会规范，扩大公民自主参与网络。

本章虽然从宏观层面综合考察了规制政策和社会资本对生活垃圾排放的影响，但并不能揭示其潜在的作用机理，且在宏观层次上得出的结论并不能理所当然地认为其在微观层次上也成立。为此，在接下来的两章，本书将着重从生活垃圾管理政策和社会资本的角度来阐释居民参与生活垃圾分类和实施垃圾处置监督的内在机理。

第6章 社会资本对居民生活垃圾分类行为的影响机理分析

6.1 引　　言

生活垃圾污染治理已经成为世界性难题，尤其是对快速城市化的发展中国家而言（Al-Khatib et al.，2010；Zhang et al.，2010）。中国作为最大的发展中国家，城镇垃圾产生量以年均5.44%的速度增长，由1980年的0.31亿吨增加到2012年的1.71亿吨[①]。城市生活垃圾污染已经逐渐成为环境改善和公众健康的一大挑战（Chen et al.，2010；Zhang et al.，2010）。自20世纪中后期以来，发达国家陆续开始实施城市生活垃圾分类管理（Bernstad et al.，2011；Tanskanen and Kaila，2001），通过生活垃圾分类，有效实现了垃圾源头削减、资源重复利用和危险废弃物分类处置（Charuvichaipong and Sajor，2006）。中国政府于2000年确定在八个城市（北京、广州、上海、深圳、厦门、杭州、南京和桂林）试点实施生活垃圾分类。然而，由于缺乏有效的管理规制措施（杨方，2012），垃圾分类设施的供给不足（Jun et al.，2011）、垃圾回收利用体系的不健全（Zhuang et al.，2008），更由于公众意识和参与缺乏（Wang and Nie，2001），中国生活垃圾分类管理效果与发达国家相比仍有较大差距（Zhuang et al.，2008）。

① 根据中国统计年鉴（1981～2013）整理。

"住建部调查显示，全国超三分之一的城市遭垃圾围城，累计侵占土地75万亩。很多城市的垃圾分类工作依然举步维艰，甚至陷入名存实亡的境地。"① 居民生活垃圾混合收集的习惯是造成中国生活垃圾分类仍处于起步阶段的重要原因之一（Zhuang et al.，2008）。张等（Zhang et al.，2012）对上海生活垃圾分类的一项研究也表明，约68%的受访者认为，缺乏生活垃圾分类意识阻碍了生活垃圾分类的推广，远高于其他因素所占比例。垃圾分类难以实施的最重要原因在于："人们难以养成垃圾分类的习惯"，占受访者的63.0%（向楠，2011）。

环境保护作为自我持续的改善行为，不仅需要政府和非政府组织投入，而且与当地社会资本发展密切关联（Cramb，2005；Pretty，2003；Pretty and Ward，2001），社会资本通过诱导居民环境态度的变化，进而促进其环境保护合作行为（Durlauf and Fafchamps，2005；Pretty and Ward，2001；Rydin and Pennington，2000；Wakefield et al.，2006）。随着20世纪80年代"社会资本"研究的兴起（Bourdieu，1986；Coleman，1990；Fukuyama，1995；Lin et al.，2001；Ostrom，2000；Portes，1998；Putnam et al.，1993），通过社会资本培育、推动环境保护集体行动，已经成为环境管理政策研究的一个重要研究方向（Pretty and Ward，2001）。社会资本作为以一定群体或组织的共同利益为目的、通过人际互动形成的社会关系网络（赵雪雁，2010），有助于打破生态环境保护中的囚徒困境（刘晓峰，2011），通过社会凝聚、社会信任和非正式规则影响社会治理绩效（张伟明和刘艳君，2012）。经过社会资本研究先驱者近30年的努力，学界对社会资本的概念体系、形成发展和在促进集体行动中的作用，已经达成了理论共识；但以往的研究缺少关于社会资本培育的微观研究（Glaeser et al.，2002），更由于社会资本的测量困难，亟须建立统一的研究框架（赵雪雁，2010）。尽管不同学科对社会资本的定义还缺乏一致的认识，但以社会规范、社会信任和社会网络为核心要素的社会资本对经济增长、资源利用与环境保护的作用是毋庸置疑的，而其具体的影响机理还缺乏相应的实证支撑（刘晓峰，2011）。

---

① http：//news. youth. cn/gn/201307/t20130727_3600306. htm。

如何通过社会资本培育（宋言奇，2010），以制度资本促进与规范社会资本，实现可持续的环境管理转型与创新（洪进等，2010），是中国环境政策设计亟待破解的难题。本章将在借鉴以往研究成果的基础上，利用居民生活垃圾分类行为的实地调研数据，实证研究社会资本对居民环境保护合作行为的影响和作用机理，以期为政府环境政策的制定与实施提供新的参考依据。

6.2 模型设定与数据获得

6.2.1 社会资本与居民生活垃圾分类行为

布迪厄（Bourdieu，1986）于1980年首次提出了社会资本概念，并在1986年“资本的形式”一文中，对社会资本的概念进行了系统阐释。普特南等（Putnam et al.，1993）通过对意大利长达20年的社会资本发展的实证考察，分析了历史、文化和社会结构对社会资本发展的影响。科尔曼（Coleman，1990）则对社会资本的产生、维护、消逝和作用机理进行了系统分析。社会资本包括社会网络、规范和信任，其研究始于社会网络分析（Putnam et al.，1993）。以社会网络、规范和信任为核心要素的社会资本，是实现集体合作行为的核心与基础（Ostrom，2000；Putnam et al.，1993）。

社会网络是指共同体内成员间的嵌入关系构成的人际网络（Bourdieu，1986）。社会网络作为社会资本的载体，通过促进信息流通和个体间互动，能够有效约束居民集体行为中的机会主义和“搭便车”倾向（Putnam et al.，1993），从而能够降低行为人信息缺乏导致的不遵守行为（Anderson，2014）。社会网络通过共同体内个人品行的信息流通和以往合作经验的积累，增加了欺骗的潜在成本和培育了互惠规范（Putnam et al.，1993），因为在重复博弈中，即使自利的行动者也会因为惩罚机制的威慑而不会在囚犯两难之局中出卖对方（Axelrod and Hamilton，1981）。理性驱动和文化、规范驱动所形成的网络具有互惠交换、强制信任、价值内化与动态团结的特征，促使个体不得不放弃“搭便车”而走向集体合作（Portes，1998）。

社会规范作为社会资本的基础（Coleman，1988），有助于提高集体行动结果的可预测性和增强公众对集体行动的信心（Ostrom，1990）。社会规范是人类建立秩序和增加社会结果可预测性的努力结果，社会规范规定了什么样的行动是被允许的或被禁止的（Ostrom，1990）。规范不仅包括直接外在强制约束集体成员行为的诸如法律、制度、准则等的正式规范，还包括基于承诺、道德、周围人的正向或负向激励的考虑，个体成员已经内化地自觉遵守的非正式规范，如村规民约和习俗惯例等（Cohen，1999；Pargal et al.，1997）。社会规范外在地或内在地约束着个人行为，能够成为促进集体合作的协同力量。

社会信任是指一定范围内行为人评估其他行为人将会采取某一特定行动的主观概率，这种评估先于对特定行动的监督，并影响行为人自身的行动（Gambetta，2000；Uslaner and Conley，2003）。社会信任作为社会资本的核心，是集体合作的“润滑剂”，通过自我强化与累积，能够有效降低交易成本，增强居民自愿合作的自主性（Fukuyama，1995；Gächter et al.，2004）。

生活垃圾分类是居民对生活垃圾分类收集，并将这些分类收集的垃圾投放到指定地点的行为（Geller et al.，1982；曲英，2009），是实现垃圾无害化、减量化和资源化管理的关键环节。嵌入在社会网络结构中的居民，其生活垃圾分类意向及行为更多地受到具有人际互动属性的社会资本的影响。相比于发达国家成熟的生活垃圾分类回收管理系统，我国目前仍处于生活垃圾分类回收探索阶段。学界对居民生活垃圾分类行为进行了深入研究，包括对国外垃圾分类的经验分析（刘梅，2011；王子彦等，2008）、垃圾分类收集的经济效益分析（冯思静和马云东，2006）、中国不同地区生活垃圾分类现状研究（陈兰芳等，2012；邓俊等，2013）、垃圾分类方法与程序分析（何德文等，2003），和居民对垃圾分类政策的认知研究（占绍文和张海瑜，2012）。行为意向、所处环境和人口特征，是影响城市居民生活垃圾分类行为的重要因素（曲英，2009、2011）。生活垃圾分类的居民广泛持续参与，是生活垃圾分类政策实施的必要条件（Chung and Poon，2001；

Zhuang et al.，2008）。鉴于社会资本在促进居民环境集体行动中的作用，本书将通过实地调研数据，以居民生活垃圾分类行为为例，实证分析中国由威权社会到公民社会转型条件下的社会资本发育对环境集体合作行动的作用机制。

6.2.2 模型建立

目前，我国各地区尚无统一的生活垃圾分类标准。按照我国现行的垃圾分类标准，生活垃圾可分为可回收、不可回收、废电池等有害垃圾三大类，或有机、无机两大类。为避免可回收、不可回收，有机、无机概念的模糊性，本书在预调查的基础上，根据居民垃圾处置习惯，将居民生活垃圾分为有经济价值的垃圾（主要包括废报纸、旧书籍、易拉罐、塑料瓶、废金属等）、厨余垃圾和有害垃圾（如废电池、废灯管等）三类，并进一步地将居民的垃圾分类行为具体分为四类（见表6－1）。

表6－1　　居民生活垃圾处理行为

问　题	生活垃圾分类水平
您对生活垃圾是怎样处理的？	1. 不分类，将所有垃圾一起放置垃圾箱
	2. 仅对具有经济价值（即俗称能卖钱）的垃圾进行分类
	3. 在将具有经济价值的垃圾分类处理的同时，对厨余垃圾进行分类处理
	4. 将具有经济价值的垃圾、厨余垃圾、有害垃圾进行细分

显然，居民生活垃圾分类行为带有明显的层次性，因此，本书采用Ordered Logit模型来进行分析。其模型定义如下：

$$y^{*} = \alpha + \sum_{k=1}^{K} \beta_k x_k + \varepsilon \qquad (6-1)$$

其中，y^{*}表示事件的内在趋势，不能被直接观测；ε为随机扰动项。

本书中居民生活垃圾分类行为有4种水平，相应取值为：$y=1$表示不分类，将所有垃圾一起放置垃圾箱；$y=2$表示仅对具有经济价值的垃圾进行分类；$y=3$表示在将具有经济价值的垃圾分类的同时，将厨余垃圾分类处理；$y=4$表示将具有经济价值的垃圾、厨余垃圾、有害垃圾进行细分。

那么共有3个分界点（cutpoint）μ_j 将各相邻水平分开。即：如果 $y^* \leqslant \mu_1$，则 $y=1$；如果 $\mu_1 < y^* \leqslant \mu_2$，则 $y=2$；如果 $\mu_2 < y^* \leqslant \mu_3$，则 $y=3$；如果 $\mu_3 < y^*$，则 $y=4$。

给定 x 值的累计概率则可以表示为如下形式：

$$P(y \leqslant j \mid x) = P(y^* \leqslant \mu_j) = P\left[\varepsilon \leqslant \mu_j - \left(\alpha + \sum_{k=1}^{K} \beta_k x_k\right)\right] \quad (6-2)$$

假设 ε 为 logistic 分布，通过自然对数转换，则可以得到 Ordered Logit 回归模型的线性表达式：

$$\mathrm{Ln}\left[\frac{P(y \leqslant j \mid x)}{1 - P(y \leqslant j \mid x)}\right] = \mu_j - \left(\alpha + \sum_{k=1}^{K} \beta_k x_k\right) \quad (6-3)$$

其中，α 为常数项，x_k 为解释变量，表示影响居民生活垃圾分类行为的第 i 个因素（$k=1$，…，n），β_k 为第 k 个因素的回归系数。

6.2.3 数据来源及变量说明

本书的调查对象为社区居民。社区作为我国城镇居民最基本的居住单元，具有明确的地理边界，居民行为的相互影响最直接，同时社区居民之间最有可能发生频繁的互动和密切的交往，这正是居民社会资本形成的基础和前提条件。实地调研于2013年6~8月进行。在预调查和问卷修改的基础上，正式调查于2013年7月展开。调查人员为浙江大学中国农村发展研究院的研究生，调查地点包括安徽省安庆市、浙江省建德市和江西省南昌市的主要城镇地区。本次调查采用“街道—居委会—户—受访者”的多阶段抽样方法进行样本选择，根据调查组确定的随机数表确定最终的受访者。

调查随机抽取10个社区，每个社区30个受访者，采取面对面的访问方式，共发放问卷300份，回收问卷267份，获得有效问卷236份，问卷有效率为78.67%。由于租房客的流动性较大，其社会网络和生活习惯与当地居民存在较大差异。因此，本书剔除了17个租房客样本，余下219个样本进入模型分析，分别占有效样本的7.2%和92.8%。调查内容包括除居民生活垃圾处理行为外，还包括居民社会资本特征和社会人口统计学特征。

（1）社会资本特征。对社会资本的度量，目前仍缺乏比较系统的工具。本书基于普特南等（Putnam et al.，1993）的分析框架，从社会网络、社会规范和社会信任三个维度对社会资本进行度量。与西方国家的居民社会网络往往通过会员身份和自愿加入非政府组织不同（van Oorschot et al.，2006），由于中国社会的“差序格局”，居民社会网络更多地表现为亲戚、邻里和同事关系结成的“私人圈子”（周红云，2004）。因此，本书借鉴桂勇和黄荣贵（2008）的做法，采用“与受访者见面打招呼的社区居民数”“可以登门拜访的社区居民数”，以及“每月拜访社区居民的频次”来度量居民社会网络。社会规范则通过居民对规范的遵守程度来衡量（Jones et al.，2008；van Oorschot et al.，2006）。本书采用居民对正式环保法律法规、非正式规范（环保标语）的认知以及规范对其行为是否有影响来度量。社会信任包括包容性社会信任和局限性社会信任，前者不以彼此是否认识或有相同的背景为基础，后者则仅限于对朋友、邻里、同事等熟人的信任（Uslaner and Conley，2003）。本书只涉及社区居民间的信任，属于局限性信任。

在此需要特别说明的是：考虑社会资本构成因素是通过多个相互关联的题项度量的，因此，在对各题项得分标准化处理后，基于因子载荷矩阵分析，本书抽取了3个公因子，即社会网络、社会规范和社会信任，同时利用主成分分析对社会资本度量题项进行降维处理后，获得了加总的社会资本变量①。

（2）社会人口统计学特征。已有的研究分析了社会人口统计特征对环境和生活垃圾管理行为的影响（Barr，2007；Martin et al.，2006；Olli et al.，2001；Sidique et al.，2010；Stern，2000），但社会人口统计变量与居民生活垃圾分类行为的关系仍存在争议，二者之间的关系并没有统一的结论。斯特恩（Stern，2000）认为，社会人口统计变量不仅可以反映人们对生活垃圾管理问题的认知与解决相应问题的能力，甚至在一定程度上能预测居民的生活垃圾管理行为。但西迪克等（Sidique et al.，2010）和巴尔（Barr，2007）的研究表明，社会人口统计变量与居民的生活垃圾管理行为

① 限于篇幅，社会资本的主成分分析结果未能呈现于此，有兴趣的读者可以向作者索取。

的关系并不稳定，其解释力十分有限。鉴于社会人口统计变量对居民生活垃圾管理行为的可能影响，问卷包括了被访问者年龄、性别、婚姻状况、受教育年限、家庭年收入、是否为中共党员和是否为社区干部等信息。表6-2列出了本书计量经济模型所用变量的定义及描述性统计。

表6-2　各变量的描述性统计

变量	变量定义及赋值	均值	标准差
被解释变量			
垃圾分类行为	不分类=1；对有经济价值的垃圾分类=2；在2基础上，对厨余垃圾分类=3；在3基础上，对有害垃圾分类=4	2.680	0.866
社会人口统计特征			
年龄	受访者年龄（岁）	39.913	12.386
性别	男=1，女=0	0.557	0.498
婚姻状况	已婚=1，未婚=0	0.831	0.376
受教育年限	接受正规教育年数（年）	10.639	3.640
家庭年收入	家庭年总收入（万元）	7.671	5.841
中共党员	是=1，否=0	0.237	0.426
社区干部	是=1，否=0	0.073	0.261
社会资本特征			
社会网络	主成分因子分析得分	0.023	0.981
社会规范	主成分因子分析得分	0.004	1.012
社会信任	主成分因子分析得分	0.020	0.983
社会资本	主成分因子分析得分	0.046	1.698

注：表中已婚不包括离异或丧偶。下表同。

6.3　结果分析

6.3.1　居民生活垃圾分类行为及相关因素分析

居民生活垃圾分类行为的调查结果如表6-3所示。在总样本为219个受访者中，8.67%的受访者将所有垃圾不分类地放入同一垃圾桶；有

32.42%的受访者是出于部分垃圾具有经济价值的考虑，而对垃圾进行简单分类；41.10%的受访者在对具有经济价值的垃圾进行分类的同时，对厨余垃圾继续分类；仅有17.81%的受访者对具有经济价值的垃圾、厨余垃圾和有害垃圾进行了进一步细分。

表6-3　居民生活垃圾分类行为与社会人口统计特征之间的关系

变量	赋值	样本数	各种生活垃圾分类水平所占比例（%）			
			1	2	3	4
			8.68	32.42	41.10	17.81
性别	男=1	122	11.48	30.33	42.62	15.57
	女=0	97	5.15	35.05	39.18	20.62
年龄#	岁	39.91	39.15	39.07	40.09	41.41
婚姻状况	已婚=1	182	8.79	32.97	40.11	18.13
	未婚=0	37	8.11	29.73	45.95	16.22
受教育年限#	年	10.64	10.37	10.21	10.60	11.64
家庭年总收入#	万元	7.67	6.05	8.07	8.16	7.21
中共党员	是=1	52	1.92	19.23	50.00	28.85
	否=0	167	10.78	36.53	38.32	14.37
社区干部	是=1	16	0.00	31.25	50.00	18.75
	否=0	203	9.36	32.51	40.39	17.73

注：表头右侧表示居民生活垃圾分类的4个水平（1、2、3和4）；#表示样本均值以及各子类样本均值。

表6-3显示，对所有生活垃圾均不分类的居民组的平均年龄为39.15岁，略高于对具有经济价值的生活垃圾进行分类的居民组的平均年龄（39.07岁），而生活垃圾分类水平最高的居民组具有最高的平均年龄，值为40.98。综合来看，受访者年龄与其生活垃圾分类行为具有一定的正相关关系。

虽然女性生活垃圾分类水平略高于男性，女性中生活垃圾不分类的比例仅为5.15%，而男性达到11.48%。但总的来说，女性和男性之间的生活垃圾分类水平差异不大。婚姻状况和生活垃圾分类行为之间关系不明显，已婚居民和未婚居民在生活垃圾分类各个水平中所占比例的差异并不明显。

受教育年限越高，生活垃圾分类水平也越高，但对生活垃圾不分类的居民平均受教育年限为 10. 37 年，高于将具有经济价值的垃圾分类处理的居民（10. 21 年），说明居民对此类垃圾的处理可能更多地是出于垃圾本身的经济价值的考虑，而非其对环境的影响。

家庭年总收入和生活垃圾分类行为不具备简单的相关性，生活垃圾分类水平最低和最高的居民平均家庭年收入相对较低，分别是 6. 05 万元和 7. 21 万元，而处于中间的生活垃圾分类水平的两组居民平均家庭年收入较高，分别是 8. 07 万元和 8. 16 万元。

中共党员和社区干部与生活垃圾分类行为具有正相关关系。在生活垃圾分类水平最高的居民组中，党员所占比例明显高于非党员所占比例，分别是 28. 85% 和 14. 37%；而社区干部所占比例也略高于非社区干部所占比例，分别为 18. 75% 和 17. 73%。

6. 3. 2　计量结果分析

为验证模型估计结果的稳健性，基于 OLS 和 Ordered Logit 的极大似然法在参数估计的方向和显著性上存在一致性的考虑（Ferrer-i-Carbonell and Frijters，2004），本书在进行 Ordered Logit 估计的同时，采用了 OLS 估计作为对照分析。如表 6 – 4 中的（1）和（2）列所示，联合系数非零检验 F 和 χ^2 统计量都在 1% 的水平上显著，且变量系数符号及其显著性高度一致，表明模型具有较好的拟合度。与我们的预期一致，社会网络、社会规范和社会信任显著地影响居民生活垃圾分类行为。

表 6 – 4　居民生活垃圾分类行为对社会资本和社会人口统计特征的回归结果

变量	OLS	Ordered Logit	2SLS	2SCML
	(1)	(2)	(3)	(4)
社会网络	0. 194 *** (0. 051)	0. 464 *** (0. 144)	—	—
社会规范	0. 105 ** (0. 049)	0. 256 ** (0. 122)	—	—
社会信任	0. 229 *** (0. 055)	0. 547 *** (0. 139)	—	—

续表

变量	OLS	Ordered Logit	2SLS	2SCML
	(1)	(2)	(3)	(4)
社会资本	—	—	0.540*** (0.105)	1.605*** (0.279)
年龄	0.013* (0.007)	0.038* (0.020)	0.007* (0.008)	0.024* (0.020)
性别	-0.114 (0.107)	-0.264 (0.266)	-0.093 (0.133)	-0.180 (0.263)
婚姻状况	0.031 (0.190)	-0.032 (0.481)	0.026 (0.237)	0.019 (0.499)
受教育年限	0.064*** (0.021)	0.159*** (0.056)	0.062** (0.026)	0.175*** (0.054)
家庭年收入	-0.007 (0.011)	-0.018 (0.030)	0.003 (0.014)	0.010 (0.028)
中共党员	0.367*** (0.123)	0.909*** (0.322)	0.296* (0.173)	0.808** (0.317)
社区干部	0.122 (0.142)	0.264 (0.346)	-0.051 (0.196)	-0.282 (0.425)
常数项	1.459 (0.450)	—	1.647*** (0.532)	—
样本数	219	219	219	219
F/χ^2	11.03***	68.04***	51.06***	67.90***
R^2/ *Pseudo* R^2	0.322	0.170	0.328	0.169
Hausman / Wald 内生性检验	—	—	3.26	2.43

注：*、**、*** 分别表示 10%、5% 和 1% 的显著性水平；括号中的数值是稳健性标准差；未报告来自一阶段简约式方程的残差的参数估计。

与所有的基于截面数据分析一样，居民生活垃圾分类行为决策模型估计可能面临社会资本的内生性问题。社会资本除了比较常见的遗漏变量而产生的内生性问题外，即社会资本与生活垃圾分类行为共同受到一些不可观测因素（如性格、生活习惯等）的影响，还会因社会资本和生活垃圾分类行为的相互影响而导致联立内生性问题（Durlauf and Fafchamps，2005）。为控制内生性问题而产生的估计偏误，本书在对模型进行估计时，以受访者在社区居住的时间长度作为社会资本的工具变量。之所以选取此工具变量，是原因受访者在社区居住的时间长度直接影响受访者的社会交往和社会参与，但并不直接影响其生活垃圾分类行为决策。

表6－4中的（3）和（4）列分别报告了2SLS和2SCML的二阶段估计结果①。相较于OLS和Ordered Logit的估计结果，两个模型的联合统计检验和拟合优度都无明显变化。更为重要的是，Hausman检验和Wald检验在1%的显著性水平下都不能拒绝两者无显著差异的原假设，表明并不存在我们担心的社会资本内生性问题。因此，本书仍重点关注Ordered Logit的估计结果，而非2SCML的估计结果。

由于Ordered Logit模型的参数估计结果只能从显著性和符号方面给出有限的信息，为了直观地识别出各变量对居民生活垃圾分类行为的影响，本书进一步估计了各变量的边际效应。如表6－5所示，年龄、受教育程度、是否党员和社会资本三要素显著地降低了不分类和只对具有经济价值的垃圾分类的概率，而增加了更高层次的生活垃圾分类水平的可能性。

表6－5　Ordered Logit模型的边际效应

垃圾分类行为	分类水平＝1	分类水平＝2	分类水平＝3	分类水平＝4
年龄	－0.002* (0.001)	－0.007* (0.004)	0.004* (0.003)	0.005* (0.002)
性别：男※	0.015 (0.016)	0.047 (0.047)	－0.031 (0.031)	－0.032 (0.033)
婚姻状况：已婚※	0.002 (0.028)	0.006 (0.086)	－0.004 (0.056)	－0.004 (0.059)
受教育年限	－0.009*** (0.003)	－0.029*** (0.011)	0.019** (0.007)	0.019*** (0.007)
家庭年收入	0.001 (0.002)	0.003 (0.005)	－0.002 (0.004)	－0.002 (0.004)
中共党员：是※	－0.045*** (0.017)	－0.156*** (0.052)	0.072*** (0.026)	0.129** (0.052)

① 限于篇幅，一阶段简约式方程的估计结果未能呈现于此，有兴趣的读者可以向作者索取。

续表

垃圾分类行为	分类水平 =1	分类水平 =2	分类水平 =3	分类水平 =4
社区干部：是※	-0.014 (0.017)	-0.047 (0.061)	0.027 (0.031)	0.034 (0.048)
社会网络	-0.028 *** (0.010)	-0.083 *** (0.026)	0.055 *** (0.019)	0.056 *** (0.019)
社会规范	-0.015 * (0.008)	-0.046 ** (0.022)	0.030 * (0.017)	0.031 ** (0.014)
社会信任	-0.032 *** (0.011)	-0.098 *** (0.026)	0.065 *** (0.022)	0.066 *** (0.018)

注：※表示虚拟变量从0至1离散变化的边际效应；*、**、***分别表示10%、5%和1%的显著性水平；括号内为标准误。

表6-4和表6-5的估计结果表明：虽然性别、家庭年总收入、婚姻状况及社区干部对居民生活垃圾分类行为并无显著影响，但受访问者的年龄、受教育年限、党员身份，以及社会资本三要素（社会网络、社会规范和社会信任），都显著地促进了居民的生活垃圾分类合作行为。

（1）社会网络作为居民互动的载体，能显著地提高居民生活垃圾分类水平。见面打招呼的社区居民数、可以登门拜访的社区居民数和每月拜访社区居民的次数与居民生活垃圾分类表现出一致的正相关关系（见表6-6）。居民社会网络规模越大，网络互动越频繁，其生活垃圾分类水平越高。这与其他学者的研究结论相似，居民生活垃圾回收行为与关系网络显著正相关（Fiorillo，2013）。因为网络互动的群体舆论效应在有效抑制居民机会主义倾向的同时，社会网络作为信息传递的载体，有助于促进环境信息溢出和知识传播（Miller and Buys，2008），能够培养居民集体环境意识和环境保护集体行为（Cramb，2005；Wakefield et al.，2006）。密集的社会联系和公共舆论，形成对环境保护非合作行为的群体压力，能够降低机会主义和“搭便车”的行为激励，从而居民生活垃圾分类水平也越高。调查还显示，社会网络特征较高的居民，其社会规范和社会信任特征也往往较高，说明社会资本三要素相互强化，共同促进了居民生活垃圾分类行为。

表6-6　居民生活垃圾分类行为与社会资本特征的关系

变量	赋值	各种生活垃圾分类水平下的均值			
		1	2	3	4
		19	71	90	39
社会网络特征					
与您见面打招呼的社区居民数	人	13.16	23.58	28.43	42.38
可以登门拜访的社区居民数	人	4.00	6.23	8.10	12.90
每月拜访社区居民的频次※	次	6.00	6.89	7.87	8.79
社会规范特征					
了解有关环保法的数量	部	1.58	1.86	2.13	2.38
是否赞成“环境保护，人人有责”	Likert 4点	2.32	2.82	3.08	3.28
环保法对自身行为是否起指导作用	是=1，否=0	0.16	0.46	0.63	0.59
对自己破坏环境的行为是否感到自责	是=1，否=0	0.21	0.45	0.53	0.62
社会信任特征					
是否愿意向社区居民提供借款※	加总值	2.32	3.28	3.93	4.18
是否赞成社区居民是诚实的，并值得信赖	Likert 4点	1.84	2.42	2.66	2.87
是否赞成社区居民只为自身利益着想而忽视他人利益	Likert 4点	3.11	2.46	2.28	2.24
社区居民彼此之间是相互信任的	是=1，否=0	0.16	0.52	0.70	0.74

注：表头右侧表示居民生活垃圾分类的4个水平（1、2、3、4）以及相应水平的生活垃圾分类样本数；※表示4类社区居民得分的算术加总，包括社区内家族成员、社区亲戚、社区内与自己关系较好的居民，以及社区内与自己关系一般的居民；Likert 4点法的赋值为，“十分反对”=1、“比较反对”=2、“比较赞成”=3和“十分赞成”=4。

（2）社会规范通过奖惩机制能有效增强居民行为的可预见性，进而促使居民提升生活垃圾分类水平。居民了解环保法的数量越多，对环保标语的赞成度越高，其越倾向于实施较高水平的生活垃圾分类行为（见表6-6），这与格拉夫顿和诺尔斯（Grafton and Knowles，2004）、哈尔沃森（Halvorsen，2008）的研究结论相类似。有序的社会规范能够有效地促进公共物品供给的集体行动（Coleman，1988；Fell，2008；Halvorsen，2008；赵雪雁，2013）。相对于垃圾不分类的居民和垃圾分类水平较低的居民而言，垃圾分类水平较高的居民更倾向于认为环保法、环保标语对自身的行为有引导作用，并对自身破坏环境的行为感到自责。因为规范的奖惩机制能强化自身权威，内化为居民的个人信念（Schwartz，1977），当个体将规范内化为自我认知的组成部分后，规范不仅是约束性规则，还是个人习惯性偏好（高春芽，2012；Kasper and Streit，2002）。规范借助于互惠信任、复仇报应或舆论压力等形式的自我实施规则，在集体行动中作为一种避免未来报复的激励机制，成为集体行动的促进力量（马九杰，2008）。

（3）自我强化与累积的社会信任能够显著地提升居民生活垃圾分类水平，且在社会资本三要素中，社会信任的作用最强。对于愿意向社区居民提供借款、赞成社区居民是诚实并值得信赖的、不赞成社区居民只为自身利益着想而忽视他人利益和认为社区居民彼此之间相互信任的居民，其生活垃圾分类行为均表现出较高的水平（见表6－6）。邻里信任让居民更加重视公共环境卫生的维护，生活垃圾分类程度也往往较高。社会信任作为凝聚社会各方面的“黏合剂”，是促进合作的最重要因素（Ostrom，2000）。它通过给居民提供“如果自身这样做，其他社区居民也会这样做”的信念，促进了居民为了公共利益而实施更高水平的垃圾分类行为。这与相关文献的研究结论一致（Jorgensen et al.，2009；刘莹和王凤，2012）。社会信任能够显著地促进居民实施生活垃圾管理环保行为（Jones et al.，2011）。

相对于社会网络和社会规范，社会信任是促使个体采取环境集体行动的最直接因素（Ostrom，2000）。社会信任可以有效提升社会责任感，并通过自我强化与累积以降低交易成本（Pretty and Ward，2001）。对他人的信任度越高，对其行为的预见性越强，彼此间自愿合作的自主性也越高（Gächter et al.，2004）。如果个人能树立信誉，其他人就能学会信任拥有此信誉的人并开始合作，以获得对所有人来说更大的收益（Fukuyama，1995；Rothstein，2005）。倾向于相信其同伴的成员会以集体利益为行动目标，更愿意以集体行动的方式来保护自然资源（Jones et al.，2011；Pretty，2003）。在高社会信任水平的集体里，个体所感知的成本更低，普遍相信所有成员都会团结起来保护公共利益（Pretty，2003）。信任作为集体行动的“润滑剂”，能在第三方强制缺失的条件下，促使个体采取集体行动（邹宜斌，2005）。

（4）年龄对居民提高生活垃圾分类水平有显著的正向影响，这与马丁等（Martin et al.，2006）和奥利等（Olli et al.，2001）的研究结论相似。随着年龄的增大，居民空闲的时间增多，时间机会成本相对较低，更愿意花更多时间进行生活垃圾分类，年龄对居民的分类行为有正向促进作用（见表6－7）。但西迪克等（Sidique et al.，2010）的研究发现，二者之间的关系并不稳健，而威格尔（Weigel，1977）的研究认为，年龄对生活垃圾处理行为具有负向影响。年龄对居民生活垃圾处理行为的影响，仍需进一步探讨。

表6－7　　居民生活垃圾分类行为与社会人口统计特征的关系

变量	赋值	各种生活垃圾分类水平下的均值			
		1	2	3	4
		19	71	90	39
年龄	岁	39.15	39.07	40.09	41.41
受教育年限	年	10.37	10.21	10.60	11.64
中共党员	是＝1，否＝0	0.05	0.14	0.29	0.38
社区干部	是＝1，否＝0	0.00	0.07	0.09	0.08

（5）受教育年限对居民提高生活垃圾分类水平有显著的正向影响。居民环保知识的缺乏是制约其实施生活垃圾循环利用行为的主要障碍（De Young，1990）。教育作为个体提高认知，获取知识的重要途径之一，不仅能让居民获得一般的环境知识，更能使居民获取实施垃圾分类所需了解和掌握的技能知识，以减轻居民“感知到的行为障碍”，同时受教育程度高的居民对垃圾分类在环境保护中的作用有更深入的了解，从而促进居民生活垃圾分类。

（6）中共党员的生活垃圾分类水平显著高于非中共党员，而社区干部与非社区干部的生活垃圾分类水平并无显著差异。相对于非中共党员，中共党员更可能表现出较高的生活垃圾分类水平。而居民是否为社区干部对其垃圾分类行为的影响不显著。

6.4 本章小结

本章基于实地调研数据，采用相关性因素分析和 Ordered Logit 回归模型，考察了社会资本对居民生活垃圾分类行为的影响机理。研究结果表明：年龄、受教育年限以及党员身份也对居民提高生活垃圾分类水平有显著的正向影响；而性别、家庭年收入、婚姻状况、是否为社区干部在统计意义上不显著。社会资本三要素，社会网络、社会规范和社会信任均在5%的显著水平上对居民生活垃圾分类行为有显著的正向影响。其中，社会信任的影响最强。社会资本之所以能够帮助克服人类集体行动的困境，就是因为它能创造人与人之间的信任关系（黄晓东，2011）。信任也是人们对交换规则的共同理解，即允许个体行为者对他人行为有预期，并且在缺少完全信息或法律保证的前提下遵循信任原则（Tonkiss，2000）。

培育居民社会资本是提高居民集体行动效率，促进生活垃圾分类的重要途径。为发挥社会资本对环境保护集体行动的推动作用，必须通过居民间的互动沟通，完善互惠共享的社会规范和提升居民间普遍信任。同时，应加强公共宣传教育，其内容不仅包括环保政策的宣传和环境信息的披露，而且更应注重实际生活中的垃圾分类知识和技巧的普及。最后，应充分发挥中共党员的模范带头作用，积极推动生活垃圾分类。

本章研究发现，社会资本的微观度量困难，是阻碍社会资本对于集体合作行为解释力的重要因素。社会资本的度量要基于特定的文化背景和社会结构，中国社会结构的“差序格局”特征，使得居民社会网络并非体现在以特定目标而建立起来的社会组织，而更多地体现为亲戚关系、邻里关系和同事关系而结成的私人圈子，并且“圈子”的边界模糊。对于特定问题的研究，社会资本的边界设定十分重要。与此同时，“社会资本只是其他类型资本的补充，并不能完全代替其他类型资本”（Grootaert and Van Bastelaer，2002），换言之，社会资本、物质资本和人力资本的共同发展，更能够促进环境保护的集体合作行为。本章研究发现，受教育年限以及中共党员身份对提高居民生活垃圾分类水平有显著的正向影响，说明了社会资本与人力资本的相互强化作用。

本章主要考察了社会资本的三维度对居民生活垃圾源头分类行为的影响，但并没有考虑相关的正式制度。事实上，居民生活垃圾源头分类行为决策是在同时考量制度环境和邻里环境约束后的结果。为此，本书将在考虑邻里互动的社会资本情境下，着重探讨不同激励政策组合对居民生活垃圾分类行为的影响。

第 7 章

“胡萝卜”“大棒”与居民生活垃圾源头分类

7.1 引　　言

在过去的几十年里，随着居民收入的提高以及城镇化进程的加快，城市生活垃圾污染已经成为世界环境管理的一项严峻挑战，尤其在发展中国家更是如此（Al – Khatib et al. , 2010; Zhang et al. , 2010a）。为应对持续增加的城市生活垃圾问题，许多国家已经开始探索如何优化相关政策设计以更有效地减少和处置城市生活垃圾。一项被广泛提及的政策措施是生活垃圾源头分类。垃圾源头分类能为后续的垃圾回收、堆肥和焚烧奠定基础，从而能够有效减少垃圾填埋处理量。虽然发达国家基于源头分类的垃圾回收在垃圾减量方面取得了巨大成功（Charuvichaipong and Sajor, 2006），但是在发展中国家的城市地区，生活垃圾源头分类即使已经实施了几十年但仍停滞在早期阶段（Nguyen et al. , 2015）。导致该截然相反结果的主要原因在于当地政府是否能够诱导公众参与生活垃圾分类（Boonrod et al. , 2015）。由于垃圾源头分类需要花费家户额外的时间和精力，可以预期到，正如许多其他环境问题一样，除非存在外在的选择性激励或强制的规则，家户垃圾分类的最大挑战将是社会困境问题（Olson, 1965; Ostrom, 1990）。同时，世界各地垃圾分类项目的实践经验表明，许多因素会影响家户垃圾分类的参与，旨在促进家户垃圾分类的政策设计也需要充分地考虑当地特有的社会政治经济背景（Charuvichaipong and Sajor，2006；Kirakozian，2015）。

现有大多数关于垃圾分类的实证研究主要集中在考察社会经济特征、分类设备和基础设施的可用性以及垃圾收费系统对垃圾分类决策的影响。现有研究关于社会经济特征对垃圾分类的影响在很大程度上呈现出不同结论，有时甚至相互矛盾（Ekere et al.，2009；Fiorillo，2013；Kirakozian，2015；Tadesse，2009），而便捷因素和分类设施的存在则通常被认为促进了家户垃圾分类活动（Bernstad，2014；Ghani et al.，2013）。例如，一个地区垃圾回收方案的设计有助于解释家户垃圾分类努力程度的差异。挨家挨户上门收集方式的实施通过使家庭垃圾分类更容易以及减少居民把垃圾送至公共垃圾桶的成本提高了居民垃圾分类率，而实施回收站收集则会产生相反的效果（Bucciol et al.，2015）。然而，经验研究显示，公共垃圾桶与居民房屋的距离对垃圾分类的影响既可能为正也可能为负（Gallardo et al.，2010；Tadesse，2009）。此外，如果向家户提供如垃圾袋、垃圾桶和切实的经济收益，他们更可能对垃圾分类项目表示欢迎以及提高他们的垃圾分类水平（Boonrod et al.，2015；Ghani et al.，2013；Mbiba，2014；Owusu et al.，2013）。一般来说，垃圾用户收费能有效地促进家户生活垃圾分类（Bucciol et al.，2015）。

最近的一些经验研究也强调了分类态度、分类知识，以及文化和社会影响在垃圾分类决策中的作用。对垃圾的积极态度和拥有相关分类知识可以带来更高的垃圾分类水平，而实施垃圾分类的感知困难则导致了家户更少地进行垃圾分类。另一支文献则通过社会资本和社会压力/形象指标来解释垃圾分类行为。尽管社会资本还没有一个广为接受的定义，但通常是指包含网络、规范和信任维度的资源集合体。例如，阮等（Nguyen et al.，2015）的研究显示，信任（包括对政府的信任和对社区其他成员的信任）是家户垃圾分类倾向的最好预测指标，个人道德规范次之。加尼等（Ghani et al.，2013）确认了主观规范（垃圾分类的感知社会压力）和食物垃圾分类之间存在正相关关系。类似的，阿伯特等（Abbott et al.，2013）也发现，社会规范对垃圾回收行为具有显著影响。而维德拉斯等（Videras et al.，2012）则强调了社会关系强度和亲环境规范与垃圾回收行为的关联。

此外，不同政策工具间的替代效应或互补效应也可能非常重要。虽然现有证据有限且不总是一致，但有证据显示，一项政策工具的引进可能会加强或削弱另一项政策工具的效果。有研究显示，垃圾计量用户收费政策的实施强化了挨家挨户上门收集政策的垃圾减量效果（Bucciol et al.，2015；Starr and Nicolson，2015），但费拉拉和密西斯（Ferrara and Missios，2012）却得出挨家挨户上门收集政策和垃圾计量用户收费政策在垃圾减量方面相互替代而非相互补充的结论。至于外在干预对人们原有动机的影响，当人们觉得干预是一种控制性活动时，外在干预将会挤出人们的原有动机，而当人们觉得干预是一种支持性活动时外在干预将会增加人们的原有动机（Bowles and Polania-Reyes，2012；Frey and Jegen，2001）。虽然经济激励已经越来越受到重视，在环境政策领域被视之为诱导公众参与环境保护的强有力工具（Vatn，2010），在具体的生活垃圾方面，哈尔沃森（Halvorsen，2008）研究发现，垃圾计量用户收费并没有挤出家户垃圾回收的其他动机，但当人们已经有强烈的道德或形象动机来实施环境负责行为时，依赖经济激励的政策工具可能会破坏他们的原有动机（Frey and Jegen，2001；Gneezy and Rustichini，2000a）。但总体而言，现有研究仍不能确定在何种具体条件下外部激励可能会强化或破坏人们的内在动机和形象动机（Rode et al.，2015）。

为弥补现有文献的缺陷，本章试图通过实地调研数据识别影响家户实施垃圾分类行为的潜在因素。更具体地说，除了人口统计特征、情境特征、环境认知和社会资本，本章将考察不同垃圾分类政策属性对家户垃圾分类行为决策的影响。更好地理解家户垃圾分类行为的决定因素能为相关政策的设计提供有益的信息参考。

7.2　私人供给公共物品的逻辑

7.2.1　初始状态与公共物品私人供给

由于生活垃圾源头分类需要耗费人们的时间和精力，而垃圾源头分类后带来的环境收益却由大家共享，居民生活垃圾分类行为本质上是私人供给公共物品行为。这类集体行动问题的典型特征是集体成员之间相互依赖，解决个体理性不合作与集体理性合作的冲突是组织理论的一个重要议题。如何通过合理的政策设计促进理性行为者公共物品私人供给行为受到研究者和政策制定者的特别关注。奥尔森（Olson，1965）明确对那些认为具有共同利益的人们会自愿采取行动以促进其共同利益的乐观主义者提出了质疑，指出除非集体人数很少，或者存在强制或其他特殊手段以使人们按照共同利益行事，否则寻求自我利益的人们不会采取行动以实现共同利益。然而，现实表明，即使在缺乏政府干预的地区，居民自愿实施生活垃圾分类的现象也大量存在。本章在此利用修改的安德罗尼（Andreoni，1990）模型为下文的公共物品私人供给的经济心理动机分析提供理论依据。

假设存在一群个体必须独立地决定是否为公共物品的供给做出贡献。为简化分析，我们假设该经济体只有复合私人物品和公共物品。每位个体被赋予 m_i 单位的财富，他们可用于对私人物品 x_i 和公共物品 g_i 的购买。假定 N 为个体的数量，从而 $G = \sum_{i}^{N} g_i$ 为该群体公共物品供给总量。个体 i 的效应函数可以表示为：

$$U_i = U(x_i, g_i, G),\ i = 1, \cdots, N \tag{7-1}$$

其中，U_i 假定为严格的拟凹函数，二阶连续可导，且随各要素单调递增；$G = \sum_{i=1}^{N} g_i = G_{-i} + g_i$和 $G_{-i} = \sum_{j \neq i}^{N} g_j$。正如安德罗尼（Andreoni，1990）所指出的，g_i 两次进入效用方程，一次作为私人物品，一次作为公共物品的一部分。当效用方程同时包含 g_i 和 G，说明个体既关心自己对公共物品的供给也关心群体总公共物品供给，个体为非纯利他主义者（impure altruist）。然而，当个体只关注公共物品的总供给量而不关注是谁供给时，即 G_{-i}和 g_i 之间完全替代，此时效用函数为 $U(x_i,\ G)$，个体为纯利他主义者（pure altruist）。当个体只关注自己对公共物品的供给，而不关心总公共物品供给量时，此时效用函数为 $U(x_i,\ g_i)$，个体为纯利己主义者（pure egoist）。从而个体效用最大化的约束方程为：

$$m_i = x_i + p_{iG} g_i,\ g_i \geq 0 \tag{7-2}$$

我们在下文中把 x_i 作为计价单位，并把复合私人物品的价格标准化为1，则 p_{iG}为公共物品与私人物品的相对价格。作为对公共物品的支付意愿，p_{iG}是个体对公共物品偏好的一个度量。对于理性经济人的评判价值来说，可以合理地假设 $0 \leqslant p_{iG} \leqslant 1$。这使我们的模型与安德罗尼（Andreoni，1990）的模型略有不同，通过加入 p_{iG}因素我们更加关注个体偏好。

在纳什的假设下，G_{-i}为严格外生。从而，上述最大化问题可以转化为如下方程：

$$U_i = U(m_i + p_{iG}(G_{-i} - G), G - G_{-i}, G) \tag{7-3}$$

通过对 G 求导，以及效用最大化的约束条件，可以得到如下等式：

$$G = f_i(m_i + P_{iG}G_{-i}, G_{-i}), g_i = f_i(m_i + p_{iG}G_{-i}, G_{-i}) - G_{-i} \tag{7-4}$$

表明对公共物品的总供给取决于私人收入、公共物品的相对价格，以及除个体 i 对公共物品的总供给。由于该参数来源于效用函数 f_i 的公共物品维度，我们把 f_i 对该参数的导数称之为出于利他原因的边际捐赠倾向，f_{ia}。同时，个体贡献额度也共同取决于收入水平、公共物品的相对价格，以及其他人对公共物品的供给。类似的，我们把 f_i 对该参数的导数称之为出于利己原因的边际捐赠倾向，f_{ie}。事实上，个体 i 对这些物品并不是简单地作出非此即彼的选择，而是根据价格、收入、p_{iG}表征的个人偏好选择混合商品束。每个个体在效用最大化的原则下决定公共物品的供给量和私人物品的消费量。一系列的研究表明，由于特质的不同，个体偏好表现出较大差异（Bishai，2004），包括基本的人口统计特征如性别、年龄、受教育水平、婚姻状态、从事职业、收入水平、家庭规模，以及相关的认知及知识水平（Fiorillo，2013；Kirakozian，2015；Ekere et al.，2009；Lakhan，2016；Saphores et al.，2012；Sidique et al.，2010；Song et al.，2012；Tadesse，2009）。这些发现产生了我们前两个假设：

假设1：人口统计特征对居民生活垃圾源头分类具有重要影响。

假设2：垃圾分类的认知和知识水平对居民生活垃圾源头分类具有正向影响。

借鉴安德罗尼（Andreoni，1990）的定义，我们可以得到个体 i 的利他指数如下：

$$\alpha_i = \frac{\partial f_i / \partial m_i}{\partial f_i / \partial G_{-i}} = \frac{p_{iG} f_{ia}}{p_{iG} f_{ia} + f_{ie}},\ 0 < f_{ia} + f_{ie} \leqslant 1 \tag{7-5}$$

其中，利他指数随着出于利他原因的边际捐赠倾向f_{ia}的增加而增大，而随着出于利己原因的边际捐赠倾向f_{ie}的增大而减小。从而，对于纯利他主义者，$\alpha = 1$；对于纯利己主义者，$\alpha = 0$；而对于非纯利他主义者，$0 < \alpha < 1$。此外，在本章中，个体偏好p_{iG}对个体的利他程度具有正向影响。正如奥尔森（Olson，1965）提及的，“人们有时候受期望获得声誉、尊重、友谊和其他社会心理目标的驱使”（p. 60），或者如贝克尔（Becker，1974）观察到的，“该行为受期望避免他人蔑视或获得社会赞誉的驱使”（p. 1083）。所有的这些都可以分为“社会压力、愧疚、同情或仅是为了获得温情效应（warm glow effect）”（Andreoni，1990：p. 464）。近年来，社会资本被认为可以通过改变行为主体的偏好和减少机会主义行为促进集体资源与环境管理（Durlauf and Fafchamps，2005；Pretty，2003；Rydin and Holman，2004；Jones and Clark，2013），尽管其具体的动态效果仍在持续争论（Dale and Newman，2010）。从这些结果，我们可以作出第三个假设：

假设3：社会资本对居民生活垃圾源头分类具有正向影响。

7.2.2 补贴和税收对公共物品私人供给的影响

制度安排在促进个体参与集体行动中发挥着重要作用。奥尔森（Olson，1965）强调了集团规模和选择性激励对理性经济人为了实现集体利益而合作的影响，而奥斯特罗姆（Ostrom，1990）认为，集体内部规则和廉价谈话沟通是克服不合作激励的两个关键要素。第三种途径则为控制和惩罚制度的建立（Lomborg，1996）。

假定政府对私人公共物品贡献的补贴率为s_i（$0 \leqslant s_i < 1$），而政府通过征税t_i来支付该补贴。同时，假设政府能把所有的净税收收入用于公共物品贡献补贴，从而允许分别地考量政府补贴和直接向慈善机构提供资助在鼓励自愿公共物品供给中的作用。

如安德罗尼（Andreoni，1990）所定义的，$T = \sum_{i=1}^{N} t_i - s_i g_i$是政府的净税

收收入，$Y=G+T$ 是公共物品的联合供给。如上文的个体 i 的效用函数为 $U_i=U(x_i, g_i, Y)$。同时 $y_i=g_i(1-s_i)+t_i$ 表示个体 i 对公共物品总贡献量，包括税收部分和自愿部分。从而个体 i 的预算约束可以表示为 $x_i+p_{iG}y_i=m_i$。此外，由于 $Y=\sum_{i=1}^{N}y_i$，我们可以定义 $Y_{-i}=Y-y_i$，预算约束则可以写为 $x_i+p_{iG}(Y-Y_{-i})=m_i$。在经过适当替换之后，纳什假设条件下的个体效用最大化问题可以表示为：

$$\underset{Y}{\mathrm{Max}}U_i\left(m_i+p_{iG}(Y_{-i}-Y), Y, \frac{Y-Y_{-i}-t_i}{1-s_i}\right) \tag{7-6}$$

该问题的一阶条件为：

$$-\frac{\partial U_i}{\partial x_i}+p_{iG}\frac{\partial U_i}{\partial Y}+\frac{\partial U_i}{\partial g_i}\frac{1}{1-s_i}=0 \tag{7-7}$$

求解可得，$y_i=f_i\left(m_i+p_{iG}Y_{-i}, \frac{Y_{-i}+t_i}{1-s_i}, s_i\right)-Y_{-i}$，进一步地分别对 Y_{-i}、t_i、s_i 求偏导，从而最终可得：

$$\mathrm{d}y_i=\left(f_{ia}+\frac{p_{iG}}{1-s_i}f_{ie}-1\right)\mathrm{d}Y_{-i}+\frac{1}{1-s_i}f_{ie}\mathrm{d}t_i+\left[\frac{Y_{-i}+t_i}{(1-s_i)^2}f_{ie}+f_{is}\right]\mathrm{d}s_i \tag{7-8}$$

其中，f_{is}表示效用函数f_i 对补贴 s_i 的偏导数，为出于补贴原因的边际贡献倾向。显然，对于纯利他主义者来说，$f_{is}=0$，而对于非纯利他主义者来说，$f_{is}>0$。

$\frac{\mathrm{d}y_i}{\mathrm{d}Y_{-i}}=f_{ia}+\frac{p_{iG}}{1-s_i}f_{ie}-1$ 表明其他人的公共物品供给是影响个体 i 公共物品供给的重要因素。正如条件合作理论所预期的，由于从众、社会规范或互惠等多种动机的存在，当其他人贡献的时候，人们更愿意选择贡献（Frey and Meier，2004）。信任和规范有助于维持不同个体间承诺的可信性（Laffont and Martimort，1998）。此外，一旦通过条约建立了合作机制，由于互惠经验的获得，个体间的合作将在长时期内存续（Tirole，1986）。这些结果与上文关于社会资本对居民生活垃圾源头分类具有正向影响的假设相一致。

$\frac{\mathrm{d}y_i}{\mathrm{d}t_i}=\frac{1}{1-s_i}f_{ie}>0$ 表明税收对个体公共物品供给具有正向影响。现实

中，垃圾定量收费系统的实施促进了垃圾分类和回收行为已获得了丰富的经验支持（Allers and Hoeben，2010；Kinnaman and Fullerton，2000；Lakhan，2015；Starr and Nicolson，2015）。$\frac{dy_i}{ds_i}=\frac{Y_{-i}+t_i}{(1-s_i)^2}f_{ie}+f_{is}>0$ 表明补贴对个体公共物品供给具有正向的影响。经济学文献通常认为，基于绩效的奖励可以积极刺激期望绩效的达成（Holmstrom and Milgrom，1991；Prendergast，1999）。在生活垃圾分类回收领域，诸如真实的经济补贴（Owusu et al.，2013）、便捷的设施设备（Ghani et al.，2013）和免费的垃圾桶（Mbiba，2014）是促进垃圾回收参与的一个重要因素。这些经验发现产生了如下假设：

假设4：生活垃圾收费对居民生活垃圾源头分类具有正向影响。

假设5：便捷的非现金补贴对居民生活垃圾源头分类具有正向影响。

此外，对补贴和税收的二阶偏导数可以表示为$\frac{d^2y_i}{dt_ids_i}=\frac{d^2y_i}{ds_idt_i}=\frac{f_{ie}}{(1-s_i)^2}>0$。尽管现有研究非常有限且不总是一致，但有证据显示一项政策工具的引进可能会加强或削弱另一项政策工具的效果。有研究表明，垃圾计量用户收费政策的实施强化了挨家挨户上门收集政策的垃圾减量效果（Bucciol et al.，2015；Starr and Nicolson，2015），而费拉拉和密西斯（Ferrara and Missios，2012）却发现，挨家挨户上门收集政策和垃圾计量用户收费政策在垃圾减量方面相互替代而非相互补充。基于这些结果，我们提出如下假设：

假设6：生活垃圾收费和非现金补贴的组合实施对居民生活垃圾源头分类具有正向影响。

在下面的章节中，我们将采用实地调研数据来验证这些假设。

7.3 数据获取与估计策略

7.3.1 研究区域与选择实验

本章的研究区域为在当地具有重要影响力的承德、宜昌和南昌三个城市。这些市政当局者正在考虑对现有的生活垃圾管理系统进行改革并努力成为中央五部委确定的生活垃圾分类示范城市。中央五部委明确规定，到2020年，示范城市的生活垃圾分类收集覆盖率达到90%，人均生活垃圾清运量下降6%，生活垃圾资源化利用率达到60%。为了实现这些具体的目标，这些市政当局者正在尝试如何通过相关政策工具更好地引导公众参与生活垃圾分类活动，本书从而可以及时地为相关政策制定者在生活垃圾源头分类项目设计方面提供有价值的参考意见。

为考察不同生活垃圾管理政策组合对居民生活垃圾分类行为的影响，本章利用选择实验（choice experiment，CE）的方法来搜集该部分的数据。选择实验可以用来诱出个体对非市场商品和服务的偏好，在非市场价值评估领域，已被证明是一项可以用来估计环境物品和服务价值的最流行的强有力的方法之一（Czajkowski et al.，2014；Rulleau et al.，2017；Tang and Zhang，2016）。与通常应用于单一属性物品或服务的条件价值评估方法相比，选择实验能够灵活地反映受访者对多种政策工具属性之间的权衡取舍，同时能够为受访者提供更多的信息，以及更加接近现实情况（Woldemariam et al.，2016）。然而，在付诸实践之前，选择实验存在的两个潜在问题需要加以考虑。首先，虽然选择实验能很好地解决政策属性的多维度问题，但实践者必须同时从政策的角度考虑结果的相关性和从受访者的角度考虑实验的复杂性与认知的局限性（Hoyos，2010）。正如我们在以下实验设计中，必须全面地考虑政策属性的相关性以及选择实验的复杂性。其次，类似于其他陈述偏好方法，选择实验也可能遭受潜在假设偏误的负面影响（Carlsson et al.，2005；Ready et al.，2010）。在下文中，我们也会对该问题加以考虑和解决。

选择实验设计的第一步是定义生活垃圾分类项目的政策属性及其相应的水平。如前文所提及的，多样的经济激励（包括金钱和非金钱方面的措施）是促进居民参与生活垃圾源头分类的重要工具。在经过与垃圾管理官员、环境问题专家和城市居民的广泛讨论后，以及考虑到问题的复杂性和现实的可操作性，本书仅聚焦在以下四个政策属性（见表7-1）。

表7－1　　生活垃圾源头分类项目的属性及其状态水平

项目属性	状态（定义）
垃圾分类容器	现状（不提供垃圾袋和垃圾桶） 改善（免费提供垃圾袋或垃圾桶）
垃圾有偿回收	现状（小贩回收或自己送往回收站） 改善（社区回收）
生活垃圾收费[a]	4元/月·户 13元/月·户
垃圾分类种类	原状（不分类，将所有垃圾放入同一垃圾箱） 分两类（可回收物，即具有外卖价值的垃圾、其他垃圾） 分三类（可回收物、厨余垃圾、其他垃圾） 分四类（可回收物、厨余垃圾、有害垃圾、其他垃圾）

注：[a]承德生活垃圾收费的现状为每户每月3元，改善的数额为每户每月12元。

第一个政策属性为“垃圾分类容器”。在中国，考虑到长期以来大多数居民都把其产生的垃圾混合放入同一垃圾箱，向居民免费提供统一的垃圾袋或垃圾桶是促进居民垃圾分类的受欢迎方法。

第二个政策属性为“垃圾有偿回收”。目前，居民主要有两种方法来售卖其产生的可回收垃圾。一种是等待小贩挨家挨户地上门收购，而另一种是居民自己把可回收垃圾送往回收站进行出售。由于小贩通常收购时期不定且收购价格偏低，而垃圾回收站距离住宅房屋较远，越来越多的居民选择将可回收垃圾和残余垃圾一同扔弃处理。当社区负责收集可回收垃圾时，一方面可回收垃圾的收集时间可以被提前安排，另一方面可回收垃圾的收购价格也相对高于小贩回收的价格。此外，当居民没有足够空间储藏可回收垃圾时，其可以毫无时间限制地把可回收垃圾送往社区可回收垃圾收集点。便捷合理的垃圾源头分类基础设施是影响居民垃圾分类行为的重要因素。

第三个政策属性为“生活垃圾收费”。垃圾服务费的征收试图通过惩罚污染者的排污行为来改变居民的行为，以及为垃圾管理服务的运行筹措资金（Zhang et al.，2010a）。在本章的研究区域，现有的垃圾收费体系仍采取定额计费方式，而不管每户实际产生多少生活垃圾。目前，南昌和宜昌的居民每户每月需要缴纳4元的生活垃圾服务费，而在承德，每户每月的生活垃圾服务费为3元。由于财政预算的有限以及实际运作成本的日益增长，为覆盖垃圾管理服务的成本，提高垃圾收费水平将势在必行。根据当地物价局提供的数据，等于垃圾管理服务实际全成本的垃圾收费水平在南昌和宜昌为每户每月 13 元，而在承德为每户每月 12 元。本章把等于垃圾管理服务实际全成本的垃圾收费水平作为生活垃圾收费属性的提高水平。尽管最近有许多文献证实了计量生活垃圾收费系统（pay as you throw system）在发达国家有效地增加了居民生活垃圾分类和回收行为（Sidique et al.，2010；Starr and Nicolson，2015；Allers and Hoeben，2010；Kinnaman and Fullerton，2000；Lakhan，2015），但中国生活垃圾收费系统对居民垃圾分类行为的影响并没有获得应有的重视。

第四个政策属性为“垃圾分类种类”。目前，在研究区域，居民都是把垃圾混合收集，并不要求实施生活垃圾分类。根据已经实施生活垃圾分类试点城市的分类标准，本章把分两类（可回收物、其他垃圾）、分三类（可回收物、厨余垃圾、其他垃圾）和分四类（可回收物、厨余垃圾、有害垃圾、其他垃圾）作为垃圾分类种类的改善水平。在不同的分类种类下，居民需要将其产生的垃圾分类成相应的种类并投放到相应的垃圾箱。

选择实验的设计接下来是选择组合的构建。考虑到全因子实验设计将会产生太多的选择组合数量，本章采用差异设计中的最优正交方法来确定选择组合（Street et al.，2005），从而最终设计产生了 12 个选择集。为减少受访者的认知负担和疲劳效应，本章把该 12 个选择集平均地分为两组，每个受访者只需作答其中的一组。其中，每个选择集包含两个改进方案和一个原状方案。图 7－1 展示了一个典型的南昌受访样本的选择集实例。

选择集 4.	方案A	方案B	原状
垃圾分类容器	免费提供	不提供	不提供
垃圾有偿回收	小贩回收 /自己送往回收站	社区回收	小贩回收 /自己送往回收站
生活垃圾收费	13元/月・户	4元/月・户	4元/月・户
垃圾分类种类	分三类（可回收物、厨余垃圾、其他垃圾）	分四类（可回收物、厨余垃圾、有害垃圾、其他垃圾）	不分类
您的选择是：	[ ]	[ ]	[ ]

图 7－1　南昌受访样本的选择集实例

7.3.2 问卷设计和数据收集

为保证受访者对生活垃圾源头分类、选择情境、政策属性与相应水平的理解，以及问卷措辞、格式和长度的合理性，笔者在2015年2~3月进行了小范围的预调研，通过偶遇抽样的方式获取了30份调查问卷。根据预调研受访者实际反馈的情况，笔者对问卷问题、选项设置和表达方式等进行了修正和调整，最终形成了正式的调查问卷。问卷涵盖了受访者的个人与家庭基本情况，社会资本情况，对环境污染认知和生活垃圾处置情况，以及受访者对选择实验的作答情况。值得说明的是，在选择实验开始之前，我们不仅简要地介绍了生活垃圾源头分类项目的背景以及实施生活垃圾分类行为的潜在成本和收益，而且还通过廉价磋商（cheap-talk）法对问卷嵌入了简短提示文本以尽量在选择实验前消除假想性偏差（Carlsson et al.，2005；Moser et al.，2014；Özdemir et al.，2009），而在选择实验完成之后，我们通过一个事后的确定性问题（certainty question）来校正假想性偏差（Koford et al.，2012；Norwood，2005；Ready et al.，2010）。

在正式调查实施之前，笔者对调查员进行了详细的讲解和培训，以尽量减少人为的访谈性偏误。2015年7月~2016年7月，笔者随同调查员依次前往三个样本城市开展实地调查。在每个城市，通过当地社区干部把居民召集起来的方式或调查员在社区内偶遇的方式，我们对当地居民进行了面对面的访谈。此次实地调查共发放360份问卷，在剔除数据空缺严重和前后明显矛盾的样本后，总计获得311份有效问卷，问卷有效率为86.4%。在删除8个抗议投标样本后（Hanley et al.，2007）[①]，剩下的303份问卷用于我们接下来的实证分析。

7.3.3 估计策略

为检验政策属性和受访者基本社会经济特征同时对居民生活垃圾分类行

① 在8个抗议性投标样本中，有4位受访者表示"不相信生活垃圾源头分类项目的有效性"，有3位受访者表示"不相信改进的方案能够成功实施"，有1位受访者则表示"垃圾分类是政府的事，个人没有义务分类"。

为的影响，我们把居民生活垃圾分类的潜在行为选择分为四类，即（1）统归一类，不需要垃圾分类；（2）分两类，把垃圾分为可回收物和不可回收物；（3）分三类，把垃圾分为可回收物、厨余垃圾和其他垃圾；（4）分四类，把垃圾分为可回收物、厨余垃圾、有害垃圾和其他垃圾，并对其相应地赋值为1、2、3和4。有序响应模型被认为是用来估计有序结果最合适的分析工具（McKelvey and Zavoina，1975）。虽然在社会科学研究中很少被检验，但有序响应模型在很大程度上依赖平行线假设，即假定解释变量对被解释变量的影响在被解释变量所有取值中均保持不变（Long，1997）。而这个假设的违背将会导致解释变量对结果变量的影响不能被准确地估计。当平行线假设不能满足时，一种补救方案是使用非有序模型，例如多项Logit模型。但是使用多项Logit回归将意味着对结果变量有序特征的忽略，同时该方法估计的参数数量通常远远超过所实际需要估计的参数数量。另一种替代方法则是使用广义有序Logit模型，该方法不仅放宽了平行线假设，即允许模型系数随着因变量的取值变化而变化，而且相比非有序模型更加简洁易解释。广义有序Logit模型可以表示为如下形式：

$$P(y_i > j) = F(\tau_j + X_i\beta_j) = \frac{\exp(\tau_j + X_i\beta_j)}{1 + \exp(\tau_j + X_i\beta_j)}, j = 1, 2, \cdots, M-1 \quad (7-9)$$

其中，M为有序因变量的序次类别，F为累计分布函数（logistic分布），X_i为解释变量向量，β_j和τ_j分别为待估计的参数向量和切点。在本章中，因变量垃圾分类的序次类别为4，从而因变量分别取值为1、2、3和4的概率可以表示为：

$$P(y_i = j) = \begin{cases} 1 - F(\tau_j + X_i\beta_j), & 若 j = 1, \\ F(\tau_{j-1} + X_i\beta_{j-1}) - F(\tau_j + X_i\beta_j), & 若 j = 2 \text{ or } 3, \\ F(\tau_{j-1} + X_i\beta_{j-1}), & 若 j = 4, \end{cases} \quad (7-10)$$

广义有序Logit模型的具体估计思路是，首先，假定所有参数的取值都不受平行线假设的约束，即便只有少数参数违背了平行线假设；其次，为了获取更加准确的模型，利用一系列的沃尔德检验来判断是否每个变量的参数在不同的方程中都具有显著差异，即识别每个变量是否符合平行线假定（Williams，2006）。从而违背平行线假设的变量系数在每个方程中允许发生变化，而没有违背平行线假设的变量系数在每个方程中都固定不变。表7-2展示了文中所有变量的定义与度量方法。

表7-2　　变量定义及度量方法

类型	变量名称	变量定义及度量方法
人口统计学特征	性别	男=1，女=0
	年龄	（岁）
	婚姻状态	已婚[①]=1，未婚=0
	受教育年限	接受正规教育年数（年）
	雇员	是=1，否=0
	退休	是=1，否=0
	家庭收入	家庭年总收入（万元）
	家庭规模	家庭成员数（个）
认知与情境特征	污染感知	是否赞同生活垃圾污染是社区最严重的污染（赞同=1，不赞同=0）
	危害认知	认为生活垃圾污染会对水、空气、土壤和动植物中哪几种物质带来负面影响（种类加总）
	分类知识	是否了解生活垃圾分类知识（不了解=1，基本了解=2，非常了解=3）
	垃圾箱距离	步行多少分钟才能到达离您家最近的垃圾箱/池（分钟）
	监管惩罚	随意丢弃或倾倒垃圾被发现时是否会遭受居委会的惩罚（会=1，不会=0）
社会资本特征	社会网络	相识家庭数：社区中有多少户相识的家庭（户）
		亲密朋友数：社区中有多少个亲密朋友（个）
		可求助人数：社区中除直系亲属外，有多少人您可以向他们求助（人）
		社交频率：在一个月内，与社区的亲朋好友邻居进行多少次社交活动（次）
	社会规范	援助规模：多大比例的居民会伸出援助之手当社区某户居民发生了不幸事件（没有人=1，小部分人=2，一半的人=3，大部分人=4，全社区人=5）
		互惠频率：社区互惠行为发生的频率（从没有=1，很少有=2，有时有=3，大多时候有=4，一直有=5）
		纠纷频率：社区纠纷盗窃等案件发生的频率（赋值同上）
		调解偏好：遇到邻里纠纷时更愿意选择的纠纷解决方式（法院或公安机关调解=1，居委会调解=2，社区权威人士调解=3，双方自行调解=4）

① 文中的已婚包括离异或丧偶。

续表

类型	变量名称	变量定义及度量方法
社会资本特征	制度信任	对政府官员的信任（非常不信任 =1，比较不信任 =2，一般信任 =3，比较信任 =4，非常信任 =5）
		对环境管理部门的信任（赋值同上）
		对居委会的信任（赋值同上）
	社会信任	人际信任：是否赞成大多数社区居民可以被信任（非常不赞成 =1，比较不赞成 =2，中立 =3，比较赞成 =4，非常赞成 =5）
		人际不信任：是否赞成大多数社区居民都试图利用别人，应该对他们保持警惕（赋值同上）
		托付对象：如果突然有事需出远门，您委托谁帮忙照料才放心？（直系亲属 =1，亲密朋友 =2，熟悉居民 =3，不熟悉居民 =4）
政策属性	垃圾分类容器	免费提供垃圾袋或垃圾桶 =1，不提供垃圾袋和垃圾桶 =0
	垃圾有偿回收	较高价格的社区回收 =1，较低价格的小贩回收或自己送往回收站 =0
	生活垃圾收费	12 或 13 元/月・户 =1，3 或 4 元/月・户 =0

注：各变量的度量和赋值详见附录 1。

7.4　结果分析与讨论

7.4.1　样本的描述性统计分析

表 7－3 汇报了样本受访者的主要特征。不难发现，没有明显的证据表明垃圾分类种类与居民性别、婚姻状态、受教育年限、从事职业和家庭规模相关，而居民年龄、家庭收入与垃圾分类种类存在弱相关关系。至于环境认知方面，赞同垃圾污染是社区最严重污染的居民和认为生活垃圾污染会对更多种物质带来负面影响的居民并没有明显地呈现出把垃圾分类成更多的种类。然而，垃圾分类种类与垃圾分类知识呈高度的正相关关系。最后，垃圾分类种类与受访者房屋到最近垃圾箱的距离几乎没有显著的关系，而当居委会对随意倾倒垃圾进行惩罚时，受访居民略微倾向于把垃圾分类为更少的种类。总的来说，垃圾分类种类与受访居民的基本社会经济特征没有明显的相关关系。

表7-3　　受访者社会经济特征的描述性统计

变量	赋值	垃圾分类种类			
		不分类	分两类	分三类	分四类
		25.74	19.58	28.16	26.51
性别（%）	男=1	11.11	9.85	14.3	14.85
	女=0	14.63	9.74	13.81	11.66
年龄[a]	年	42.95	42.21	42.03	41.13
婚姻状况（%）	已婚=1	22.33	16.39	23.82	22.28
	未婚=0	3.41	3.19	4.35	4.24
受教育年限[a]	年	10.68	10.56	10.82	10.71
雇员（%）	是=1	14.25	10.40	14.80	13.04
	否=0	11.50	9.19	13.37	13.48
退休（%）	是=1	2.15	1.49	2.42	2.86
	否=0	23.60	18.10	25.74	23.65
家庭收入[a]	万元	7.39	7.99	8.79	8.64
家庭规模[a]	人	3.43	3.71	3.52	3.55
垃圾箱距离[a]	分钟	2.94	2.67	2.79	2.84
监管惩罚（%）	会=1	10.34	9.35	8.70	8.91
	不会=0	11.88	15.40	18.81	17.60
污染感知（%）	赞同=1	9.85	7.81	11.44	11.17
	不赞同=0	15.90	11.77	16.72	15.35
危害认知[a]	种类	2.96	3.23	3.20	3.24
分类知识（%）	不了解=1	4.57	2.09	1.71	0.88
	基本了解=2	18.48	13.48	19.91	16.45
	非常了解=3	2.70	4.02	6.55	9.19

注：a表示样本均值。

近年来系列的研究认为，社会资本通过影响公众的环境态度、减少机会主义行为和扩大违约制裁机制可以促进集体活动（Durlauf and Fafchamps，2005；Pretty，2003；Rydin and Holman，2004）。根据已有文献对社会资本的度量方法（Grootaert et al.，2004；Halkos and Jones，2012；Jones et al.，2012；韩洪云等，2016；Jin and Shriar，2013），我们最终选取了12个相关的社会资本度量题项（见表7-2）。由于社会资本是一个包含多种不同但又相互联系要素的多维度概念，我们采用主成分分析将这些相互关联的题项降维为少数可解释的潜在因子。在方差极大旋转之后，我们得到了四个特征根大于一的因子（见表7-4）。在综合考虑每个题项的实际意义之后，我们把四个因子分别命名为社会网络、制度信任、社会规范和社会信任。通过计算每位受访者每个题项的因子得分，我们可以获得社会网络、社会规范、制度信任和社会信任的取值。

表7-4　受访者社会资本的主成分分析

题项	载荷	题项	载荷
Factor 1：社会网络		Factor 3：社会规范	
相识家庭数	0.741	援助规模	0.453
亲密朋友数	0.797	互惠频率	0.681
可求助人数	0.796	纠纷频率	-0.615
社交频率	0.754	调解偏好	0.822
特征值：	3.618	特征值：	2.735
Factor 2：制度信任		Factor 4：社会信任	
对居委会的信任	0.796	人际信任	0.528
对政府官员的信任	0.928	人际不信任	-0.622
对环境管理部门的信任	0.858	托付对象	0.501
特征值：	3.385	特征值：	2.224

7.4.2　计量估计结果的分析

本章以下的结果均来自Stata13.0统计软件。由于Brant检验结果表明，传统的有序Logit模型并不能满足平行线假设，本章采用广义有序Logit模型进行回归。在实际估计中，因为我们的因变量具有4种潜在结果，所以有3个类别等级在模型中被同时估计。其中，类别等级1是垃圾不分类与分两类、分三类和分四类的比较；类别等级2是垃圾不分类、分两类与分三类、分四类的比较；类别等级3是垃圾不分类、分两类和分三类与分四类的比较。表7-5汇报了广义有序Logit模型的回归结果。其中，模型（1）把所有的自变量都纳入回归模型之中，而模型（2）在模型（1）的基础之上，加入了政策属性的交叉项。不难发现，除了交叉项，两个模型的估计系数在符号方向和显著性方面呈现出高度的一致，说明回归结果具有良好的稳健性。考虑到本章的主要目标之一是分析政策属性之间的交互效应，我们接下来的分析主要聚焦于模型（2）。事实上，模型（2）的整体拟合优度也优于模型（1）。

表7-5　全样本的广义有序 Logit 回归结果

变量	基准模型			基准模型加入交互项		
	$\beta_{>1\|\leq1}$	$\beta_{>2\|\leq2}$	$\beta_{>3\|\leq3}$	$\beta_{>1\|\leq1}$	$\beta_{>2\|\leq2}$	$\beta_{>3\|\leq3}$
性别	0.16 (0.11)	0.16 (0.11)	0.16 (0.11)	0.17 (0.13)	0.17 (0.13)	0.17 (0.13)
年龄	-0.01* (0.01)	-0.01* (0.01)	-0.01* (0.01)	-0.01* (0.01)	-0.01* (0.01)	-0.01* (0.01)
婚姻状态	-0.18 (0.19)	-0.18 (0.19)	-0.18 (0.19)	-0.15 (0.23)	-0.15 (0.23)	-0.15 (0.23)
受教育年限	-0.02 (0.02)	-0.02 (0.02)	-0.02 (0.02)	-0.02 (0.02)	-0.02 (0.02)	-0.02 (0.02)
雇员	-0.05 (0.12)	-0.05 (0.12)	-0.05 (0.12)	-0.09 (0.15)	-0.09 (0.15)	-0.09 (0.15)
退休	0.09 (0.23)	0.09 (0.23)	0.09 (0.23)	-0.02 (0.31)	-0.02 (0.31)	-0.02 (0.31)
家庭收入	0.02* (0.01)	0.01* (0.01)	0.01 (0.01)	0.02* (0.01)	0.02* (0.01)	0.01 (0.01)
家庭规模	0.04 (0.05)	0.04 (0.05)	0.04 (0.05)	-0.01 (0.06)	-0.01 (0.06)	-0.01 (0.06)
污染感知	0.06 (0.11)	0.06 (0.11)	0.06 (0.11)	0.05 (0.13)	0.05 (0.13)	0.05 (0.13)
危害认知	-0.02 (0.05)	-0.02 (0.05)	-0.02 (0.05)	0.04 (0.06)	0.04 (0.06)	0.04 (0.06)
分类知识	0.34*** (0.13)	0.41*** (0.13)	0.49*** (0.11)	0.28* (0.16)	0.37** (0.15)	0.41*** (0.12)

续表

变量	基准模型			基准模型加入交互项		
	$\beta_{>1\mid\leq1}$	$\beta_{>2\mid\leq2}$	$\beta_{>3\mid\leq3}$	$\beta_{>1\mid\leq1}$	$\beta_{>2\mid\leq2}$	$\beta_{>3\mid\leq3}$
垃圾箱距离	0.02 (0.02)	0.02 (0.02)	0.02 (0.02)	0.00 (0.02)	0.00 (0.02)	0.00 (0.02)
监管惩罚	-0.27* (0.14)	-0.25** (0.13)	-0.12 (0.12)	-0.30* (0.16)	-0.29* (0.15)	-0.22* (0.12)
社会网络	0.14* (0.07)	0.59*** (0.15)	0.36*** (0.08)	0.22*** (0.08)	0.67*** (0.16)	0.48*** (0.10)
社会规范	0.11 (0.10)	0.05 (0.08)	0.18** (0.08)	0.11 (0.11)	0.04 (0.11)	0.16* (0.09)
制度信任	0.09 (0.06)	0.09 (0.06)	0.09 (0.06)	0.08 (0.08)	0.08 (0.08)	0.08 (0.08)
社会信任	0.39*** (0.09)	0.50*** (0.10)	0.46*** (0.08)	0.38*** (0.11)	0.51*** (0.11)	0.45*** (0.09)
垃圾分类容器	1.05*** (0.09)	1.05*** (0.09)	1.05*** (0.09)	1.98*** (0.11)	1.98*** (0.11)	1.98*** (0.11)
垃圾有偿回收	1.52*** (0.10)	1.52*** (0.10)	1.52*** (0.10)	1.62*** (0.13)	1.62*** (0.13)	1.62*** (0.13)
生活垃圾收费	1.89*** (0.18)	-0.91*** (0.17)	-0.43*** (0.13)	2.26*** (0.28)	-0.54** (0.27)	-0.41** (0.21)
垃圾分类容器×生活垃圾收费				-1.27*** (0.37)	-1.53*** (0.46)	-0.68* (0.39)
垃圾有偿回收×生活垃圾收费				-0.39** (0.19)	-0.53* (0.28)	-0.42 (0.26)
常数项	-0.66 (0.52)	-2.04*** (0.51)	-3.27*** (0.49)	-0.16 (0.65)	-1.39** (0.65)	-2.67*** (0.63)
Log pseudolikelihood	-1875.48			-1436.34		
Pseudo R^2	0.251			0.426		
Observations	1818			1818		

注：(1) 括号中报告的是稳健的标准误；(2) ***、**、* 分别表示在1%、5%和10%的显著性水平上显著。以下各表同。

7.4.2.1　人口统计学变量

与我们的假设相反，除了年龄和家庭收入，大多数人口统计学变量并不能显著地解释生活垃圾分类行为。由于缺乏必要的垃圾源头分类意识和知识，以及不愿改变根深蒂固的垃圾不分类习惯，年龄较大的受访居民更倾向于把生活垃圾分类成更少的种类。与先前的研究结论相吻合（Halvorsen，2008；López-Mosquera et al.，2015），家庭收入较高的受访居民更愿意把垃圾分类成多种类，如分两类和分三类，但不再愿意把垃圾分类成四类。本章对此的可能解释为，随着垃圾分类种类的增多，垃圾分类所带来的机会成本的增加逐渐高于收入增长带来的环境需求，从而家庭收入的增加只能局部地提高生活垃圾分类水平。

另外，受访居民的性别、婚姻状态、受教育年限、职业类别以及家庭规模在决定其垃圾分类行为中发挥更次要的作用。与洛佩斯·莫斯克拉（López-Mosquera et al.，2015）在垃圾回收频率研究中的发现相似，受访居民的性别和婚姻状态对垃圾分类行为没有明显影响，这也并不奇怪，因为在当下的中国城市家庭任何成员都可能负责家庭生活垃圾的处置。然而，与先前关于受教育水平是参与垃圾分类回收的重要解释变量的发现相反（Song et al.，2012），我们的估计模型没有发现受教育年限与垃圾分类行为之间存在显著关系。这也与其他文献的结果相一致（Lakhan，2016；Saphores and Nixon，2014；Sidique et al.，2010）。我们推测，受教育程度可能并不能良好的反映垃圾污染方面的具体知识以及对合理处置垃圾方法的掌握。至于职业类别，与待业者、无正式工作者和自雇者相比，正式的雇员和退休人员并没有显示出显著不同的垃圾分类水平。对于家庭规模，与科福德等（Koford et al.，2012）的结果不同，其认为家庭规模越大的居民越有可能参与垃圾回收，家庭规模在本章中的垃圾分类决策中并不显著。事实上，菲奥里洛（Fiorillo，2013）和宋等（Song et al.，2012）在垃圾回收活动中也观察到与本章结果类似的情况。这可能是由于随着家庭成员的增多，需要分类的垃圾也随之增多，从而抵消了家庭规模更大可以有更多的成员来实施垃圾分类的优势。

值得说明的是，人口统计特征对亲环境行为的影响在现有文献中仍旧模糊不清（Lakhan，2016；Saphores et al.，2012）。此外，即便少数的人口统计变量能显著地解释相关行为，他们的解释力往往也较小（Hornik et al.，1995）。

7.4.2.2　环境认知和情境变量

赞同垃圾污染是社区最严重污染的受访居民和显示出更高垃圾污染认知的受访居民并没有把垃圾分类成更多的种类，而拥有更多垃圾分类知识的居民把垃圾分类为更多种类的可能性更高。该结果支持了前文对垃圾分类知识的假设，但不能支持前文对垃圾分类认知的假设。此外，随着因变量的类别等级上升，垃圾分类知识的影响效果也在变大，表明在其他条件不变的情况下，随着垃圾分类种类的要求提高，垃圾分类知识的掌握变得越来越重要。这与我们的直觉相符，因为在缺乏垃圾分类信息和知识的情况下，人们将不可能知道如何对生活垃圾进行分类，尽管其已经认识到垃圾污染带来的有害影响。

房屋与最近垃圾箱的距离对受访居民的垃圾分类行为具有正向影响，但在传统水平下不显著，这与塔德塞（Tadesse，2009）和加拉多等（Gallardo et al.，2010）的研究结果都不相同。前者认为垃圾分类与房屋距最近垃圾箱的距离正相关，而后者得出垃圾分类率随房屋与最近垃圾箱的距离减少而上升的结论。这些看似矛盾的结果表明，垃圾分类与房屋距最近垃圾箱的距离之间并不是简单的线性关系，如何把垃圾箱安置在合适的距离以促进居民生活垃圾分类还有待于进一步研究。

监管惩罚的系数在生活垃圾分类行为方程中为负号且在10%的水平上显著，这似乎违反我们的直觉。因为在标准的经济学理论中监管惩罚历来被视之为鼓励期望行为和抑制不当行为的强有力工具。导致这一结果可能的解释是，往往出于好心目的设计的制度事实上可能产生相反的效果（Cardenas et al.，2000）。外在强制地对非法倾倒垃圾进行监管惩罚实际上可能弊大于利，因为该制度的存在某种程度上导致了环境保护责任向监管机构的转移，以及挤出了人们对环境保护的公共精神。同时，如下文提及的，政治信任的下降可能减少人们对采取惩罚措施是为了他们利益的认同，从而认为监管惩罚是不可信赖的甚至是无效的，进而不愿接受该管制措施更不愿意实施垃圾分类

（Tjernström and Tietenberg，2008）。此外，值得注意的是，监管惩罚对生活垃圾分类行为的负面影响随着垃圾分类种类的增加呈现出弱化趋势，表明监管惩罚的最大负面影响是阻止人们打破现有的垃圾不分类习惯。

7.4.2.3 社会资本变量

总的来说，模型估计结果支持了前文关于社会资本对居民生活垃圾分类具有正向作用的假设。社会资本各要素对居民生活垃圾分类的具体影响报告如下。

社会网络对生活垃圾源头分类行为具有显著的正向影响。一方面，社会网络可以促进关于垃圾分类信息和知识的流动，从而有效地增强人们对垃圾分类的理解以及提高垃圾分类的技巧。另一方面，社会网络可以充当社会压力机制从而减少个人机会主义（Fiorillo，2013）。当其他人实施垃圾分类而自己不分类时，人们将会感到内疚或遭受邻居们的排斥。然而，社会网络的系数在因变量处于最低类别等级时最小，这可能是因为人们从生活垃圾不分类转变为分两类主要受经济利益的驱使，单独收集的可回收垃圾可以出售从而增加收入来源。

社会规范显著地促进了受访居民的生活垃圾分类，尽管该显著效应只有在因变量处于最高类别等级时才能观测到。这意味着内化社会规范的人们会自发地把他们产生的垃圾分为四类而没有被社会规范激发的人们则仍旧把生活垃圾混合为一类。类似的，先前的研究也强调了社会规范在垃圾预防和回收中的重要作用（Abbott et al.，2013；Cecere et al.，2014；Halvorsen，2008；Viscusi et al.，2011）。

制度信任的系数在受访居民的生活垃圾分类方程中均不显著。制度信任反映了人们对政府相关机构的信任水平，之所以制度信任不能有效地解释受访居民的生活垃圾分类行为，本章认为潜在的原因可能是，在我们的样本中，绝大多数的受访居民对政府机构的信任水平都十分相似，都集中在一般相信的水平附近，从而没有足够的分散度允许统计上存在显著差异。

社会信任与受访居民的生活垃圾分类显著正相关。当人们相信其他人的时候，人们对投入努力于集体行动更具有信心。这与阮等（Nguyen et al.，2015）的研究结论不谋而合，其发现社会信任是人们打算是否在家实施生活垃圾分类行为的最有效预测指标。事实上，社会信任在环境问题治理中的作用得到了越来越广泛的认同（Cvetkovich and Winter，2003；Jones et al.，2012；Pretty，2003）。

7.4.2.4 政策属性变量

垃圾分类容器的系数在1%的水平上显著为正，说明实证结果支持了免费提供垃圾分类容器在受访居民生活垃圾分类决策中发挥重要作用的假设。垃圾分类不仅需要必要的知识和信息，同时需要多种容器来收集不同种类的垃圾。当缺乏便捷合理的基础设施来使垃圾分类更容易操作时，垃圾分类将得不到有效推广（Bernstad，2014；Ando and Gosselin，2005）。垃圾分类箱的可获取是鼓励人们在家实施生活垃圾分类的基本条件（Ghani et al.，2013；Guerrero et al.，2013；Kirakozian，2015；Owusu et al.，2013）。而当下中国室内室外分类设施的缺乏导致了公众生活垃圾分类参与的有限（Zhang et al.，2012）。

定期有规律的垃圾有偿回收显著地提高了受访居民的生活垃圾分类水平。在中国，人们目前主要通过等待小贩挨家挨户上门收购的方式或自己把可回收垃圾送往回收站的方式来处置可回收垃圾（Wang et al.，2008）。前者需要人们家中具有足够的空间来暂时储藏可回收垃圾，而后者往往需要耗费更多的时间和成本来把可回收垃圾运送至回收站。此外，小贩的收购活动通常发生在工作时间而回收站也只是在正常营业时间开业。最后，由于市场信息不对称和房屋储藏空间有限，大多数可回收垃圾的成交价格都低于其应售价格。所有的这些障碍和不便导致了越来越多的家户把可回收垃圾和残余垃圾一起扔弃。同时，需要说明的是，可获得性不仅包括足够的基础设施设备，还应包括便捷周到的配套服务（Bouvier and Wagner，2011；Rispo et al.，2015）。

至于生活垃圾收费变量，其对受访居民生活垃圾分类的影响模式相对复杂。一方面，生活垃圾收费的增加刺激了受访居民从生活垃圾不分类到生活垃圾分两类；但另一方面，生活垃圾收费的增加也导致了受访居民从生活垃圾分四类或三类向垃圾分为更少的种类转变。生活垃圾收费的增加激发了人们的经济动机，从而先前那些垃圾不分类的居民选择把垃圾分为两类（即单独地收集可回收垃圾）来获取额外的收入。而对于先前已经把生活垃圾分为四类或三类的受访居民，他们原有的内在动机和声誉动机被市场逻辑的引入所侵蚀，从而把生活垃圾分类为两类甚至不分类。定额垃圾收费并没有挤入而是挤出了该受访群体把生活垃圾分为更多种类的原有动机。这与先前发现的过度理由效应（overjustification effect）相吻合，外在的物质奖励和惩罚可能会挤出人们的原有动机，例如，破坏自我决策感，降低声誉动机，以及免除道德责任等（Bowles，2008；Bowles and Polania-Reyes，2012；Frey and Jegen，2001；Gneezy and Rustichini，2000b）。

非金钱奖励变量（垃圾分类容器和垃圾有偿回收）与生活垃圾收费的交互项系数在受访居民的生活垃圾分类方程中均为负数，这与前文假设的方向恰好相反，说明非金钱奖励与金钱惩罚（即生活垃圾收费）之间是相互替代而非相互补充的关系。对此潜在的解释为，尽管免费提供垃圾分类容器和社区负责收购可回收垃圾能鼓励人们参与生活垃圾分类，但额外产生一单位垃圾成本为零的定额生活垃圾收费系统未能向人们更高水平的生活垃圾分类提供应有的经济激励。此外，交互项对处于中等类别等级的因变量的影响大于交互项对处于低类别等级和高类别等级的因变量的影响。导致这一结果的可能原因在于，对于那些从垃圾不分类到垃圾分两类的受访居民，他们主要受经济利益的驱使而选择分类，而对于那些从垃圾分较少类到垃圾分四类的受访居民，他们在社会资本、环境认知和分类知识的作用下，主要受内在动机和声誉动机的驱动。从而这两组受访居民的原有动机部分地抵消了奖励和收费相结合造成的负面影响。然而，对于那些从垃圾分两类到垃圾分三类的受访居民，其既缺乏强烈的经济动机，也缺乏浓厚的内在动机或声誉动机，从而遭受奖励和收费政策组合的负面影响更大。

考虑到本章通过政策组合诱导的生活垃圾分类行为是受访居民在假想市场中做出的选择，为尽量使受访居民在假想市场中做出的选择与在真实市场中做出的选择差异最小，我们采用了事前的廉价磋商法和事后的确定性回答来校正假想性偏差。正如前文所述，该两种方法在以往研究中均被发现是校正假想和真实行为偏差的实用方法。对于廉价磋商法，表7-5已经采用了该方法后的估计结果，而对于确定性回答法，本章接下来将使用受访居民对确定性问题给予肯定性回答的样本再次估计原模型①，估计结果如表7－6所示。

表7－6　　肯定性回答样本的广义有序 Logit 回归结果

变量	基准模型			基准模型加入交互项		
	$\beta_{>1\mid\leq1}$	$\beta_{>2\mid\leq2}$	$\beta_{>3\mid\leq3}$	$\beta_{>1\mid\leq1}$	$\beta_{>2\mid\leq2}$	$\beta_{>3\mid\leq3}$
性别	0.18 (0.11)	0.18 (0.11)	0.18 (0.11)	0.22 (0.14)	0.22 (0.14)	0.22 (0.14)
年龄	-0.01* (0.01)	-0.01* (0.01)	-0.01* (0.01)	-0.01* (0.01)	-0.01* (0.01)	-0.01* (0.01)
婚姻状态	-0.15 (0.20)	-0.15 (0.20)	-0.15 (0.20)	-0.18 (0.25)	-0.18 (0.25)	-0.18 (0.25)
受教育年限	-0.02 (0.02)	-0.02 (0.02)	-0.02 (0.02)	-0.04 (0.02)	-0.04 (0.02)	-0.04 (0.02)
雇员	-0.10 (0.13)	-0.10 (0.13)	-0.10 (0.13)	-0.14 (0.16)	-0.14 (0.16)	-0.14 (0.16)
退休	0.27 (0.22)	0.27 (0.22)	0.27 (0.22)	0.29 (0.30)	0.29 (0.30)	0.29 (0.30)
家庭收入	0.02* (0.01)	0.01** (0.01)	0.01 (0.01)	0.03* (0.01)	0.02* (0.01)	0.01 (0.01)
家庭规模	0.08 (0.05)	0.08 (0.05)	0.08 (0.05)	0.06 (0.07)	0.06 (0.07)	0.06 (0.07)
污染感知	0.02 (0.11)	0.02 (0.11)	0.02 (0.11)	0.03 (0.14)	0.03 (0.14)	0.03 (0.14)
危害认知	0.01 (0.06)	0.01 (0.06)	0.01 (0.06)	0.09 (0.06)	0.09 (0.06)	0.09 (0.06)

① 本章具体使用的确定性问题题目为“虽然上述政策的调整仍然是假想的，但只要获得了大多数居民的支持，上述政策的调整将在很短时期内正式执行，您确定您会实施上述所选择的分类行为吗?”其中，5位受访居民表示“不确定”，39位受访居民表示“不是很确定”，而259位受访居民表示“确定”。

续表

变量	基准模型			基准模型加入交互项		
	$\beta_{>1\mid\leq1}$	$\beta_{>2\mid\leq2}$	$\beta_{>3\mid\leq3}$	$\beta_{>1\mid\leq1}$	$\beta_{>2\mid\leq2}$	$\beta_{>3\mid\leq3}$
分类知识	0.40*** (0.13)	0.40*** (0.13)	0.52*** (0.14)	0.37** (0.16)	0.40*** (0.15)	0.48*** (0.12)
垃圾箱距离	0.01 (0.02)	0.01 (0.02)	0.01 (0.02)	0.01 (0.03)	0.01 (0.03)	0.01 (0.03)
监管惩罚	-0.18 (0.15)	-0.20 (0.14)	-0.07 (0.13)	-0.20 (0.17)	-0.22 (0.16)	-0.13 (0.13)
社会网络	0.13* (0.07)	0.55*** (0.15)	0.34*** (0.08)	0.19** (0.08)	0.62*** (0.16)	0.45*** (0.10)
社会规范	0.09 (0.11)	0.07 (0.09)	0.20** (0.09)	0.08 (0.13)	0.03 (0.12)	0.18** (0.09)
制度信任	0.10* (0.06)	0.10* (0.06)	0.10* (0.06)	0.13* (0.08)	0.13* (0.08)	0.13* (0.08)
社会信任	0.46*** (0.09)	0.58*** (0.10)	0.50*** (0.08)	0.43*** (0.11)	0.58*** (0.12)	0.48*** (0.09)
垃圾分类容器	0.96*** (0.09)	0.96*** (0.09)	0.96*** (0.09)	1.95*** (0.12)	1.95*** (0.12)	1.95*** (0.12)
垃圾有偿回收	1.45*** (0.11)	1.45*** (0.11)	1.45*** (0.11)	1.56*** (0.13)	1.56*** (0.13)	1.56*** (0.13)
生活垃圾收费	1.41*** (0.20)	-0.87*** (0.19)	-0.37*** (0.13)	2.03*** (0.25)	-0.51** (0.21)	-0.33* (0.18)
垃圾分类容器*生活垃圾收费				-0.83** (0.35)	-1.21*** (0.45)	-0.54* (0.29)
垃圾有偿回收*生活垃圾收费				-0.32** (0.14)	-0.47** (0.23)	-0.35 (0.24)
常数项	-0.64 (0.55)	-2.13*** (0.55)	-3.32*** (0.54)	-0.22 (0.68)	-1.54** (0.69)	-2.81*** (0.67)
Log pseudolikelihood	-1608.14			-1218.24		
Pseudo R^2	0.248			0.430		
Observations	1554			1554		

与全样本的估计结果相比，除了监管惩罚和制度信任的显著性程度发生了改变，利用肯定性回答样本的估计结果在变量的符号和显著性程度方面具有高度的相似性。在基于肯定性回答样本的估计结果中，监管惩罚的系数仍然为负数但不再显著，而制度信任变为解释受访居民生活垃圾分类的显著因素。一种合理的解释可能是，在同等条件下，那些制度信任水平更高的受访居民对确定性问题更可能给予肯定性的回答，因为他们始终坚定地相信，所有的政府政策都是为了大家的利益，从而遵从政策的号召。

7.4.3 生活垃圾分类的感知成本和收益

为了探究上述发现的更深层次原因，我们提供了受访居民实施生活垃圾分类感知的成本和收益。图 7－2（a）展示了受访居民各种感知成本在不同垃圾分类种类中所占的份额。在所有的垃圾分类种类中，生活垃圾分类耗费时间和精力所占的比例最大，而担心他人不分类自己分类不划算所占的比例最低。同时，不难发现，垃圾分类感知成本更低的受访居民，尤其是改变生活习惯感知成本更低的受访居民以及垃圾分类复杂困难感知成本更低的受访居民，往往选择把垃圾分类成更多种类。类似的，图 7－2（b）则展示了受访居民各种感知收益在不同垃圾分类种类中所占的份额。对于把生活垃圾分类成不同种类的受访居民，最大的感知收益是环境收益，而最小的感知收益是减轻社会压力。此外，那些赋予垃圾分类更多感知收益的受访居民，特别是赋予垃圾分类更多的内在满意度和环境收益的受访居民，倾向于把垃圾分成更多类别。

那么为什么适当的垃圾分类知识、社会资本、免费提供垃圾分类容器以及社区负责收集可回收垃圾能够有效促进受访居民的生活垃圾分类？总体而言，有两种可能的潜在解释。首先，这些解释变量对受访居民生活垃圾分类的感知成本可能有影响。一方面，丰富的垃圾分类知识以及便捷的设备设施能够有效减少人们对垃圾分类的困难感知以及垃圾分类耗费的时间精力（Bernstad，2014；Ghani et al.，2013）。另一方面，经验研究表明，高存量的社会资本不仅能够重塑人们的偏好和观念，从而为分类习惯的形成奠定基础，而且还能最小化“搭便车”和道德危险等机会主义行为的发

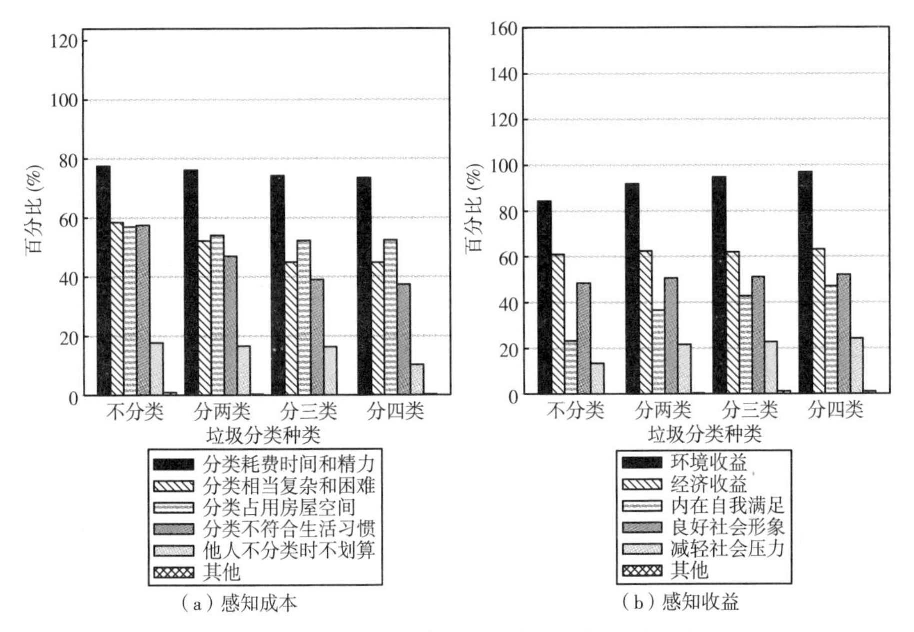

图 7－2　不同垃圾分类种类的受访居民对生活垃圾分类的感知成本和收益

生（Durlauf and Fafchamps，2005）。其次，这些解释变量也可能影响受访居民生活垃圾分类的感知收益。改善的垃圾有偿回收属性在一定程度上增加了受访居民生活垃圾分类的经济收益，以及社会资本能够提升垃圾分类相关收益和信息的共享（Durlauf and Fafchamps，2005）。在拥有高社会资本水平的社区，知识的不断交流提高了人们关于垃圾分类环境收益的理解，同时彼此频繁地互动激发了人们提升自我形象和内在满意度的强烈愿望（Bruvoll and Nyborg，2002；Cecere et al.，2014；Jones and Clark，2013）。

7.5　本章小结

面临持续增长的垃圾产生量，出于对环境安全和人们健康的考虑，中国政府开始对现有的垃圾管理进行系统改革。作为实现生活垃圾减量化、资源化和无害化的关键前提，生活垃圾源头分类项目在此背景下引起了越来越多政府和学界的关注。基于选择实验方法，在综合考虑人口统计学特征、环境认知与情境特征，以及社会资本特征的前提下，本章考察了多种垃圾分类政策属性对受访居民生活垃圾分类选择决策的影响。利用独特的田野调查数据集，除了发现青年居民和高收入居民倾向于选择把垃圾分为更多种类，实证结果支持了以往关于人口统计变量通常在人们亲环境行为决策中不显著的结论。更重要的是，研究结果还显示，正确的垃圾分类知识、社会资本以及垃圾分类政策工具是人们选择生活垃圾分类的重要决定因素，该结果在考虑了不同模型设定方法以及潜在假想偏差后依然成立。

具体来说，免费提供垃圾分类箱、社区负责收集可回收垃圾，以及提高生活垃圾收费能够有效地激发人们把垃圾分为更多种类（提高生活垃圾收费只能把垃圾分类水平从不分类提升至分两类），但其交叉项的结果表明，提高生活垃圾收费不但没有增强反而弱化了免费提供垃圾分类箱和社区负责收集可回收垃圾的有效性。说明提高生活垃圾收费与免费提供垃圾分类箱和社区负责收集可回收垃圾之间存在替代关系而非互补关系。因此，政府应当周全地在室内室外提供充足便捷的分类设施，同时深思熟虑地设计激励兼容的政策组合以促进人们的生活垃圾分类行为。

本章的研究还发现金钱激励的挤出效应。相比于非金钱激励（免费提供垃圾分类箱和社区负责收集可回收垃圾），生活垃圾收费的提高挤出了人们把生活垃圾分为三类或四类的原有动机。此外，由于动机的变化至少在短期内被证明是不可逆，生活垃圾收费的挤出效应一旦发生，其在长期的负面影响将很难逆转。在社会资本存量丰厚的社区，那些把生活垃圾分为三类或更多类的人们主要是受提高内在满意度、塑造良好形象、减少社会压力等综合因素的驱使，生活垃圾收费的不当实施可能会严重地破坏人们参与生活垃圾分类的原有动机。因此，尽管传统的经济学文献认为，根据表现进行货币惩罚或奖励可以诱导期望行为，但如何在不破坏其他人原始动机的前提下通过政策干预鼓励那些没有动机分类的人们参与生活垃圾分类值得谨慎考虑。一种可能的途径是通过公共宣传活动和公民参与来培育社会资本，从而通过社会资本促进人们生活垃圾分类。另一种潜在途径则是提升人们对生活垃圾收费本质的理解，把人们对生活垃圾收费的看法由控制性的活动转变为支持性的活动。需要说明的是，正如鲍尔斯和波拉尼亚·雷耶斯（Bowles and Polania-Reyes，2012）指出的，挤出效应并不是使用外部激励本身造成的，而是来自激励传达给接受者的象征意义。即便是相同的激励政策，执行方式的不同也可能产生截然相反的效果。同时，干预政策在特定的社会资本或文化情境中取得成功或失败也不意味着在其他地区也是如此，因此，把某个地区的政策实施效果外推需要十分谨慎。

在考虑当地社会情境下，本章重点考察了激励政策和社会资本对居民生活垃圾分类行为的影响。进一步，本书感兴趣的是，在什么条件下当地居民愿意并实施生活垃圾处置监督，对生活垃圾处置进行监督本质上是二阶公共物品供给行为，其不仅要求居民做好自己，还需要监督其他居民的垃圾处置行为。在接下来的一章中，我们将回答此问题。

第8章

居民生活垃圾处置自主监督：基于IAD框架的分析

8.1 引　　言

自20世纪60年代以来，随着一系列环境危机引起的灾难性事件的爆发，生态环境问题开始逐步引起政策制定者和学术界的关注。作为同时具有非排他性和竞争性特征的物品，环境资源时常由于过度开发使用面临着退化枯竭的威胁（Dolšak，2009）。衰退的渔业、皆伐的森林、污染的水体和空气以及日益稀薄的臭氧层就是最好的例证。自从哈丁（Hardin，1968）向世人昭示公地悲剧的结局不可避免后，环境资源问题激发了大量的研究试图去识别影响可持续环境资源管理的潜在因素。学者们发现，多种制度路径和安排可以避免公地悲剧的发生从而促进环境资源的长期保护与利用，包括政府强制干预、产权私有化和社区集体行动（Ostrom，1990；Agrawal，2001；Coleman，2009）。然而，设计差劲或执行不到位的制度并不能向资源使用者提供足够的激励从而仍然导致哈丁所预测的公地悲剧（Dietz et al.，2003）。近年来，一些研究开始意识到不管是政府干预、产权私有，还是社区自治，监督在成功环境资源治理中都扮演着重要角色。例如，吉布森等（Gibson et al.，2005）认为，定期的监督和处罚是社区资源成功管理的必要条件，帕格迪等（Pagdee et al.，2006）也相似的发现，有效的执行与资源管理的绩效关联最强，监督与成功的森林管理密切相关。此外，科尔曼

(Coleman，2009) 则进一步证实，即便控制了一系列的制度和生态变量，监督仍是解释资源环境状况的重要因素。

然而，尽管越来越多的学者对监督在环境资源治理中的重要作用达成共识，但强化监督可以有效克服过度开发使用环境资源的提议却显然呈现出一个二阶集体行动困境问题 (Panchanathan and Boyd，2004；Ostrom，2005)。有成本的监督行为本质上是一个二阶“搭便车”问题 (Heckathorn，1989；Scheinberg，2003；韦倩和姜树广，2013)。虽然最近的实验室实验和田野实验均表明实验参与者普遍地愿意惩罚那些违反规则的人而奖励那些拥护规则的人 (Fehr and Gächter，2000；Henrich et al.，2006；Ostrom，1998；Sefton et al.，2007)，但对于为什么人们宁愿付出私人成本的代价去实施监督和惩罚行为我们还知道的甚少 (Boyd and Mathew，2007)。具体来说，在什么条件下当地居民能够克服集体行动困境以提供社区自主监督。然而，检诸既有文献，我们尚未发现有严肃的相关研究。为此，本章试图通过探讨哪些因素导致当地居民自发实施生活垃圾处置监督行为来回答此重要问题。我们拟尝试性地回答以下问题。第三方外部监督在当地居民自主参与监督行为中扮演着何种角色？高社会资本存量能否激发当地居民自愿参与生活垃圾处置监督行为？考虑到在现实中存在诸多居民愿意监督但实际没有实施监督行为的现象，哪些因素导致了当地居民假想监督意愿与实际监督行为的背离。

本章通过利用来自四个城市郊区的居民生活垃圾处理调查数据来分析上述问题[①]。区别于既有文献，本章的主要贡献在于：首先，在以往文献的基础上，本章尝试将制度分析与发展框架应用到居民自主监督的研究中，通过将集体属性指标和个体属性指标同时纳入分析框架，能更全面地理解居民参与监督的行为约束与条件，丰富了有关居民自主监督的研究文献。其次，考虑到居民监督意愿与监督行为在一定程度上的背离，本章同时考察了居民生活垃圾处置中的监督意愿和监督行为，并揭示了导致二者背离的原因，为理解居民监督意愿和行为的差异提供了新的思路。另外，

① 在以下分析中，本章把村民和居民统称为居民，村民委员会和居民委员会统称为居民委员会，二者不作区别。

本章还分别从社会资本总指数和社会资本的多个维度探讨了其对居民监督的影响，减少了以往文献中单一指标带来的人为偏误，并采用多组工具变量法缓解了社会资本的内生性问题，所得的结论具有较好的稳健性和可靠性。

8.2 分析框架与研究假设

本章利用奥斯特罗姆（Ostrom，2005）及其同事开发的制度分析与发展（Institutional Analysis and Development，IAD）框架来分析居民生活垃圾处置中的自主监督行为。制度分析与发展框架致力于解释包括自然物质条件、共同体属性和应用规则在内的外部变量如何影响行动舞台中个体所面临的激励以及其结果产出，并且事后用来评估和改善现行的制度安排（McGinnis，2011）。由于居民生活垃圾处置中的监督本质上属于集体行动问题，借助制度分析与发展框架不仅有助于我们同时在集体层次和个体层次上探讨居民生活垃圾处置中的监督意愿和行为，而且有助于我们在同一框架下识别影响居民监督意愿和行为的关键变量。图 8－1 展示了制度分析与发展框架的基本要素。

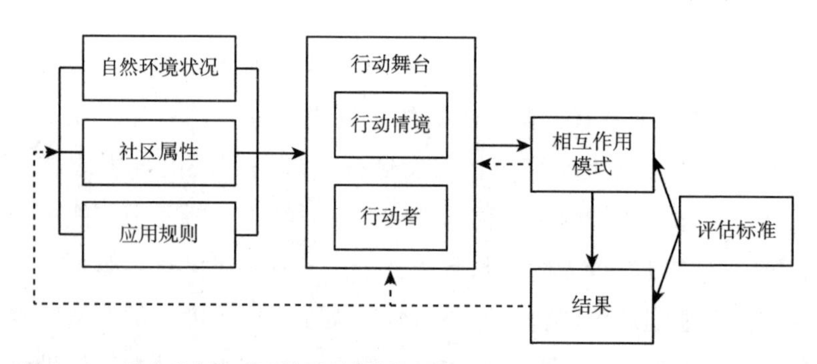

图 8－1　制度分析与发展框架的基本要素（源于 Ostrom（2010）的修改）

制度分析与发展框架的首要任务是确认一个行动舞台，即在一个特定的行动情境中参与者彼此互动的社会空间。行动情境是行动舞台的核心，决定着整个制度分析与发展框架如何通过行为把外部变量与结果连接起来

(Ostrom, 2010)。本章中特定的行动情境是指，在生活垃圾处置过程中居民自发提供监督行为的集体行动困境[1]。在此情境下，参与者属性[2]影响着他们所选择的策略。外部变量则决定了该行动舞台的环境，例如，自然环境状况、社区属性和应用规则抑制或提高了潜在策略发生的可能性。行动舞台相互作用的结果在评估后又反馈给现行的制度安排。[3]

本章考察的居民生活垃圾处置监督包括两个因变量，分别为居民监督的假想意愿和实际发生的监督行为。由于本章拟同时考察居民在生活垃圾处置中的监督意愿和监督行为，本章假设影响居民监督意愿的因素与影响其监督行为的因素虽然相同，但具体影响程度将呈现差异。我们假定 Pr(监督意愿；监督行为) = F(自然环境状况，社区属性，应用规则，参与者属性，θ)。其中，Pr 表示事件发生的概率，F 为二元正态关联函数，θ 是连接自变量与监督意愿和行为的参数向量。表8-1列出了文中变量定义以及自变量对生活垃圾处置监督的假设效应。

表8-1　　变量定义及对生活垃圾处置监督的预期影响

变量名称		变量定义与度量	预期符号
因变量	监督意愿	是否愿意监督社区其他居民的垃圾处置行为（0 = 不愿意，1 = 愿意）	\
	监督行为	在日常生活中，是否有监督社区其他居民的垃圾处置行为（1 = 从没有，2 = 有时有，3 = 经常有）	\
环境状况	环境质量	与过去五年相比，社区环境质量的变化（1 = 恶化了，2 = 无变化，3 = 改善了）	-
	垃圾污染	社区面临最严重的污染是否是垃圾污染（0 = 否，1 = 是）	+
	非法倾倒	社区是否有人随意倾倒垃圾（1 = 几乎没有，2 = 很少有，3 = 偶尔有，4 = 大多时候有，5 = 总是有）	+

① 本书中的生活垃圾处置监督行为是指，居民对社区其他居民在处置自家生活垃圾过程中是否存在不符合规定行为的监督，如对社区其他居民随意倾倒生活垃圾和不按指定地点投放垃圾的监督。

② Ostrom (2005) 在分析中更多地用“参与者”(participants) 代替IAD框架中的“行动者”(actors)，其实“行动者”就是采取行动的“参与者”。

③ 本章不考虑行动舞台相互作用的结果对现行制度安排的影响。

续表

	变量名称	变量定义与度量	预期符号
社区属性	人口密度	总人口/占地面积（千人/亩）	+
	社区规模	住户数（千户）	?
	平均收入	社区家户样本的平均家庭年收入（万元）	+
	异质性程度	外来人口比例、是否有祠堂和贫富差距的主成分分析所得	?
	现代化程度	距市中心距离、水泥路所占比、是否有污水排放设施、自来水用户所占比、商品能源做饭用户所占比和手机电话用户所占比的主成分分析所得	?
应用规则	卫生干部	社区是否配有卫生管理专职干部（0 = 否，1 = 是）	+
	惩罚措施	居委会发现居民随意倾倒垃圾时是否会采取惩罚措施（0 = 不会，1 = 会）	+
	其他居民监督	社区其他居民是否对垃圾处置进行监督的均值（即对“1 = 从没有，2 = 有时有，3 = 经常有”求均值）	+
参与者属性	性别	（0 = 女，1 = 男）	+
	年龄	（周岁）	?
	受教育程度	接受正规教育年限（年）	?
	家庭收入	家庭年收入（万元）	+
	垃圾污染认知	认为垃圾不当处理会造成水污染，空气污染，土壤污染，动植物污染和其他污染的加总（项）	+
	社会资本	社会网络、社会规范、人际信任和制度信任的主成分分析所得	?

注：社会网络、社会规范、人际信任和制度信任的原始题项见表8－2；异质性程度和现代化程度的原始题项详见附录二。

（1）自然环境状况。自然环境状况决定了当地居民对环境资源的需求程度。每个社区都可能或多或少地面临着环境污染问题，只是一些社区的环境污染相较其他社区更为严重。环境资源的相对稀缺更可能迫使居民自发组织起来以共同管理环境资源（Araral，2009；Conroy et al.，2002）。因此，根据集体行动的理性人假设可以预测，相比于其他社区居民，居住在那些生活垃圾污染更为严重的社区的居民更愿意监督和实施监督行为。本章使用三个变量来评价自然环境状况，分别为环境质量、垃圾污染、非法倾倒。环境质量越差、垃圾污染最严重和非法倾倒现象越频繁，当地居民越愿意和越可能参与生活垃圾处置监督。

（2）社区属性。社区作为居民生活的共同体，其具有的自然地域特性和社会特性深远地影响着社区居民的行为。本章使用五个变量来反映社区属性，分别为社区规模、人口密度、平均收入、异质性程度和现代化程度。

第一，社区规模。团体规模对集体行动的影响依然是一个复杂的充满争议的议题（Poteete and Ostrom，2004）。奥尔森（Olson，1965）认为，在规模较大的群体中，不仅个体的贡献对集体结果的影响微不足道，而且个体从集体行动中获取的收益份额也较少，同时，成员间有效监督的难度增大以及成员间组织协调成本也会上升。因此，集体行动中的“搭便车”现象会随着集体规模的扩大而加剧，最终导致集体行动困境。在其他条件相同的情况下，灌溉协会的农户成员越多，其组织集体行动越困难（Fujiie et al.，2005）。然而，奥利弗和马威尔（Oliver and Marwell，1988）对大规模团体集体行动注定失败的结局给出了重要回应，认为规模较大的集体拥有更多的资源，更可能拥有由高度感兴趣的、资源丰富的单个个体组成的关键团体（critical mass），所以规模较大的集体可以表现出更多的集体合作。事实上，规模较大的集体完全可以承受少量的背叛者（“搭便车”者）（Szolnoki and Perc，2011）。此外，与上述观点均不相同，特恩斯特伦（Ternstrom，2003）通过实证发现，团体规模似乎不能解释集体合作在统计上的任何显著差异。本章用社区住户的数量来表示社区规模。

第二，人口密度。人口密度越大，表明居民彼此居住越密集，从而彼此的生活垃圾处置行为更易被观察，进而有利于降低监督的难度和成本。同时，居民居住越密集，熟人社会特质就更明显，基于声誉的激励与约束也就更强，居民随意倾倒垃圾的现象也就更少，从而监督的成本更低。本章的人口密度用社区每亩人口数表征。

第三，平均收入。平均收入能较好地反映社区当地经济发展的水平。科尔曼和斯蒂德（Coleman and Steed，2009）发现，在地区生产总值越高的地区，森林对当地居民来说价值更大，从而居民更倾向于参与森林保护监督。当社区居民具有较高的平均收入后，其对环境质量的要求也将随之升高，从而更愿意和更可能参与生活垃圾处置监督。本章中的社区平均收入用同一社区家户样本的平均家庭年收入表示。

第四，异质性程度。学者们从集体成员的多个方面探讨了异质性对集体合作的影响，如巴兰和普拉托（Baland and Platteau，1996）从种族和经济利益的差异分析了异质性对集体合作的影响，并认为种族和利益差异降低了集体凝聚力和增加了沟通成本，从而阻碍了集体合作的产生。周（Zhou，2013）通过案例分析发现，一方面，池塘的承包者为了最大化地养鱼而尽量保留池塘的水更多；另一方面，当地农民需要池塘水灌溉农田，利益的对立性不仅破坏了集体水资源管理的达成，而且造成了水资源的低效利用甚至浪费。然而，奥利弗等（Oliver et al.，1985）则认为，当集体成员是异质时，很有可能存在一些对集体合作具有浓厚兴趣和拥有丰富资源的成员，这些成员在集体行动中发挥带头和示范作用从而促成合作的发生。鲁坦和穆尔德（Ruttan and Mulder，1999）利用东非地区牧民的民族志资料发现，由于富裕的牧民能够强迫贫穷的牧民参与合作，收入的不平等可以带来牧地保护程度的提高。此外，相比于过小和过大的贫富差距，适度的贫富差距能更有效地促进集体管理水平的提高（Naidu，2009）。由此可见，异质性程度对集体合作的影响仍具有争议性。本章在社区外来人口比例、是否有祠堂和贫富差距的基础上采用主成分分析法构造异质性程度变量。

第五，现代化程度。现代化程度较高的地区往往具有完善的交通设施、便捷的贸易市场以及发达的通信网络，从而有益于居民彼此之间的沟通和交流。而沟通交流则可以有效地提高集体合作发生的可能性（Ostrom，1998；Smith，2010），进而有利于居民生活垃圾处置中监督行为的实施。然而，也有学者认为，相比于传统社区居民，社区现代化程度较高的居民之间认同感和凝聚力更低（蔡禾和贺霞旭，2014），从而居民为了集体利益而参与生活垃圾监督的可能性更低。本章用社区距市中心距离、水泥路所占比、自来水用户所占比、是否有污水排放设施、商品能源做饭用户所占比和手机电话用户所占比来度量现代化程度，并在此基础上利用主成分分析法构造现代化程度变量。

（3）应用规则。应用规则是参与者共同理解的关于何种行为是必需的、禁止的或许可的强制性规定，是集体成员建立秩序和增加彼此行为可预测性的努力结果（Ostrom，2010）。它既可以是正式的法律文本，也可以是集体成员长期互动形成的风俗习惯（McGinnis，2011）。对于生活垃圾管理相关的正式应用规则，本章具体包括社区是否配有卫生管理专职干部和居委会发现居民随意倾倒垃圾时是否会采取惩罚措施两个变量。外在干预政策通常被认为是避免自然资源过度开发和环境退化困境的有效措施（Baral and Heinen，2007）。因此，在设有卫生干部的社区和居委会对随意倾倒垃圾采取惩罚措施的社区，当地居民在生活垃圾处置监督中所需的努力更少，其更愿意和更可能参与生活垃圾处置监督。而对于相应的非正式应用规则，本章用社区其他居民监督水平来表征，社区其他居民的行为无形之中为受访居民的行为设立了一个非正式标准。由于从众心理或羊群效应等因素，人们的合作行为很大程度上取决于周围其他人的行为（Röttgers，2016；Frey and Meier，2004）。本章假设，社区其他居民的监督水平越高，居民更愿意和更可能实施生活垃圾处置监督行为。

（4）参与者属性。居民生活垃圾处置中的监督意愿和行为除了受包括自然环境状况、社区属性和应用规则等外部变量的影响外，还受其自身属性的影响。本章中参与者属性主要包括性别、年龄、受教育程度、家庭收入、垃圾污染认知和社会资本。

第一，性别。基于“男主外，女主内”的两性分工模式目前在社会上和家庭中依然广泛存在这一典型事实（刘娜和Anne De Bruin，2015），本章假设，相较于女性居民，男性居民更愿意和更可能实施生活垃圾处置监督行为。

第二，年龄。年龄对个体参与集体行动的影响仍无一致结论。多利斯卡等（Dolisca et al.，2006）对海地的经验研究发现，农民年龄越大，其越不愿意参与社区森林管理。而阿齐兹·哈尔克海利和扎马尼（Azizi Khalkheili and Zamani，2009）对伊朗的研究则发现，年龄与农民参与灌溉管理呈正相关关系，但不显著。

第三，受教育程度。受教育程度较高的居民往往具有先进的思想观念，同时更能意识到环境资源集体合作管理的潜在收益，从而更愿意参与环境资源管理（Dolisca et al.，2006；Huang et al.，2009）。然而，也有经验研究显示，受教育程度与成员集体合作参与呈负相关关系（Azizi Khalkheili and Zamani，2009；Wang et al.，2016）。本章用接受正规教育的年限来衡量居民受教育程度。

第四，家庭收入。相对于贫困家庭，富裕家庭更愿意和更有能力参与社区资源的集体管理，如社区森林管理和社区水资源管理（Dolisca et al.，2006；Huang et al.，2009）。本章利用居民家庭年收入来表征家庭收入变量。

第五，垃圾污染认知。行为人基本的认知结构是形成某项行动的基础，对环境保护必要性和潜在收益的认知是行为人采取环境保护措施过程中重要的第一步（Larson et al.，2011；Reimer and Prokopy，2014）。因此，我们预期，垃圾污染认知程度越高，居民越愿意和越可能对生活垃圾处置进行监督。

第六，社会资本。社会资本在环境资源管理中的作用已经引起了诸多学者的关注（Adger，2003；Pretty，2003；Pretty and Ward，2001；Brondizio et al.，2009；Górriz-Mifsud et al.，2016）。密集的社会网络、互惠规范和对他人的足够信任可以有效地降低监督成本（Ostrom，2009），从而更愿意和更可能实施监督行为。高社会资本存量的社区更有可能有效地监督管理其资源从而促进其森林的快速增长（Behera，2009）以及渔业资源的可持续捕获（Gutiérrez et al.，2011），而社会资本的贫瘠则造成了自发监督的缺失，进而导致了海岸侵蚀问题的加剧（Rojas et al.，2014）。然而，博丁和克罗纳（Bodin and Crona，2008）发现，社会资本也可能对监督产生负面的影响，在密集的社会网络中，由于担心举报违规者会给被举报者带来尴尬处境以及给自身带来社会排斥的风险，渔民们并不愿意对其他渔民的捕鱼行为进行监督和向上报告。从以上分析可知，社会资本显然是影响集体成员自发监督的关键因素，但其影响效果仍模糊不清。

值得说明的是，社会资本自身概念的争议性也是导致其影响效果模糊的重要原因，诸多文献把社会资本的某一维度视之为社会资本，如基恩和戴勒（Keene and Deller，2015）、鲍德尔和谢弗（Paudel and Schafer，2009）

和贝赫拉（Behera，2009）把社会网络等同为社会资本，阿勒鲁普等（Ahlerup et al.，2009）、潘越等（2009）和巴里莫内－卢茨（Baliamoune－Lutz，2011）则把社会资本狭义地理解为社会信任。事实上，社会资本是一个带有复合性质的包含网络、规范和信任多维度的资源集合体（Dekker，2007；Górriz－Mifsud et al.，2016；Putnam et al.，1993）。此外，根据信任对象的不同，信任还可以细分为人际信任和制度信任（Rus and Iglič，2005；何可等，2015）。本章主要利用世界银行开发的量表来度量社会资本的四个维度，即社会网络、社会规范、人际信任和制度信任（Grootaert et al.，2004），该指标体系在以往文献中已经被较多使用，如哈尔科斯和琼斯（Halkos and Jones，2012）以及丹尼尔和盖伊斯（Daniele and Geys，2015）等。本章首先分别对各维度的度量题项进行主成分分析，以获取社会网络、社会规范、人际信任和制度信任变量，其次，本章在此基础上再次利用主成分分析法构造总社会资本变量。

8.3 数据来源与描述性统计

8.3.1 数据来源

为充分反映我国各区域状况，本章选取了承德、宜昌、南昌和杭州四个跨度较大的城市作为样本调研点。同时，考虑到城郊地区往往是政府生活垃圾治理的短板区域，我们把样本调研点聚焦在每个城市的郊区。城郊区作为城市边缘地带，往往具有城市和农村的双重特性。一方面，随着经济的快速发展，城郊区外来人口日益增加，居民的生活方式和消费结构发生了很大的改变，生活垃圾产生量也在迅速增加，其生活模式逐渐与城市趋同；另一方面，由于城市配套服务主要集中在市中心区域，城郊区的生活垃圾管理服务普遍滞后。虽然少数发达地区乡镇政府或社区自治组织将生活垃圾统一收集并集中处理，但大部分地区生活垃圾乱堆乱倒的现象仍将长期存在。社区作为我国城乡居民最基本的居住单元，生活垃圾处置状况因社区而异。此外，由于长期历史演化，作为聚居在一定地域范围内的人们所组成的社会生活共同体，每个社区都有自身鲜明的特征，而居住在社区的居民在保持自身多样性的同时都或多或少地带有社区元素。本章所关注的居民生活垃圾处置监督意愿和监督行为正是在此社区环境状况下做出的决策。

在问卷设计过程中，为保证问卷设计的全面性与合理性，以及问卷中的题项能够被受访者充分理解，笔者在正式调研前进行了小范围的预调研。2015 年 2 ~ 3 月，笔者分别在南昌郊区和杭州郊区通过偶遇抽样进行了 30 份调查问卷。根据预调研受访者的实际反馈情况，笔者对问卷问题、选项设置和表达方式等进行了修正和调整，最终形成了正式调查问卷。在正式调查实施之前，笔者对调查员进行了详细的讲解和培训，以尽量减少人为的访谈性偏误。2015 年 7 月 ~ 2016 年 7 月，笔者随同调查员依次前往四个样本城市开展实地调查。在每个城市的城郊区，笔者随机选择了三个社区进行住户调查。根据社区人口数量，我们确定了各社区样本量。在进入调查社区后，调查员首先通过居委会获取了社区层面的基本信息，通过社区干部把居民召集起来的方式或调查员在社区内偶遇的方式，我们对社区居民进行了面对面的访谈以获取居民层次的基本信息。此次实地调查共发放 480 份问卷，在剔除数据空缺严重和前后明显矛盾的样本后，总计获得 404 份有效问卷，问卷有效率为 84. 2% 。

8. 3. 2　描述性统计分析

表 8 – 2 汇报了主要变量的描述性统计。如表 8 – 2 所示，对于环境状况变量，平均来说，居民认为社区环境质量在五年内没有发生明显变化和社区偶尔有人随意倾倒垃圾，而 38. 1% 的居民认为社区面临最严重的污染是垃圾污染。对于社区属性变量，平均来说，社区人口密度为每亩 5512 人，社区规模为 2087 户，以及社区平均家庭年收入为 94922 万元。对于应用规则，平均有 34. 7% 的居民表示社区配有卫生管理专职干部和 35. 1% 的居民表示居委会发现居民随意倾倒垃圾时会采取惩罚措施，而其他居民采取监督的均值为 1. 700，即其他居民的监督频率介于从没有监督和有时监督之

间。对于参与者属性，男性居民占总样本的 50.0%，居民的平均年龄和平均受教育程度分别为 41.339 岁和 11.083 年，以及居民的平均家庭年收入为 94922 元。此外，平均来说，居民认为垃圾不当处理大约会造成水污染、空气污染、土壤污染、动植物污染和其他污染中的三项污染。

表 8－2　　　　样本描述性统计

变量名称	均值	标准差	最小值	最大值
环境质量	2.042	0.886	1	3
垃圾污染	0.381	0.486	0	1
非法倾倒	3.002	0.923	1	5
人口密度	5.512	4.236	0.836	13.726
社区规模	2.087	1.014	0.482	3.523
平均收入	9.492	3.366	5.403	16.346
异质性程度	0	1	－2.475	1.619
现代化程度	0	1	－2.496	0.802
卫生干部	0.347	0.476	0	1
惩罚措施	0.351	0.478	0	1
其他居民监督	1.700	0.512	1	2.591
性别	0.500	0.501	0	1
年龄	41.339	13.965	16	81
受教育程度	11.083	4.012	0	20
家庭收入	9.492	8.221	0.200	88.000
垃圾污染认知	3.087	1.042	1	5
社会资本	0	1	－2.759	3.945
监督意愿	0.606	0.489	0	1
监督行为	1.700	0.760	1	3

对于因变量，平均来说有 60.6% 的居民表示愿意对生活垃圾处置进行监督，但只有 51.7% 的居民在实际生活中实施了生活垃圾处置监督行为，而在实施了生活垃圾处置监督的居民中，有时实施监督的居民占比 33.4%，而经常实施监督的居民占比 18.3%（见表 8－3）。

表8－3　　居民生活垃圾处置监督分组的均值统计

分项	变量	监督意愿		监督行为			愿意监督而未监督（N＝42）
		不愿意（N＝159）	愿意（N＝245）	从没有（N＝195）	有时有（N＝135）	经常有（N＝74）	
环境状况	环境质量	2.019	2.057	2.021	2.022	2.135	2.021
	垃圾污染	0.371	0.388	0.359	0.452	0.311	0.331
	非法倾倒	3.069	2.959	3.077	2.941	2.919	3.048
社区属性	人口密度	5.397	5.586	5.401	5.570	5.697	5.618
	社区规模	2.209	2.008	2.193	2.010	1.948	2.133
	平均收入	9.190	9.688	9.612	9.320	9.490	9.652
	异质性程度	0.348	－0.226	0.399	－0.228	－0.636	－0.217
	现代化程度	－0.080	0.052	－0.051	0.034	0.072	0.045
应用规则	卫生干部	0.447	0.282	0.451	0.341	0.081	0.395
	惩罚措施	0.321	0.371	0.318	0.378	0.392	0.343
	其他居民监督	1.362	1.920	1.376	1.889	2.213	1.742
参与者属性	性别	0.434	0.543	0.456	0.489	0.635	0.524
	年龄	40.333	41.992	37.585	41.948	50.122	32.571
	受教育程度	11.157	11.035	11.282	10.989	10.730	11.135
	家庭收入	9.169	9.702	9.056	9.878	9.937	9.079
	垃圾污染认知	2.918	3.196	2.908	3.230	3.297	3.192
	社会资本	－0.714	0.463	－0.677	0.352	1.141	0.272

为探究居民生活垃圾处置监督与自变量的关系，我们进一步按照居民生活垃圾处置监督为分类标准进行了均值统计（详细结果见表8－3）。不难发现，环境状况中的环境质量、垃圾污染和非法倾倒在居民生活垃圾处置监督分组中的变化差异均较小，说明环境状况与居民生活垃圾处置监督没有明显的相关关系。对于社区属性变量，在人口密度更高的社区，居民往往更愿意监督以及经常实施监督行为，而在拥有较大规模的社区，居民则更可能不愿意监督以及现实中从没有实施监督行为。平均收入与居民生活垃圾处置监督的关系则相对复杂，在平均收入更高的社区，居民更愿意监督生活

垃圾处置但并没有实施该监督行为，而经常实施生活垃圾处置监督行为的是社区平均收入处于中等水平的居民。此外，社区异质性程度更小和现代化程度更高，当地居民更愿意以及更可能实施生活垃圾处置监督行为。

对于应用规则，在没有配备卫生管理专职干部的社区，居民愿意和经常对生活垃圾处置进行监督的可能性更大，社区居委会发现居民随意倾倒垃圾时是否会采取惩罚措施与居民生活垃圾处置监督的意愿和行为存在一定的正相关性，但相关性较弱，社区其他居民监督越频繁，居民更愿意和更可能实施生活垃圾处置监督行为。对于参与者属性，男性居民和年龄较大居民更愿意以及更可能参与生活垃圾处置监督，而受教育程度与居民生活垃圾处置监督意愿和行为呈现出较弱的负相关性。另外，相比于其他居民，拥有较高家庭收入、较高垃圾污染认知和较高社会资本存量的居民更愿意监督和更可能经常实施监督行为，但垃圾污染认知在不愿意监督和愿意监督的居民之间以及没有实施监督和实施监督的居民之间差异较小。此外，与实施监督行为的居民相比，那些愿意监督但实际没有实施监督行为的居民往往年龄较小，家庭收入较低，以及社会资本存量较低。

尽管上述的描述性统计分析一定程度上支持了我们的假设，但简单的均值比较方法并没有控制其他因素的影响，更不能反映变量的具体影响程度，更为可靠的结论需要进一步的计量分析。

8.4 估计策略与回归结果

8.4.1 估计策略

由于本章需要同时考察居民生活垃圾处置的监督意愿和监督行为，我们利用双变量 Probit 模型来进行回归估计。假设结果变量 y_1^* 为居民监督意愿的潜变量，而 y_1 为居民监督意愿的可观测变量，同时假设结果变量 y_2^* 为居民监督行为的潜在变量，而 y_2 为居民监督行为的可观测变量，则居民 i 的决策可以表示为如下方程系统：

$$y_{1i}^* = x_{1i}\beta_1 + \varepsilon_{1i}$$
$$y_{2i}^* = x_{2i}\beta_2 + \varepsilon_{2i} \tag{8-1}$$

其中，x_{1i}和x_{2i}为解释变量向量，β_1 和 β_2 为待估参数向量，ε_{1i}和 ε_{2i}为随机扰动项，可观测变量 y_{1i}与 y_{2i}由以下方程决定：

$$y_{1i} = \begin{cases} 1 & 若\ y_{1i}^* > 0 \\ 0 & 若\ y_{1i}^* \leqslant 0 \end{cases}, \quad y_{2i} = \begin{cases} 1 & 若\ y_{2i}^* \leqslant r_1 \\ 2 & 若\ r_1 < y_{2i}^* \leqslant r_2 \\ 3 & 若\ r_2 < y_{2i}^* \end{cases} \tag{8-2}$$

此外，我们假定方程（8－1）中的随机扰动项（ε_{1i}，ε_{2i}）服从期望为0、方差为1、相关系数为 ρ 的二维联合正态分布，且与解释变量向量 x_{1i}，x_{2i}正交，则二者的相关矩阵可以表示为

$$\begin{bmatrix} \varepsilon_1 \\ \varepsilon_2 \end{bmatrix} \Big| x_1, x_2 \sim N\left(\begin{bmatrix} 0 \\ 0 \end{bmatrix}, \begin{bmatrix} 1 & \rho \\ \rho & 1 \end{bmatrix} \right) \tag{8-3}$$

显然，如果 $\rho = 0$，则方程（8－1）等价于两个单独的 Probit 方程；如果 $\rho > 0$ 或 $\rho < 0$，则为双变量 Probit 模型，此时居民生活垃圾处置监督意愿和监督行为互为补充或互为替代。在实际的回归中，由于居民的监督意愿为二值变量而监督行为是排序变量，我们运用 Probit 模型估计前者而运用 Ordered Probit 模型估计后者。

8.4.2 基准回归结果

表 8－4 详细地展示了模型的基本估计结果。在单独估计列，我们把相关系数 ρ 固定为 0 值，即居民监督意愿和监督行为分别单独估计，而在联合估计列，我们同时估计居民的监督意愿和监督行为，并允许二者的扰动项相关。不难发现，就各变量的系数符号和显著性而言，两种方法的估计结果基本一致，这一定程度上说明模型整体估计结果的稳定性和可靠性。但相关系数的估计结果显示，在传统的显著性水平下，我们拒绝了相关系数 ρ 可以被固定为 0 值的原假设，相关系数 ρ 为 0.764，说明居民对生活垃圾处置的监督意愿和监督行为属于互补关系，这符合我们的预期，

居民参与生活垃圾处置的监督意愿越强，其越有可能实施相应的监督行为。同时，似然比检验、赤池信息准则和贝叶斯信息准则也表明，联合估计的效果要明显优于单独估计的效果。因此，我们接下来主要讨论联合估计的回归结果。

表 8－4　　居民生活垃圾处置监督的决定因素

变量	单独估计		联合估计	
	监督意愿	监督行为	监督意愿	监督行为
环境质量	0.014 (0.084)	－0.012 (0.070)	0.075 (0.079)	－0.016 (0.067)
垃圾污染	0.013 (0.166)	0.032 (0.133)	－0.098 (0.150)	－0.005 (0.130)
非法倾倒	0.053 (0.093)	－0.015 (0.083)	0.102 (0.084)	－0.006 (0.084)
人口密度	0.106 ** (0.044)	0.067 ** (0.030)	0.106 *** (0.035)	0.074 ** (0.030)
社区规模	－0.323 ** (0.159)	－0.282 ** (0.143)	－0.292 * (0.153)	－0.295 ** (0.139)
平均收入	0.121 ** (0.054)	0.036 (0.037)	0.140 *** (0.045)	0.040 (0.035)
异质性程度	－0.635 *** (0.175)	－0.576 *** (0.124)	－0.543 *** (0.142)	－0.565 *** (0.122)
现代化程度	0.983 *** (0.221)	0.730 *** (0.155)	0.946 *** (0.188)	0.758 *** (0.152)
卫生干部	－0.096 * (0.053)	－0.134 ** (0.061)	－0.120 * (0.063)	－0.116 ** (0.057)
惩罚措施	0.186 (0.173)	0.056 (0.149)	0.146 (0.156)	0.031 (0.148)
其他居民监督	0.710 ** (0.321)	0.623 ** (0.302)	0.685 ** (0.314)	0.644 ** (0.305)
性别	0.292 * (0.157)	0.252 * (0.134)	0.306 ** (0.141)	0.242 * (0.130)

续表

变量	单独估计		联合估计	
	监督意愿	监督行为	监督意愿	监督行为
年龄	0.002 (0.008)	0.013* (0.007)	0.003 (0.007)	0.012* (0.007)
受教育程度	0.021 (0.027)	0.004 (0.023)	0.019 (0.023)	-0.005 (0.023)
家庭收入	0.012 (0.012)	0.021*** (0.007)	0.010 (0.011)	0.022*** (0.007)
垃圾污染认知	0.074 (0.077)	0.067 (0.073)	0.027 (0.068)	0.072 (0.069)
社会资本	0.915*** (0.144)	0.987*** (0.117)	0.937*** (0.129)	0.964*** (0.114)
ρ	0.000 (fixed)		0.764*** (0.076)	
Log-likelihood	-413.230		-360.193	
AIC	896.460		790.386	
BIC	1036.509		930.436	
Observations	404		404	

注：(1) 括号中报告的是稳健的标准误；(2) ***、**、*分别表示在1%、5%和10%的显著性水平上显著；(3) 为节省篇幅，本表没有汇报有序Probit估计的截断点的估计值和标准差，以及Probit估计的常数项的估计值和标准差。下同。

与我们的预期不同，环境质量、垃圾污染和非法倾倒在监督意愿和监督行为方程中均不能通过显著性检验，表明良好环境质量的稀缺程度并不显著影响居民生活垃圾处置的监督意愿和行为。事实上，从样本特征来看，各社区五年内环境质量均无明显变化，每个社区大约有38.1%的居民认为垃圾污染是社区最严重污染，且各社区基本都是偶尔有人随意倾倒垃圾，说明各社区的环境状况并没有随地域因素呈现出显著差异，社区环境状况不是解释居民生活垃圾处置监督差异的主要因素。黄等（Huang et al., 2009）也类似的发现，村庄水资源的稀缺程度与水资源集体管理和农户用水协会的成立并无直接关联。穆斯塔克等（Mushtaq et al., 2007）则进一步证实，在水资源稀缺程度相似的漳河流域地区，水资源稀缺程度并不能显著解释集体池塘管理的绩效差异。

人口密度在 5% 或更小显著水平下显著提高了居民生活垃圾处置的监督意愿和监督行为实施的可能性，这与我们预期的结果相吻合。在人口密度较大的社区，一方面，居民更容易观察和了解社区其他居民的生活垃圾处置行为，从而降低了实施监督的成本；另一方面，居民为了保护社区环境而实施的监督行为更易于获得社区其他居民的赞扬和认可，从而增加了内心愉悦等感知收益。

社区规模在 1% 的显著性水平上抑制了居民监督生活垃圾处置的意愿和行为，这与王等（Wang et al.，2013）的结论相类似，其发现，相比于地下水灌溉用户规模，相对较大的地表水灌溉用户规模往往导致了其群体内部监督成本的上升。亚拉拉尔（Araral，2009）也发现，灌溉协会规模与农户“搭便车”程度之间存在显著的正相关关系，即灌溉协会的农户数量越多，农户越可能在斥资投劳的集体行动中“搭便车”。可见，随着社区规模的扩大，表现为协调成本和监督成本的交易成本逐渐上升，并在明显大于关键团体所能带来的优势后，居民不再愿意参与和实施生活垃圾处置中的监督行为。

平均收入的系数在监督意愿方程中显著为正，但在监督行为方程中与零值没有显著性差异，说明社区平均收入只对居民生活垃圾处置的监督意愿有影响，而与居民生活垃圾处置的监督行为并无统计意义上的关联。解释其差异的可能原因在于：社区平均收入表征着该社区的经济条件，经济状况越好，居民的环境意识越强，从而决定了其较高的生活垃圾处置监督意愿，但居民实际实施的监督行为不仅与其监督意愿有关，还更多地与其自身条件和需求有关，即与个体层面因素有关，如个体层面的家庭收入。

异质性程度在 1% 的显著性水平上对居民生活垃圾处置中的监督意愿和监督行为均有负面的影响，社区居民的同质性越高，当地居民越愿意以及越可能实施生活垃圾处置监督行为。这与德希尔瓦和拜县（D'Silva and Pai，2003）的观点相类似，由于当地居民种族分化严重和贫富差距较大，集体内部的协调成本和监督成本较高，最终导致了集体森林和流域管理的绩效低下。伊藤（Ito，2012）对灌溉社区的研究也得出相同的结论，收入差距和族群的异质性对农户灌溉设施维护的户均劳动贡献有显著的消极影响。

然而，值得说明的是，由于异质性的种类繁多，例如，财富异质性、种族异质性、文化异质性和利益异质性等，异质性的种类不同，其对集体行动的影响也不同，甚至是即便异质性种类相同，在不同的制度情境下，其效果也将不同（Poteete and Ostrom，2004）。

现代化程度在1%的显著性水平上促进了居民生活垃圾处置监督意愿的提高和监督行为的实施。在现代化程度较高的社区，如发达的交通和通信网络、便捷的生活用水/用能，居民不仅更容易彼此交流和沟通，从而有效地为了社区集体利益而推动集体合作的发生（Ostrom，1998；Smith，2010），而且在基本物质条件改善后，居民可能更愿意共同努力进一步改善生活自然环境，如社区植被情况和卫生状况。

卫生干部在10%或更小显著性水平下降低了居民生活垃圾处置的监督意愿和监督行为实施的可能性，这似乎与我们的预期不符。本章对此可能的解释是，长期以来，自上而下的社会管控模式使得公众对政府产生了严重的依赖倾向，而社区卫生管理专职干部的设置则加剧了居民对维持社区卫生环境良好是相关干部的职责的观念，从而卫生干部的设置降低了居民生活垃圾处置中自身监督的意愿和行为实施的积极性。事实上，已有研究表明，当外在干预措施使当地居民感觉是一种控制性而非支持性活动时，外在干预措施不仅不会带来正面效应，反而会挤出当地居民参与公共事务的原有动机，如道德承诺和内在满意度等（Rode et al.，2015；Frey and Jegen，2001；Cardenas et al.，2000）。

惩罚措施的系数在监督意愿方程和监督行为方程中均与零值没有显著性差异，说明社区居委会是否对随意倾倒生活垃圾的居民采取惩罚措施与居民生活垃圾处置中的监督意愿和监督行为并无直接关联。导致这一结果的潜在原因在于，一方面，由于社区居委会客观上精力的有限或相关经费的不足以及主观上监管积极性的缺乏，社区居委会针对随意倾倒生活垃圾现象而实际采取的惩罚措施十分有限；另一方面，随着中国经济社会的转型，居委会在居民心中的强势地位在逐渐下降，其合法性甚至也遭到了质疑，从而当地居民对此惩罚措施的不遵从现象也司空见惯（Anderies et al.，2004）。因此，居委会的惩罚措施并不能带动居民参与生活垃圾处置监督。

与我们的预期相吻合，其他居民监督在5%的显著性水平上提高了居民生活垃圾处置的监督意愿和监督行为实施的积极性，说明大多数居民都是条件合作者，即其他人监督自己也监督。这与贾拉米洛（Jaramillo et al.，2010）的研究结论相似，其发现社区条件合作者的份额越大，当地居民花费在森林巡逻上的监督时间越长。本章认为，居民自己的监督意愿和行为之所以依赖于社区其他居民的监督，是因为，一方面，社区其他居民的监督为居民自身的监督意愿和行为设定了参照基准或行为规范，当其他居民实施监督行为时，出于避免他人孤立及获取群体认同的需要，居民选择遵从规范准则从而跟随实施监督行为，如当其他家户实施生活垃圾回收行为时受访家户也实施生活垃圾回收行为（Abbott et al.，2013）；另一方面，由于信息的不完全以及自身认识和计算能力的有限，人们从他人处获取信息时，往往相信大多数人的意见是正确的，尤其是在很难判断该行为是否对自己有利时更是如此，从而在复杂情境中实施从众行为（Griskevicius et al.，2006；Velez et al.，2009）。

性别与居民生活垃圾处置的监督意愿和监督行为在传统显著性水平上呈现出显著的正相关关系，表明相较于女性，男性更愿意以及更可能参与生活垃圾处置监督，这与其他发展中国家女性较少参与环境资源管理的研究结论相一致（Coulibaly-Lingani et al.，2011）。长期的社会文化规范塑造了劳动的性别分工，女性更多地被囿于家庭事务，男性则更擅长抛头露面的事务。

与之前的相关研究发现不同（如Azizi Khalkheili and Zamani，2009；Dolisca et al.，2006），年龄的系数在10%的水平上在监督意愿方程中与零值没有显著性差异，但在监督行为方程中显著为正，说明不同年龄阶段的居民对生活垃圾处置的监督意愿并没有显著不同，但年龄较大的居民在实际生活中更倾向于对生活垃圾处置进行监督。本章对此的解释为，虽然不同年龄阶段的居民对生活垃圾处置具有相似的监督意愿，但相较于青年居民通常需要早出晚归的外出上班，中老年居民拥有更多的闲暇时间用来与社区其他居民交往，从而更可能实施生活垃圾处置监督行为。

受教育程度在传统显著性水平上并不能有效解释居民生活垃圾处置的

监督意愿和监督行为，这与内纳多维奇和爱泼斯坦（Nenadovic and Epstein, 2016）的研究结果相一致，其发现渔民参与对其他渔民的监督活动与受教育程度没有直接关联。虽然受教育程度较高的居民可能具有先进的思想观念和良好的环保意识，但出于理性经济人原则和客观上的时间约束，受教育程度较高的居民并不必然会参与社区环境保护活动。事实上，受教育程度对行为主体参与公共事务的影响在很大程度上取决于行为主体所处的相关情境（Wang et al., 2016）。

家庭收入在传统显著性水平上不能解释居民生活垃圾处置的监督意愿，但能显著解释居民生活垃圾处置的监督行为。对此潜在的解释为，一方面，集体层次的平均收入在一定程度上削弱了家庭收入在监督意愿方程中的解释能力，另一方面，居民家庭收入越高，其监督的机会成本也越高，从而监督意愿较弱，但由于其家庭收入较高，其对良好环境质量的需求程度也较高，从而不得不实施监督行为。

污染认知的系数在监督意愿方程和监督行为方程中虽然为正，但在传统显著性水平上均不能通过显著性检验。虽然先前研究发现环境污染认知是解释利益主体采取相关应对措施的重要因素（Anderson et al., 2007；Shi and He, 2012），但环境污染认知只是利益主体采取相关应对措施的必要条件而非充分条件。在阿根廷的一些沿海社区，即便当地居民认识到海岸侵蚀和脆弱性问题的存在，社区仍旧缺乏相应的监督和惩罚措施来保护海岸（Rojas et al., 2014）。

社会资本的系数在1%的水平上均显著为正，表明社会资本存量越高，居民越愿意和越可能实施生活垃圾处置监督。这与罗哈斯等（Rojas et al., 2014）观点相类似，其认为在公共资源管理较好的地区，成员间的非正式监督是至关重要的，而发达的社会资本存量是非正式监督得以实施的关键因素。贝赫拉（Behera, 2009）也发现拥有高社会资本存量的社区更可能有效地管理其森林，从而其森林更能获得快速的增长。社会资本通过促进有关个人品行的信息流通，增加了人们在任何单独交易中进行欺骗或违背规则的潜在成本，可以有效地降低道德风险和搭便车行为，从而能减少监督成本的发生（Durlauf and Fafchamps, 2005；Grafton, 2005）。此外，社会资本增加了利益主体间交流协商的机会和相关知识的扩散（Adger，2003；Putnam et al.，1993），有利于减少利益主体对环境资源的认知冲突，而这种认知冲突被发现是阻碍利益主体参与集体合作的重要因素（Adams et al.，2003）。最后，社会资本还可能通过重塑个体偏好促进居民监督。当任何不合作行为或“搭便车”行为都会被社会网络放大而进行声誉制裁时，以社会网络为载体的社会资本通过互惠规范和强制性信任迫使人们在违背集体利益时感到内疚，而在保护集体利益时感到满足（Passy and Giugni，2000；Passy and Monsch，2014），社会资本从而改变了人们集体合作的感知收益和成本（Jones et al.，2010），此时居民生活垃圾处置监督成为人们习惯性偏好。

8.4.3 社会资本分维度估计与内生性问题

8.4.3.1 社会资本分维度估计

社会资本在居民生活垃圾处置监督中的作用是本章关注的重点，正如前文理论分析所提到的，现有文献大多把社会资本的某一维度视之为社会资本，同时从多维度考量社会资本影响效果的研究仍较少。为此，本章利用社会资本四维度代替社会资本变量再一次估计原模型，详细估计结果见表8－5。由表8－5可知，联合估计的效果要优于单独估计，但就社会资本各维度的系数符号和显著性而言，两种方法的估计结果基本一致。

表8－5　社会资本对居民生活垃圾处置监督的分维度估计

变量	单独估计		联合估计	
	监督意愿	监督行为	监督意愿	监督行为
社会网络	0.649** (0.301)	0.473*** (0.117)	0.423*** (0.138)	0.492*** (0.117)
社会规范	0.071 (0.111)	0.294*** (0.094)	0.125 (0.104)	0.290*** (0.092)
制度信任	0.073 (0.099)	0.128 (0.091)	0.098 (0.088)	0.112 (0.091)
人际信任	0.739*** (0.123)	0.513*** (0.103)	0.703*** (0.113)	0.500*** (0.103)

续表

变量	单独估计		联合估计	
	监督意愿	监督行为	监督意愿	监督行为
自然环境状况	Yes	Yes	Yes	Yes
社区属性	Yes	Yes	Yes	Yes
应用规则	Yes	Yes	Yes	Yes
参与者其他属性	Yes	Yes	Yes	Yes
ρ	0.000 (fixed)		0.813 *** (0.077)	
Log-likelihood	-400.407		-350.969	
AIC	882.813		783.938	
BIC	1046.871		947.996	
Observations	404		404	

社会网络在5%或更低的水平上显著地提高了居民生活垃圾处置的监督意愿和实施监督行为的可能性。在广泛密集的社会网络中，对监督者而言，其更容易观察和知晓社区其他居民的生活垃圾处置行为，从而降低了实施监督行为的成本；对被监督者而言，其随意倾倒生活垃圾等不良行为更易被发现，且一旦被发现，该消息便快速地在社会网络中传播，出于个人声誉的考虑，被监督者不得不减少甚至杜绝生活垃圾处置中的不良行为，这反过来又进一步地降低了居民实施监督行为的成本。类似的，内纳多维奇和爱泼斯坦（Nenadovic and Epstein，2016）也发现，公民参与网络（对非正式渔业团体和渔业合作社的参与）显著促进了渔民对社区其他渔民捕鱼活动的监督。

社会规范的系数在监督意愿方程中不能通过显著性检验，而在监督行为方程中显著为正，说明社会规范只对居民生活垃圾处置的监督行为有影响，而与居民生活垃圾处置的监督意愿没有显著关联。这种差异的结果其实相对好理解，因为社会规范本质上是社会行为的规范，是对社会行为的约束或鼓励，而对行为人内在的意愿没有直接影响。社会规范在生活垃圾治理中的作用已经引起了一些学者的关注，如社会规范对居民生活垃圾回收行为的影响（Abbott et al.，2013；Viscusi et al.，2011），社会规范对居民生活垃圾管理政策遵从行为的影响（Jones et al.，2011）。

制度信任的系数虽然为正，但不能通过显著性检验。这与内纳多维奇和爱泼斯坦（Nenadovic and Epstein，2016）的结论一致，其发现渔民对渔业管理部门的信任与其是否监督社区其他渔民的捕鱼活动没有明显关联。导致这一结果的可能原因在于：一方面，对于制度信任较高的居民，其相信环境管理部门有能力治理好生活垃圾污染问题，从而认为不需要居民自发实施生活垃圾处置监督；另一方面，对于制度信任较低的居民，其认为生活垃圾处置监督是环境管理部门或社区干部的责任，从而不愿意监督以及实际生活中也并没有实施监督行为。

人际信任在 1% 的水平上显著地提升了居民的监督意愿和实施监督行为的可能性。这似乎违反我们的直觉，因为通常情况下个体对集体其他成员的信任水平越高，其对集体其他成员将监督的越少（Langfred，2004）。但人际信任是一种建立在彼此互动基础上的关系性信任，在强人际关系中，即便自己处于具有风险的环境中，仍会相信对方不会损害自己的利益（Rus and Iglič，2005）。这种人际信任更多地类似于生活中常用的“靠得住”“能托底”和“放心”等信任或被信任的含义（杨宜音，1999）。而人际的信任并不意味着对其他居民生活垃圾处置行为的信任。事实上，在靠得住的关系性信任下，当地居民实施生活垃圾处置监督行为更容易获得其他居民的理解和支持。因此，人际信任不但没有降低反而提高了居民生活垃圾处置监督的意愿和实施的可能性。

8.4.3.2　社会资本内生性问题

在制度分析与发展框架中，自然环境状况、社区属性和应用规则是外部变量，其在居民生活垃圾处置监督决策中存在内生性问题的可能性较小，而对于参与者属性变量，社会资本在居民生活垃圾处置监督决策中很有可能存在内生性问题。社会资本不仅存在常见的因遗漏变量而导致的内生性问题，即社会资本与居民生活垃圾处置监督共同受到一些如性格、社区依恋等不可观测因素的影响，而且还会因社会资本与生活垃圾处置监督相互影响而产生联立内生性问题（Durlauf and Fafchamps，2005；韩洪云等，2016）。为解决这一问题，本章选取社会资本的两组工具变量对原模型进行分别估计。

首先，本章选取居民社区居住年限和是否为社区原有居民作为居民社会资本的工具变量。之所以选取此工具变量，是因为社区居住年限和是否为社区原有居民对居民社会资本投资具有重要影响（Barnes-Mauthe et al.，2015；Kesler and Bloemraad，2010），但其对居民生活垃圾处置监督决策并无直接影响[①]。表 8－6 汇报了采用社区居住年限和是否为社区原有居民作为社会资本工具变量的估计结果。可以看到，工具变量社区居住年限和是否为社区原有居民的系数在 1% 的显著性水平上均显著，说明工具变量选取合理，同时内生性辅助参数 atanhrho_13 和 atanhrho_23 的估计结果在传统的显著性水平上均显著，从而拒绝社会资本在监督意愿和监督行为方程中是外生变量的原假设。因此，选用上述工具变量估计社会资本对居民生活垃圾处置监督的影响是必要且合适的。从估计结果来看，采用工具变量的回归结果依然支持我们在基准回归中得出的结论，即社会资本对居民生活垃圾处置监督意愿和监督行为具有显著的促进作用。

表 8－6　以社区居住年限和是否为社区原有居民为工具变量的联合估计

变量	监督意愿	监督行为	社会资本
社会资本	1.145*** (0.294)	1.284*** (0.213)	
社区居住年限			0.020*** (0.005)
是否为社区原有居民			0.242*** (0.087)
自然环境状况	Yes	Yes	Yes
社区属性	Yes	Yes	Yes
应用规则	Yes	Yes	Yes
参与者其他属性	Yes	Yes	Yes

① 为验证工具变量对居民生活垃圾处置监督无直接影响，本章在原模型中加入社区居住年限和是否为社区原有居民作为控制变量，发现其系数均不显著。

续表

变量	监督意愿	监督行为	社会资本
ρ		0.751*** (0.076)	
atanhrho_13		-0.397** (0.193)	
atanhrho_23		-0.375** (0.183)	
Log-likelihood		-807.466	
Prob > chi2		0.000	
Observations		404	

其次，我们选取同一社区内除该居民外其他居民的社会资本均值作为该居民社会资本的工具变量。选取该工具变量主要基于以下考虑：第一，社会资本具有明显的外部性，社区内其他居民的社会资本会对该居民的社会资本产生重要影响（张爽等，2007）；第二，社区其他居民的社会资本对居民生活垃圾处置监督决策并无直接影响。与本章的做法类似，为解决个人行为决策中的内生性问题，用同一社区内其他人的行为均值作为工具变量的方法，在以往相关的研究中已经被较多使用。例如，高虹和陆铭（2010）为考察社会信任对劳动力流动的影响，采用同一社区内其他家庭的社会信任程度作为本家庭社会信任的工具变量，而尹志超等（2015）在研究金融知识对家庭创业决策的影响时，用同一小区同一收入阶层其他人的金融知识水平作为受访者金融知识的工具变量，其实证结果都表明该类工具变量的有效性。表8-7为采用相应工具变量的估计结果。

表8-7　以社区中除该居民外其他居民社会资本均值为工具变量的联合估计

变量	监督意愿	监督行为	社会资本
社会资本	1.230*** (0.183)	1.232*** (0.166)	
社区其他居民社会资本			0.868*** (0.110)

续表

变量	监督意愿	监督行为	社会资本
自然环境状况	Yes	Yes	Yes
社区属性	Yes	Yes	Yes
应用规则	Yes	Yes	Yes
参与者其他属性	Yes	Yes	Yes
ρ		0.764 *** (0.069)	
atanhrho_13		-0.407 ** (0.202)	
atanhrho_23		-0.383 ** (0.191)	
Log-likelihood		-798.682	
Prob > chi2		0.000	
Observations		404	

不难发现，社区中除该居民外其他居民的社会资本对该居民的社会资本具有显著的正向影响，说明工具变量选取合理，同时内生性辅助参数拒绝社会资本在监督意愿和监督行为方程中是外生变量的原假设。估计结果再一次支持了社会资本对居民生活垃圾处置监督意愿和监督行为具有显著促进作用的结论。

8.5 居民生活垃圾处置监督的进一步讨论

本章在此部分分别提供了居民对生活垃圾处置实施监督和不实施监督的原因，具体统计结果如图 8-2 所示。由图 8-2（a）可知，在没有实施生活垃圾处置监督的居民中，最多的居民（57.2%）认为，生活垃圾处置监督是社区干部的责任，而与其无关，这与我们之前关于社区卫生管理专职干部的设置降低了居民生活垃圾处置监督意愿和监督行为实施的可能性的结论相呼应。同时，次多的居民（53.5%）认为，“彼此社会交往较少，很难监督其他居民的垃圾处置行为”，这也与我们前述的发现相一致，即社会资本水平越低，居民越不可能实施生活垃圾处置监督行为。然而，值得一提的是，25.8%的居民认为，碍于邻里关系，不好直接干预监督社区其他居民的生活垃圾处置行为，说明高水平社会资本也可能导致小部分的居民没有实施监督行为。这与博丁和克罗纳（Bodin and Crona，2008）的发现相类似，在社会资本水平较高的村庄，为了维持与其他渔民的和睦关系，渔民们并不愿意对村庄其他渔民的捕鱼行为进行监督。

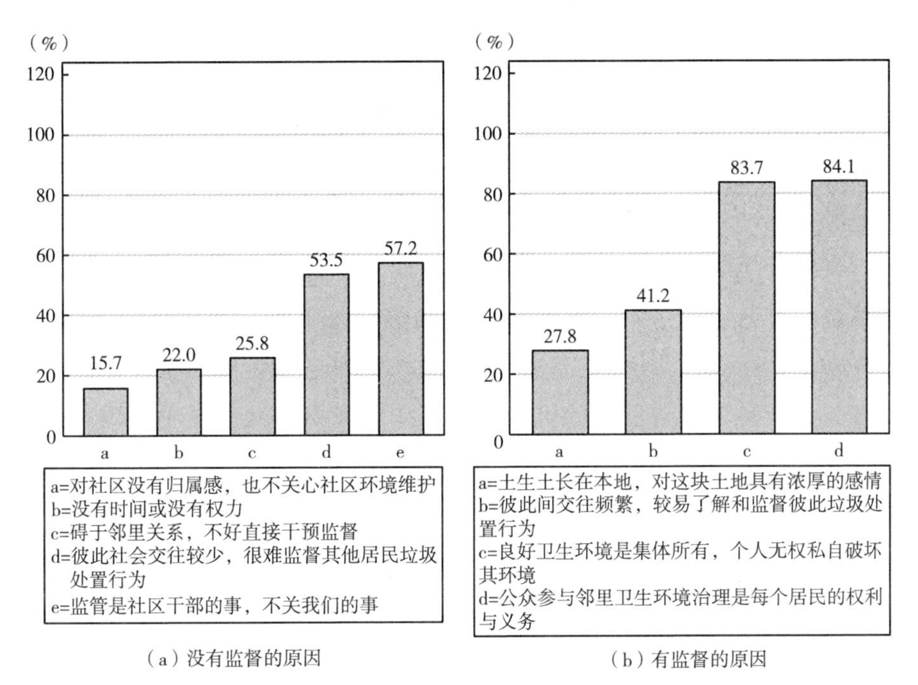

图8－2 居民对生活垃圾处置实施监督和尚未实施监督的原因

此外，图8－2（b）表明，在实施了生活垃圾处置监督的居民中，分别有84.1%的居民认为“公众参与邻里卫生环境治理是每个居民的权利与义务”和83.7%的居民认为“良好卫生环境是集体所有，个人无权私自破坏其环境”，说明在经济状况良好、现代化程度较高和社会资本存量丰富的社区，居民对良好环境质量的需求较高，从而自主参与社区环境治理的意识较强。同时，分别有41.2%的居民认为“彼此间交往频繁，较易了解和监督彼此垃圾处置行为”和27.8%的居民认为实施监督是因为“土生土长在本地，对这块土地具有浓厚的感情”，这印证了先前文献的观点（Bowles and Gintis，2002；Durlauf and Fafchamps，2005；Passy and Giugni，2000），说明社会资本不仅可以降低居民生活垃圾处置监督的成本，而且还可能通过提升居民社区认同感重塑居民生活垃圾处置监督的偏好。

8.6 本章小结

居民自主监督作为公众参与环境治理的一种具体表现形式，能有效增加环境治理监督的总供给，因而有助于缓解日益严峻的环境污染压力。在制度分析与发展框架的基础上，本章考察了居民生活垃圾处置监督的潜在驱动与约束因素。利用来自四个城市郊区的调研数据，本章发现，自然环境状况对当地居民生活垃圾处置监督并没有直接影响，而社区属性和参与者属性则是解释居民参与生活垃圾处置监督的重要因素。具体来说，社区人口密度、社区现代化程度和是否为男性显著提高了居民参与生活垃圾处置监督的可能性，而社区规模和社区异质性程度则阻碍了居民生活垃圾处置监督行为的实施。更为重要的是，研究还发现，社区卫生管理专职干部的配备抑制了当地居民自主监督行为的实施，而社会资本和其他居民监督则提高了受访居民生活垃圾处置的监督意愿和行为实施的可能性。最后，经济收入水平、年龄和社会规范是解释当地居民假想监督意愿与实际监督行为相悖离的主要因素。本章的研究结论具有以下几方面的政策启示。

首先，良好的社区配套基础设施和经济状况是居民自主参与监督的重要前提，应积极完善社区基础设施建设和进一步提高居民收入水平。根据需求层次理论，只有在居民的基本生活需求（生计需求，生活用水、用能需求，通信、出行需求）得到了满足之后，才能表现出更高的良好环境卫生需求。同时，良好的基础设施和经济状况也为环境卫生需求的实现提供了可能。

其次，鉴于外在强制干预措施在某种程度上会抑制居民参与监督的积极性，政府应放权和还权于社区居民，减少社区对行政干预的过度依赖，实现居民自主参与环境治理。长期以来，政府秉承管控的理念对社区采取强制性的力量进行外部干预，虽然该理念在早期特定形势下发挥了重要作用，但也直接导致了社区居民一直游离在治理主体和责任之外，自主治理意识和责任意识薄弱。因此，政府在为社区自治提供必要支持保障的前提下，应减少对社区事务的干预，鼓励和尊重社区居民自主参与环境治理。

最后，加强社会资本培育是促进居民自主参与监督的重要途径。包含网络、规范和信任维度的社会资本在社区环境治理中不仅可以为治理主体提供交流协商的机会，降低环境治理过程中的交易成本，还可以潜移默化地重塑治理主体的偏好。

第9章

研究结论、政策启示与进一步研究方向

生活垃圾作为人类活动的副产品，在经济持续增长，城镇人口快速增加，以及人民生活水平大幅改善的同时，我国城市生活垃圾产生量也在急剧增加。生活垃圾的持续增长将严重威胁着我国的生态环境和国民健康。如何实现生活垃圾的减量化、资源化和无害化是当下中国环境管理必须面对的问题。

9.1 研究结论

本书从政府政策和社会资本的双重视角出发，同时利用宏观层面的大中城市统计数据和微观层面的实地调查数据，通过双重差分模型、动态面板数据模型、广义有序 Logit 模型和双变量 Probit 模型，以及逆概率加权法、广义矩估计法、主成分分析法和选择实验法，宏观上深入考察了规制政策和社会资本对生活垃圾产生量的影响，微观上实证分析了经济激励和社会资本在居民生活垃圾分类行为和垃圾处置自主监督行为中的作用。经过细致分析主要得出以下几点结论。

第一，生活垃圾源头分类政策对城市人均生活垃圾产生量并无显著影响。这一基本发现在使用不同模型设定和不同估计方法的情形下都保持不变，在纳入了控制变量的情形下也依然稳健。生活垃圾源头分类政策垃圾减量效果甚微的一个可能原因是居民生活垃圾分类意识和知识的缺乏，以及居民参与率较低。作为一项自愿的项目，城市生活垃圾源头分类主要受居民自身的环境保护价值观驱动。同时，生活垃圾源头分类收集配套设施的滞后在一定程度上也客观地削弱了该政策的垃圾减量效果。此外，更为重要的是，不像许多发达国家实施的是PAYT垃圾收费方式，中国现有的垃圾收费方式仍是定额收费。由于家户多排放一单位的生活垃圾的边际成本为零，生活垃圾定额收费未能提供足够的经济激励刺激居民实施生活垃圾源头分类。

第二，生活垃圾源头分类政策和生活垃圾收费政策的组合实施不但没有抑制而是刺激了城市生活垃圾产生量的增加。该结果在使用不同模型设定、不同估计方法和考虑了相关控制变量的情形下依然稳健。潜在的可能解释为：一方面，相对较高的城镇居民可支配收入对垃圾产生量的正向效应主导了生活垃圾收费的负向效应；另一方面，激励不兼容的生活垃圾定额收费不可避免地降低了人们自愿实施生活垃圾分类的原有动机。此外，在生活垃圾分类设备和基础配套设施严重匮乏的情境下，小额补贴的垃圾源头分类和强制的生活垃圾定额收费的政策组合对家户自愿实施生活垃圾分类的内在动机具有挤出效应，从而导致了垃圾减量效果欠佳。

第三，社会资本对城市人均生活垃圾排放量具有显著的负向影响，该结果在使用不同测量指标、不同度量方法、不同估计方法和考虑了社会资本内生性的情形下依然显著。具体来说，社会资本主要通过抑制高生活垃圾排放群体的排放量来减少生活垃圾的产生，在社会资本三维度中，社会信任维度和社会规范维度能显著降低城市人均生活垃圾产生量，然而，社会资本的生活垃圾减量效应随时间的推移呈现出波动下降的趋势。进一步分析发现，社会资本在促进居民实施生活垃圾分类和垃圾处置监督行为中也扮演着重要的角色。

第四，正确的生活垃圾分类知识、丰厚的社会资本存量，以及社区负责收集可回收垃圾和免费提供垃圾分类箱两政策属性均显著地提高了居民生活垃圾分类水平，但提高生活垃圾收费不但没有增强反而弱化了社区负责收集可回收垃圾和免费提供垃圾分类箱的有效性。此外，生活垃圾收费的提高挤出了受访者把生活垃圾分为三类或四类的原有动机。由于动机的变化至少在短期内被证明是不可逆，生活垃圾收费的挤出效应一旦发生，其长期的负面影响将很难逆转。在社会资本存量丰厚的社区，那些把生活垃圾分为三类或更多类的人们主要是受提高内在满意度、塑造良好形象、减少社会压力等综合因素的驱使，生活垃圾收费的不当实施可能会严重地破坏人们参与生活垃圾分类的原有动机。因此，尽管传统的经济学文献认为根据表现进行货币惩罚或奖励可以诱导期望行为，但如何在不破坏其他人原始动机的前提下通过政策干预鼓励那些没有动机分类的人们参与生活垃圾分类值得谨慎考虑。

第五，自然环境状况对居民垃圾处置自主监督并无直接影响，而社区属性和参与者属性则是解释居民参与垃圾处置自主监督的重要因素。具体来说，社区人口密度、社区现代化程度、是否为男性和社会资本显著提高了居民参与垃圾处置监督的可能性，而社区规模、社区异质性程度和卫生管理专职干部的配备则抑制了居民垃圾处置自主监督行为的实施。此外，经济收入水平、年龄和社会规范是解释居民生活垃圾处置假想监督意愿与实际监督行为相悖离的主要因素。

9.2 政策启示

根据上述主要结论，本书得到如下方面的政策启示，以供中国环境管理转型中的政策设计参考。

第一，虽然近年来我国环境管理法律法规体系逐步走向成熟和完善，但政策机制在具体设计和实施过程中仍有待于优化。本书中生活垃圾源头分类政策和生活垃圾收费政策的组合实施在垃圾减量方面收效甚微，未来有必要深思熟虑地设计一个生活垃圾收费和垃圾源头分类相互兼容的生活垃圾管理系统。因此，尽管生活垃圾定额收费在某种程度上可能唤起和增加公众对垃圾污染问题的意识，但应根据生活垃圾收费系统是否存在替代效应和挤出效应而做出适当的调整，使其与生活垃圾源头分类项目相互兼容进而激励人们参与生活垃圾分类行为和减量行为。例如，建立差异化的生活垃圾收费系统，对已经正确实施生活垃圾分类的家户给予积分奖励或生活垃圾服务费的优惠或免除。事实上，目前有些城市已经开始了探索，例如，南京正在酝酿生活垃圾按量收费和垃圾源头分类实施积分奖励制，而北京拟对分类垃圾和混运垃圾实施差别定价。但需要注意的是，计量用户收费政策的贸然实施也可能导致非法倾倒垃圾现象的增加。

第二，在命令控制型环境规制和市场激励型环境规制失灵的背景下，社会资本作为政府和市场之外的第三方资源配置机制为环境问题的治理提供了新路径。本书中社会资本尤其是社会信任和社会规范，在抑制生活垃圾的产生，以及促进居民参与生活垃圾分类和实施垃圾处置监督中扮演着重要的角色。培育社会资本应当成为我国环境管理转型的非正式制度路径而加以重视，具体来说，政策制定者应综合采取多种措施、灵活运用各种方法，培育整个社会的普遍信任，树立互惠有序的社会规范，扩大公民自主参与网络。同时，政府应放权和还权于社区居民，减少社区对行政干预的过度依赖，实现居民自主参与环境治理。长期以来，政府秉承管控的理念对社区采取强制性的力量进行外部干预，虽然该理念在早期特定形势下发挥了重要作用，但也直接导致了社区居民一直游离在治理主体和责任之外，自主治理意识和责任意识薄弱。因此，政府在为社区自治提供必要支持保障的前提下，应减少对社区事务的干预，鼓励和尊重社区居民自主参与环境治理。

第三，考虑到充足便捷的垃圾分类设备和相配套的基础设施是影响人们参与生活垃圾分类行为的重要因素，有必要进一步完善生活垃圾分类回收相关的设施设备和配套服务。本书中免费提供垃圾分类箱和社区负责收集可回收垃圾显著提高了居民生活垃圾分类水平。免费提供垃圾分类箱能够有效降低人们实施生活垃圾分类的物质成本。同时，相比于小贩回收和自己送往回收站，当社区负责收集可回收垃圾时，一方面，当没有足够空间储藏可回收垃圾时，居民可以毫无时间限制地（如晚上）短距离地把可回收垃圾送往社区回收点；另一方面，其可回收垃圾的收购价格也相对公正透明。这有效地节省了居民的时间成本和运输成本同时增加了居民的经济收益。需要说明的是，可获得性不仅包括足够的基础设施设备，还应包括便捷周到的配套服务。

第四，虽然监督惩罚和外在奖励是各国广泛使用的政策工具，但公共信息披露和教育宣传活动应该得到同等的关注。相比于命令控制型环境规制政策和市场激励型环境规制政策，公共信息披露和教育宣传活动具有更强的导向性、公开性和广泛性，其负面效应和执行成本更低，对于普通大众来说可能更可取。良好设计和实施的公共宣传教育活动不仅能够培育公众的社会责任感，公共精神和合作社会规范，还能提高公众关于生活垃圾污染的意识以及提供其垃圾分类减量的实用技巧，进而重塑公众关于生活垃圾管理的偏好、习惯和行为。在许多发达国家，设计良好的教育宣传项目在激励居民参与垃圾减量、再利用和回收活动方面发挥着不容忽视的作用。

9.3　进一步研究方向

由于笔者自身研究能力的限制，以及所掌握资料的约束，本书依然存在诸多值得进一步深入完善的地方，其中大致包含以下几个方面。

第一，本书只重点分析了生活垃圾产生的源头环节，即源头分类和处置减量，而对于生活垃圾后期的处理环节尚未涉及。事实上，对于已经产生的庞大的生活垃圾，如何对其进行资源化处理也是国际上近来十分关注的议题。分类好的生活垃圾在回收再利用之后，还可以根据其不同特征对其进行资源化处理，如焚烧发电、厌氧发酵和堆肥处理等。鉴于简单的卫生填埋方法仍占据我国生活垃圾处置的主导地位，如何对生活垃圾进行资源化利用既是治理生活垃圾污染、节约资源、减少排放的客观要求，也是可持续发展的重要内容。因此，在谋求生活垃圾减量的同时，如何对持续增加的生活垃圾进行资源化处理而不是简单的无害化处理是一个非常值得深入研究的问题。

第二，激励政策对公众参与生活垃圾治理的效果。本书围绕垃圾分类容器、垃圾有偿回收和生活垃圾收费三项政策属性综合评价了激励政策对居民参与生活垃圾分类的影响。虽然其研究结论在一定程度上可以反映样本地区受访者的真实偏好，并对类似条件地区具有参照价值，但对其他地区，由于政策环境、邻里氛围、基础设施和居民特质都可能不同，激励政策的实际效果可能呈现出较大差异甚至截然相反。干预政策在特定的社会资本或文化情境中取得成功或失败并不意味着在其他地区也是如此，把某个地区的政策实施效果外推需要十分谨慎。此外，正如鲍尔斯和波拉尼亚·雷耶斯（Bowles and Polania - Reyes，2012）指出的，干预政策的挤出效应并不是由于使用外部激励本身造成的，而是来自激励传达给接受者的象征意义，即便是相同的激励政策，执行方式的不同也可能产生截然不同的效果。因此，对于不同的情境和不同的政策形式，有必要进一步深入研究。

第三，社会资本的产生和来源。本书发现社会资本是解释生活垃圾分类、垃圾处置监督以及垃圾处置削减的重要因素，但对于社会资本是如何产生的，以及社会资本的源泉尚不清楚。近年来，虽然社会资本的来源已经得到有些文献的关注，但遗憾的是，这些研究相对笼统零散，其结论也远未达成共识。有研究认为，社会资本可以在自然灾害中积累和更新（赵延东，2007；Yamamura，2016），也有研究指出，地方治理的制度安排深刻影响着社会资本的发展（陆铭和李爽，2008），而边燕杰（2004）直接把人际社会关系视之为社会资本的来源。对社会资本的来源和影响因素加以深入研究，对于如何培育社会资本以促进生活垃圾治理十分重要。

附录 1

生活垃圾处理居民调查问卷

所在市（区、县）、镇（乡）、社区名称：________________

调查对象姓名：__________　联系电话：________________

填表人姓名：__________　填表时间：________________

［**调查介绍**］

1. 这是一项关于浙江大学中国农村发展研究院生活垃圾治理的科学研究。

2. 您的积极参与和宝贵意见将有助于本研究的顺利进行。

3. 本问卷所有选项均无对错之分，请根据自身实际情况填写。

4. 您提供的信息只用于该科学研究，所有信息都将保密，不会被其他任何机构分享。

5. 这次调查将花费您大约 30 分钟时间，感谢您的支持与帮助！

A. 调查对象及其家庭基本情况

性别	年龄	婚姻状况	健康状况	受教育年限		党员/干部	主要工作
1 女； 2 男	（岁）	1 未婚； 2 已婚（含丧偶/离异）	1 良好； 2 欠佳	正式教育（年）	职业培训（年）	1 否； 2 是	1 务农； 2 自营业主； 3 企事业单位雇员； 4 无正式工作； 5 退休； 6 其他（请说明）

续表

家庭年收入	家庭规模	其中，			住本社区年数	社区原有居民	社区大姓	自有住房
		劳动力	小孩	老人				
（万元）	（人）	（16～64岁，不含学生）（人）	（<16岁）（人）	（≥65岁）（人）	（年）	1否；2是	1否；2是	1否；2是

B. 调查对象社会资本情况

B1. 社会网络

B1.1　在社区中，与您相互认识的家庭有多少？（　　）户

B1.2　在社区中，您有多少个亲密朋友？（　　）人

B1.3　一般在一个月内，您与社区的亲朋好友邻居进行多少次社交活动（如一起聊天、购物、聚餐、游玩等）？（　　）次

B1.4　当您突然遇到紧急事项（如外出需他人照看房屋），除了您的直系亲属外，在社区中，有多少人您可以向他们求助？（　　）人

B1.5　您是否有机会参与社区活动？（　　）

1. 没有；　　2. 有

（a）如果有，您参加了哪些社区活动？（可多选）（　　）

1. 社区选举；　　2. 节日活动；　　3. 集体卫生清理；

4. 社区红白喜事；　　5. 其他（请注明）________

B1.6　您在本社区是否有强烈的归属感？（　　）

1. 没有；　　2. 有

（a）若没有，则原因是？（可多选）（　　）

1. 我自身不能接受和认同其他居民；

2. 基础配套设施缺乏，治安和卫生环境较差，我不想认同自己是社区成员；

3. 我感觉其他居民不信任我、不认可我；

4. 其他（请注明）________

(b) 若有，则原因是？(可多选)（　　　　）

1. 邻里彼此相处十分融洽；

2. 大家比较信任我、认可我；

3. 在社区人际网络较广，能获取广泛的社会和情感支持；

4. 基础配套设施完善，治安和卫生环境良好；

5. 其他（请注明）________

(c) 您认为以下哪些因素更能提升您的社区认同？(可多选)(　　　　)

1. 增加与其他居民的社会交往；

2. 良好的社区秩序；

3. 良好的基础设施环境；

4. 居民切实享有参与社区治理的权利；

5. 其他（请注明）________

B1.7 您有没有参加过非政府组织？(　　)

1. 没有；

2. 有，参加组织为：老年协会；合作社；环保组织；文娱组织；其他________

(a) 若不参加，则原因是？(可多选)（　　　　）

1. 对非政府组织不感兴趣；　　2. 组织从来没有活动；

3. 组织有入会费，吃不消；　　4. 不能带来物质或非物质的好处；

5. 活动太频繁，没精力；　　6. 其他（请注明）________

(b) 若参加，则原因是？(可多选)（　　　　）

1. 可以结识兴趣相投的朋友；　2. 可以拓展人际关系；

3. 有利于塑造良好社会形象；　4. 可以获得一定经济利益；

5. 其他（请注明）________

B2. 社会规范

B2.1 当社区某户居民发生了不幸的事件（如房屋失火，亲人过世），多少比例的居民会伸出援助之手？(　　)

1. 没有人；　　2. 很小一部分；　3. 中等比例；　4. 很大一部分；

5. 全社区人

B2.2 诸如财物拆借、房屋照看、婚丧嫁娶帮工等互惠行为在社区发生的频率如何？（　）

1. 从没有；　2. 很少有；　3. 有时有；　4. 大多时候有；

5. 一直有

B2.3 诸如邻里纠纷、财物被盗等案件在社区发生的频率如何？（　）

1. 从没有；　2. 很少有；　3. 有时有；　4. 大多时候有；

5. 一直有

B2.4 如果遇到一般邻里纠纷，您更愿意选择的纠纷解决方式为？（　）

1. 法院或公安机关调解；　2. 居/村委会调解；

3. 社区德高望重人士调解；　4. 双方自行调解；

5. 其他（请注明）________

B3. 制度信任

B3.1 当您家附近建有污染环境的工厂时（如生猪养殖场/化工厂），且严重污染您家生活环境，您会向以下哪些人/部门寻求帮助？（请在相应位置打钩“√”，并填写原因序号）

	当地政府官员	居/村委会	环境管理部门	其他（请注明）
您的选择				
您选择的原因				
原因（可多选）	1. 以往的习惯；2. 基于对该主体的信任；3. 基于该主体的责任义务；4. 以往该主体在纠纷解决中更有效；5. 该主体更容易接近；6. 与该主体沟通交流更容易；7. 其他（请注明）________			

B3.2 您对以下人/部门的信任水平为：

	当地政府官员	居/村委会	环境管理部门
您的选择			
选项	1. 非常不相信；2. 比较不相信；3. 一般相信；4. 比较相信；5. 非常相信		

B4. 人际信任

B4.1 是否赞成住在社区里的大多数人是可以被信任的？(　　)

1. 非常不赞成；　2. 比较不赞成；　3. 中立；　4. 比较赞成；

5. 非常赞成

B4.2 住在社区里的大多数人都试图利用别人，您应该对他们保持警惕？(　　)

1. 非常不赞成；　2. 比较不赞成；　3. 中立；　4. 比较赞成；

5. 非常赞成

B4.3 如果您有事需出远门，而家中事务需人照料（如下雨关门窗，喂养家禽、宠物等)，您委托谁帮忙照料才放心？(可多选)(　　　　)

1. 直系亲属；　2. 亲密朋友；

3. 熟悉的居民；　4. 不熟悉的居民；

5. 其他（请注明）________

B4.4 若以下居民需向您借钱，且数额较大（是您三个月的工资)，您会借出钱吗？

	直系亲属	亲密朋友	熟悉的居民	不熟悉的居民
请选择				
选项	1. 从不会；2. 很少会；3. 有时会；4. 大多时候会；5. 一直会			

C. 调查对象环境认知和改善需求

C1. 一般环境认知

C1.1 您了解以下哪些环境保护的相关法律？(可多选)(　　　　)

1. 《环境保护法》；　2. 《水污染防治法》；

3. 《大气污染防治法》；　4. 《固体废弃物污染环境防治法》；

5. 《环境噪声污染防治法》；

6. 其他（请注明）________

C1.2 您了解以下哪些生活垃圾管理的相关规定？(可多选)(　　　　)

1. 产生生活垃圾的单位和个人，应当按照确定的生活垃圾处理收费标准和有关规定缴纳生活垃圾处理费；

2. 单位和个人应当按照规定的地点、时间等要求，将生活垃圾投放到指定的垃圾容器或者收集场所；

3. 生活垃圾实行分类收集的地区，单位和个人应当按照规定的分类要求，将生活垃圾装入相应的垃圾袋内，投入指定的垃圾容器或者收集场所；

4. 禁止随意倾倒、抛洒或者堆放生活垃圾；

5. 任何单位和个人都应当遵守生活垃圾管理的有关规定，并有权对违反生活垃圾管理办法的单位和个人进行检举和控告

C1.3 您对于“自然环境生态平衡不受人类活动的干扰”的态度是？(　　)

1. 非常不同意；　2. 比较不同意；　3. 中立；　4. 比较同意；

5. 非常同意

C1.4 您对于“人类为了生存，必须与自然和谐相处”的态度是？(　　)

1. 非常不同意；　2. 比较不同意；　3. 中立；　4. 比较同意；

5. 非常同意

C1.5 您对于“环境保护，人人有责”的态度是？(　　)

1. 非常不同意；　2. 比较不同意；　3. 中立；　4. 比较同意；

5. 非常同意

C1.6 与过去五年相比，您认为社区环境质量发生了怎样的变化？(　　)

1. 恶化了；　2. 无变化；　3. 改善了

(a) 如果环境恶化了，您认为这种恶化主要表现在哪些方面？(　　)

1. 生活水质下降；　2. 空气质量下降；

3. 噪音增加；　4. 生活垃圾随意倾倒；

5. 污水横流现象增多；　6. 土壤植被破坏；

7. 其他（请注明）________

(b) 如果环境改善了，您认为这种改善主要表现在哪些方面？(　　)

1. 生活水质提高；　2. 空气质量变好；

3. 噪音减少；　4. 垃圾乱扔现象减少；

5. 污水横流现象减少；　6. 土壤植被改善；

7. 其他（请注明）________

C1.7 您认为社区最主要的污染源是？（　　）

1. 居住区生活污染（生活垃圾/污水）；2. 农业生产污染；
3. 工业生产污染；　　　　　　　　4. 自然灾害污染；
5. 其他（请注明）________

C1.8 您认为社区面临的污染问题是？（可多选）（　　　　）

1. 空气污染；　2. 水污染；　3. 土壤污染；　4. 垃圾污染；
5. 噪音污染；　6. 其他（请注明）________

其中，您认为最严重的污染问题是________

C1.9 您认为社区生活环境保护的监督主体是：

污染类型	空气污染	水污染	土壤污染	垃圾污染	噪音污染
您的选择					
监督主体	1. 地方政府；2. 居/村委会；3. 居民；4. 企业；5. 其他（请注明）				
您选择的原因					
原因（可多选）	1. 监督职责；2. 监督意愿；3. 监督效果；4. 信息优势；5. 习惯；6. 别人这样，我也如此；7. 其他（请注明）________				

C2. 生活垃圾污染风险认知

C2.1 您认为生活垃圾污染带来哪些负面影响？（可多选）（　　　　）

1. 水污染；　2. 空气污染；　3. 土壤污染；　4. 动植物污染；
5. 其他（请注明）________

其中，您感觉最大的负面影响是________

C2.2 您主要是从哪些渠道了解生活垃圾污染会产生负面影响的？（可多选）（　　　　）

1. 电视；　2. 互联网；　3. 广播；　4. 街坊邻居；
5. 亲戚朋友；　6. 政府人员；　7. 书籍报纸；
8. 自身经历与观察；　　　　9. 其他（请注明）________

其中，您最信任的渠道是________

C3. 生活垃圾管理改善需求

C3.1 您是否认为现存的生活垃圾管理服务需要改进？（　　）

1. 不需要改进，能满足现在的生活； 2. 需要改进

（a）若需要改进，则应该在哪些方面改进生活垃圾管理服务？（可多选）（　　　　）

1. 增加垃圾箱的供给数量； 2. 增加垃圾收集和清扫频率；

3. 增加垃圾运输频率； 4. 改善垃圾处理方式；

5. 其他（请注明）________

［**温馨提示**］

1）以下是一些假设情形下的提问，可能会存在一定的假想偏差。请您结合您家的实际收入水平和购买支付能力，如同真实情形下一样慎重思考并做出您的选择。即是说，您在做出决定（即回答）时应该想到："如果这是真实的情形，我一定也会做出这样的选择。"

2）如果大部分人（占所有受访者 60% 以上）拒绝出资来提高生活垃圾管理服务的话，那么，它将得不到有效的改善，生活垃圾管理服务将会保持原状。

（b）若需要改进，您是否愿意支付一定的费用来筹集资金改善生活垃圾管理服务？（　　）

1. 不愿意； 2. 愿意

［**调查说明**］改善的生活垃圾管理服务可以提供充足的垃圾桶以方便居民投放垃圾，并及时地收集和清运生活垃圾，同时最终卫生无害地处置生活垃圾。

C3. 2 若愿意支付一定的费用，那么，每月从您家拿出________元用于改善生活垃圾管理服务，您是否愿意？（　　）（调查者从以下金额中随机选择一种询问受访者：3；5；7；10；15；20；30；50；80，但该题中避免抽取 3 和 80 两个点，单位：元/户·月）

1. 不愿意； 2. 愿意

（a）若第 C3. 2 题受访者选择"愿意"，那拿出的钱的额度变为________元/户·月（向上提高一个额度），您是否愿意？（　　）（调查者在第 C3. 2 题的金额基础上，提高一个额度再次询问受访者）

1. 不愿意； 2. 愿意

(b) 若第 C3. 2 题受访者选择“不愿意”，那拿出的钱的额度变为________元/户·月（向下减少一个额度），您是否愿意？（　　）（调查者在第 C3. 2 题的金额基础上，减少一个额度再次询问受访者）

1. 不愿意；　　2. 愿意

(c) 如果在大多数居民的支持下，生活垃圾管理服务改善项目得以实施，您确定您会实施上述决策吗？（　　）

1. 不确定；　　2. 不是很确定；　　3. 确定

C3. 3 若不愿意支付一定的费用，则原因是？（　　）

1. 家庭收入太低，维持生计都有一定困难，无能力支付此费用；

2. 有能力支付，但认为收费过高；

3. 生活垃圾管理费用应该由政府出资，而不是个人出资；

4. 不相信政府部门会把这些钱用于改善生活垃圾管理服务；

5. 不关心环境问题；

6. 其他（请注明）________

D. 调查对象垃圾处置情况

D1. 您听说过或了解生活垃圾分类吗？即每个家庭把其产生的生活垃圾按规定类别收集，并将这些分类的垃圾分类投放到指定容器里？（　　）

1. 不了解；　　2. 基本了解；　　3. 非常了解

(a) 若了解，则是通过何种途径获知的？（　　）

1. 政府通知；　　2. 社区宣传；　　3. 电视/报纸等媒体的公益广告；

4. 亲戚邻居朋友的告知；　　5. 非政府组织的宣传；

6. 其他（请注明）________

D2. 您得步行多少分钟才能到达离您家最近的垃圾箱（池）？________分钟

D3. 您家附近的垃圾箱（池）是不分类垃圾箱还是分类垃圾箱？（　　）

1. 不分类垃圾箱；2. 分类垃圾箱；　　3. 两种都有；

4. 没有垃圾箱（池）

D4. 您家具有可回收价值的生活垃圾（如废纸、塑料瓶、易拉罐等）

是否分类处置用于废品变卖或重复利用？（　　）

1. 不是；　　　　2. 是

（a）若不是，则原因是（可多选）（　　　　）

1. 经济价值太低；　　　　2. 房屋空间有限；

3. 没时间和精力去分类；　　　　4. 没有分类的习惯；

5. 分类很麻烦复杂；　　　　6. 其他（请注明）________

（b）若是，您卖给谁了？（　　）

1. 小贩上门回收；　　　　2. 送至废品收购站

（c）若是，则原因是？（　　　）

1. 获得经济收益；　　　　2. 经济收益，保护环境；

3. 保护环境

（d）若是，您期望的具有经济价值的生活垃圾处置方式为？（　　）

1. 小贩回收；　　　　2. 社区集中收集；

3. 自己送到垃圾站；

4. 押金返还制度（如把啤酒瓶和电子垃圾退还给零售商以返还相应的押金）

D5. 您家厨房垃圾（剩菜剩叶、果皮、骨头等）是否分类收集处置？（　　）

1. 不是；　　　　2. 是

（a）若不是，则原因是？（可多选）（　　　　）

1. 厨房空间有限；　　　　2. 没时间和精力去分类；

3. 没有分类的习惯；　　　　4. 分类很麻烦复杂；

5. 无相应的垃圾回收点；　　　　6. 其他（请注明）________

其中，最重要的原因是________

（b）若是，则原因是？（可多选）（　　　　）

1. 干湿分类处理符合家庭垃圾桶布局，方便垃圾收集；

2. 有利于减少垃圾，保护环境；

3. 做好事可以带来自身的愉悦；

4. 可以减少以往未保护环境而造成的内疚感；

5. 可以减轻因环境破坏而带来的遗憾；

6. 有利于提高自身的社会形象；

7. 别人这么做了，我也必须这么做；

8. 有利于减轻社会压力（如他人的期望或号召）；

9. 其他（请注明）________

其中，最重要的原因是________

D6. 您家有害垃圾（如废电池、过期药品、废灯管等）是否分类的收集后送至于专门的垃圾箱？（　　）

1. 不是；　　　　2. 是

（a）若不是，则原因是？（可多选）（　　　　）

1. 房屋空间有限；　　　　2. 没时间和精力去分类；

3. 没有分类的习惯；　　　　4. 分类很麻烦复杂；

5. 无相应的垃圾回收点；　　　　6. 其他（请注明）________

其中，最重要的原因是________

（b）若是，则原因是？（可多选）（　　　　）

1. 有利于减少垃圾，保护环境；

2. 做好事可以带来自身的愉悦；

3. 可以减少以往未保护环境而造成的内疚感；

4. 可以减轻因环境破坏而带来的遗憾；

5. 有利于提高自身的社会形象；

6. 别人这么做了，我也必须这么做；

7. 有利于减轻社会压力（如他人的期望或号召）；

8. 其他（请注明）________

其中，最重要的原因是________

D7. 您认为以下哪些因素对您的垃圾分类行为有影响？（可多选）（　　　　）

1. 长期形成的社会规范（如习俗、惯例）直接为日常行为设定了标准，外在或内在地激发我实施垃圾分类；

2. 与居/村委会和政府部门的良性互动关系使我相信居/村委会和政府部门能够有效推进垃圾分类行为；

3. 与其他居民的彼此信任使我确信如果我实施垃圾分类行为其他人也会实施垃圾分类行为；

4. 社区居民委员会的召开和各种活动的举行拉近了居民间的距离，使垃圾不分类的居民迫于邻里舆论压力不得不选择实施垃圾分类行为；

5. 环保卫生活动的开展和邻里之间的互动促进了居民垃圾分类知识和技巧的获取，使我更容易实施垃圾分类；

6. 其他（请注明）________

其中，最重要的影响因素是________

D8. 总的来说，您认为分类处置垃圾会产生哪些成本？（可多选）(　　　　)

1. 分类处置垃圾相当复杂和困难；

2. 分类处置垃圾耗费更多时间和精力；

3. 分类处置垃圾占用房屋空间；

4. 分类处置垃圾不符合长期生活习惯；

5. 自己分类而他人不分类不划算；

6. 其他（请注明）________

其中，您认为最主要的成本是________

D9. 总的来说，您认为分类处置垃圾能给您带来哪些益处？（可多选）(　　　　)

1. 经济收益；　　2. 环境收益；

3. 内在的自我满足；　　4. 塑造良好的社会形象；

5. 减轻社会压力，避免邻里的闲话；6. 其他（请注明）________

其中，您认为最主要的益处是________

D10. 您家的剩余生活垃圾（不包括已经分类处置的垃圾）是否倾倒在生活垃圾收集的指定地点（如垃圾箱、垃圾池等）？(　　)

1. 不是；　　2. 是

(a) 若不是，则其倾倒在何地？（可多选）(　　　　)

1. 道路两旁；　　2. 池塘河（湖）边；

3. 房前屋后；　　4. 村头树旁；

5. 其他（请注明）________

（b）若是，则您倾倒在指定地点的原因是？（可多选）（　　　　）

1. 保护环境；　　2. 遵守社区规定；3. 遵守社会公德；

4. 维护自家形象；5. 内心自我满足；6. 其他人的号召；

7. 其他（请注明）________

其中，最重要的原因是________

D11. 社区是否有人随意抛洒、倾倒生活垃圾？（　　）

1. 几乎没有；　　2. 很少有；　　3. 偶尔有；　　4. 大多时候有；

5. 总是有

（a）如果发生过上述行为，谁更经常制止？（可多选）（　　　　）

1. 没有人；　　2. 周围邻居；　　3. 社区干部；　　4. 我会制止；

5. 其他（请注明）________

D12. 居/村委会发现居民随意倾倒垃圾时是否会采取相应的惩罚措施？（　　）

1. 不会；　　2. 会

（a）若会，以往采取的惩罚措施是？（可多选）（　　　　）

1. 口头警示要求其改正错误行为；　　2. 罚款；

3. 取消评奖；　　4. 发警示信；

5. 要求其在社区志愿服务；　　6. 在公告栏内公示不良行为；

7. 其他（请注明）________

（b）您感觉哪些惩罚措施更有效？（可多选）（　　　　）

1. 口头警示要求其改正错误行为；　　2. 罚款；

3. 取消评奖；　　4. 发警示信；

5. 要求其在社区志愿服务；　　6. 在公告栏内公示不良行为；

7. 其他（请注明）________

其中，您认为哪种方式最有效________

（c）您感觉以下哪些激励措施能有效减少居民的环境污染不良行为？（可多选）（　　　　）

1. 对文明卫生家庭在广播或公告栏里给予表扬；

2. 授予文明卫生家庭荣誉称号；

3. 对文明卫生家庭给予物质奖励（如洗衣粉等日常用品）；

4. 其他（请注明）________

D13. 如果社区内存在其他居民有乱扔或随意倾倒垃圾的现象，你愿意对这种垃圾处置行为进行监督吗？（　　）

1. 不愿意；　　　2. 愿意

（a）在日常生活中，您有监督社区其他居民的生活垃圾处置行为吗（如乱扔垃圾、随意倾倒垃圾）？（　　）

1. 从没有；　　　2. 有时有；　　　3. 经常有

（b）若从没有，则原因是？（可多选）（　　　　）

1. 对社区没有归属感，也不关心社区环境维护；

2. 没有时间或没有权利；

3. 碍于邻里关系，不好直接干预监督；

4. 监管是社区干部的事，不关我们的事；

5. 彼此社会交往较少，很难监督其他居民垃圾处置行为；

6. 其他（请注明）________

其中，最重要的原因是________

（c）若有，则原因是？（可多选）（　　　　）

1. 公众参与邻里卫生环境治理是每个居民的权利与义务；

2. 良好卫生环境是集体所有，个人无权私自破坏其环境；

3. 彼此间交往频繁，很容易了解和监督其他居民垃圾处置行为；

4. 土生土长在本地，对这块土地具有浓厚的感情；

5. 其他（请注明）________

其中，最重要的原因是________

E. 生活垃圾源头分类选择实验

［**调查说明**］

“垃圾围城”已经成为困扰社会经济可持续发展的突出问题，尤其是城郊区更是如此。其不仅影响社区形象，而且直接危害着居民的身体健康，以及畜禽和农作物的健康生长。生活垃圾分类作为破解“垃圾围城”困境的重要举措，是实现生活垃圾减量化、资源化和无害化的关键环节，其有利于改善社区生产生活环境、建设美丽家园。为此，政府拟通过改善垃圾分类容器、实施垃圾有偿回收，提高生活垃圾收费来诱导居民垃圾分类。政府所提供的服务水平不同，则您需要实施的垃圾分类程度也将不同。当然您也可选择维持原状而不接受任何改变。

［**温馨提示**］

1）以下是一些假设情形下的政策方案，可能会存在一定的假想偏差。请您结合您家的实际收入水平和购买支付能力，如同真实情形下一样慎重思考并做出您的选择。即是说，您在做出决定（即回答）时应该想到：“如果这是真实的情形，我一定也会做出这样的选择。”

2）如果大部分人（占所有受访者60%以上）拒绝实施生活垃圾分类行为的话，那么，它将得不到有效的改善，生活垃圾分类将会保持原状，生活垃圾将难以有效实现减量化、资源化和无害化。

方案属性及其状态水平

方案属性	状态（定义）
垃圾分类容器	原状（不提供垃圾分类袋和桶）；
	改善（免费提供垃圾分类袋和桶）
垃圾有偿回收	原状（小贩回收或自己送往回收站）；
	改善（社区回收）
生活垃圾收费	原状（每户征收4元/月的垃圾处理费）；
	改善（每户征收13元/月的垃圾处理费）
垃圾分类行为	原状（不分类，将所有垃圾一起投放垃圾箱）
	分两类（可回收物即具有外卖价值的垃圾、其他垃圾）
	分三类（可回收物、厨余垃圾、其他垃圾）
	分四类（可回收物、厨余垃圾、有害垃圾、其他垃圾）

下面是一些假设方案下的选择问题。在每一个选择集中，您将面临三个选择，其中方案A和方案B是改善后的生活垃圾分类方案，方案C是没有任何改进的原状。请结合您的实际情况做出相应的选择。

附录 1
生活垃圾处理居民调查问卷

选择集 1　　　　　　　　　　　　　　　　　　您的选择是：

	方案 A	方案 B	方案 C（原状）
垃圾分类容器	不提供	免费提供	不提供
垃圾有偿回收	社区回收	小贩回收/自己送往回收站	小贩回收/自己送往回收站
生活垃圾收费	4 元/月・户	4 元/月・户	4 元/月・户
垃圾分类行为	分三类（可回收物、厨余、其他）	分四类（可回收物、厨余、有害、其他）	不分类

若哪个也不选，则原因是：________

1. 房屋空间有限，难以分类；
2. 垃圾分类耗费时间精力；
3. 垃圾分类对我来说很复杂；
4. 不关心环境问题；
5. 不相信生活垃圾分类项目的有效性；
6. 不相信改进的方案能够成功实施；
7. 垃圾分类是政府的事，个人没有义务分类；
8. 其他原因（请说明____________________________）

选择集 2　　　　　　　　　　　　　　　　　　您的选择是：

	方案 A	方案 B	方案 C（原状）
垃圾分类容器	免费提供	免费提供	不提供
垃圾有偿回收	社区回收	小贩回收/自己送往回收站	小贩回收/自己送往回收站
生活垃圾收费	13 元/月・户	4 元/月・户	4 元/月・户
垃圾分类行为	分两类（可回收物、其他）	分三类（可回收物、厨余、其他）	不分类

选择集 3　　　　　　　　　　　　　　　　　　您的选择是：

	方案 A	方案 B	方案 C（原状）
垃圾分类容器	不提供	不提供	不提供
垃圾有偿回收	社区回收	小贩回收/自己送往回收站	小贩回收/自己送往回收站
生活垃圾收费	4 元/月・户	13 元/月・户	4 元/月・户
垃圾分类行为	分四类（可回收物、厨余、有害、其他）	分两类（可回收物、其他）	不分类

选择集 4　　　　　　　　　　　　　　　　您的选择是：

	方案 A	方案 B	方案 C（原状）
垃圾分类容器	免费提供	不提供	不提供
垃圾有偿回收	小贩回收/自己送往回收站	社区回收	小贩回收/自己送往回收站
生活垃圾收费	13 元/月・户	4 元/月・户	4 元/月・户
垃圾分类行为	分三类（可回收物、厨余、其他）	分四类（可回收物、厨余、其他）	不分类

选择集 5　　　　　　　　　　　　　　　　您的选择是：

	方案 A	方案 B	方案 C（原状）
垃圾分类容器	免费提供	不提供	不提供
垃圾有偿回收	社区回收	社区回收	小贩回收/自己送往回收站
生活垃圾收费	13 元/月・户	4 元/月・户	4 元/月・户
垃圾分类行为	分两类（可回收物、其他）	分四类（可回收物、厨余、有害、其他）	不分类

选择集 6　　　　　　　　　　　　　　　　您的选择是：

	方案 A	方案 B	方案 C（原状）
垃圾分类容器	免费提供	不提供	不提供
垃圾有偿回收	小贩回收/自己送往回收站	小贩回收/自己送往回收站	小贩回收/自己送往回收站
生活垃圾收费	4 元/月・户	13 元/月・户	4 元/月・户
垃圾分类行为	分四类（可回收物、厨余、有害、其他）	分两类（可回收物、其他）	不分类

E1. 在做上述选择时，您是否考虑了方案中的每个属性？

方案属性	做选择时是否考虑？		请选择
垃圾分类容器	1. 没有考虑	2. 考虑了	（　）
垃圾有偿回收	1. 没有考虑	2. 考虑了	（　）
混合垃圾收费	1. 没有考虑	2. 考虑了	（　）
垃圾分类行为	1. 没有考虑	2. 考虑了	（　）

E2. 虽然上述政策的调整仍然是假想的，但只要获得了大多数居民的支持，上述政策的调整将在很短时期内正式执行，您确定您会实施上述所选择的分类行为吗？（　　）

1. 不确定；　　2. 不是很确定；　　3. 确定

问卷结束，再次向您表示衷心的感谢！

附录 2

生活垃圾处理社区调查问卷

所在市（区、县）、镇（乡）、社区名称：__________________

调查对象姓名：________　职务：________　联系电话：__________

填表人姓名：________　填表时间：__________________

［**调查介绍**］

1. 这是一项关于浙江大学中国农村发展研究院生活垃圾治理的科学研究。

2. 您的积极参与和宝贵意见将有助于本研究的顺利进行。

3. 本问卷所有选项均无对错之分，请根据自身实际情况填写。

4. 您提供的信息只用于该科学研究，所有信息都将保密，不会被其他任何机构分享。

5. 这次调查将花费您大约 15 分钟时间，感谢您的支持与帮助！

A. 社区基本情况

社区总人口	社区占地面积	社区规模	外来人口比例	距市中心距离	水泥路所占比例	自来水用户所占比例
（千人）	（亩）	（千户）	（%）	（千米）	（%）	（%）

祠堂	收入状况	贫富差距	污水排放设施	商品能源做饭用户所占比例	手机电话用户所占比例
1 没有 2 有	1 比较富裕； 2 一般； 3 比较贫穷	1 比较大； 2 适中； 3 比较小	1 没有 2 有	（%）	（%）

B. 社区生活垃圾管理情况

B1. 与往年相比，社区生活垃圾污染治理有改善吗？（　　）

1. 改善了；　　2. 无变化；　　3. 恶化了

（a）若改善了，则在哪些方面有改善？（可多选）（　　）

1. 垃圾分类；　　2. 垃圾投放设施；

3. 垃圾收集；　　4. 垃圾运输；

5. 垃圾最终处置

（b）若恶化了，则在哪些方面有恶化？（可多选）（　　）

1. 由于居住人口增加，基础设施相对不足；　　2. 垃圾外溢；

3. 恶臭气味；　　4. 垃圾分类；　　5. 垃圾收集；　　6. 垃圾运输；

7. 垃圾最终处置

B2. 居民将生活垃圾随意抛洒、倾倒的现象普遍吗？（　　）

1. 非常普遍；　　2. 少数人这样做；3. 没有人这么做

B3. 社区是否配有卫生管理专职干部？（　　）

1. 没有；　　2. 有

B4. 当地有没有组织过关于生活垃圾污染、分类处置等方面的宣传教育？（　　）

1. 街道/乡镇干部宣传过；　　2. 居/村委干部宣传过；

3. 街坊邻居宣传过；　　4. 环保组织宣传过；

5. 无人宣传

B5. 社区是否有开展环境卫生治理活动（如世界卫生日或春节前夕的大扫除等）？（　　）

1. 没有；　　2. 有

（a）若有，最近一次是什么时候？（　　）多大比例的人参加了？（　　）

（b）若有，社区采取了哪些措施奖励居民参加？（可多选）（　　）

1. 在广播或公告栏里号召；

2. 在公告栏内公示参与者名单；

3. 授予“卫生家庭”等荣誉称号；

4. 给予物质奖励（如洗衣粉等日常用品）；

5. 没有奖励措施；

6. 其他（请注明）________

（c）若有，社区采取了哪些措施惩罚居民不参加？（可多选）（　　　）

1. 取消社区评奖资格；　　2. 在公告栏内公示未参与者名单；

3. 口头警示；　　4. 罚款；

5. 没有惩罚措施；　　6. 其他（请注明）________

B6. 当地有多少公用生活垃圾收集设施（如垃圾箱、垃圾池等）？（　　）

1. 没有；　　2. 有，数量为________（缺乏/充足）

B7. 当地的生活垃圾最终是如何处理的？（　　）

1. 就地露天堆积，自然消纳；　　2. 运至附近野外堆放、填埋、焚烧

3. 运至垃圾处理厂焚烧、填埋等；　　4. 其他（请注明）________

B8. 当地居民是否需要定期缴纳生活垃圾管理服务费？（　　）

1. 需要，费用为________/月·户；　2. 不需要

若不需要，则生活垃圾管理资金来源于何处？（　　）

1. 居/村委会；

2. 乡镇及以上政府拨款；

3. 能人、企业、组织等的资助；

4. 没有生活垃圾管理资金，也不存在生活垃圾管理服务；

5. 其他（请注明）________

B9. 您认为社区生活垃圾管理工作哪个环节最需要加强？（可多选）（　　　）

1. 设立垃圾箱/池；　　2. 增加垃圾箱/池；

3. 增加可分类的垃圾投放设施；　　4. 增加街道清扫频率；

5. 增加垃圾收集频率；　　6. 增加垃圾运输频率；

7. 改善垃圾最终处理环节，即焚烧、填埋或堆肥；

8. 其他（请注明）________

B10. 您感觉您所在社区的本地居民与外来居民在垃圾分类上是否有差异？（　　）

1. 没有差异；　　2. 有差异

若有差异，可能原因是？（可多选）（　　）

1. 本地居民身份认同，更关注生活环境，而外来人员身份认同较低；

2. 外来人员更少关注周围人的评价；

3. 外来人员出于经济收益更倾向于分类；

4. 外来人员收入水平较低，较少关注环境；

5. 外来人员居住条件较差，缺乏合适的空间分类；

6. 其他（请注明）________

B11. 社区是否有垃圾分类鼓励政策？（　　）

1. 没有；　　2. 有

若有，则垃圾分类鼓励政策为？（　　）

1. 免费提供垃圾袋；

2. 免费提供垃圾桶；

3. 垃圾分类积分制（积分可换取物品）；

4. 给予垃圾分类较好的家户一定的物质奖励；

5. 其他（请注明）________

B12. 如果社区决定集体重修社区道路，不参与投劳折资的居民会遭到警示提醒或其他居民的排挤冷落吗？（　　）

1. 从不会；　　2. 很少会；　　3. 有时会；　　4. 大多时候会；

5. 总是会

B13. 社区是否有订立诸如村规民约或文明公约之类的居民行为准则？（　　）

1. 没有；　　2. 有

（a）若有，则具体包括哪些方面？（　　）

1. 社会治安方面；　　2. 消防安全方面；

3. 民主治理方面；　　4. 村风民俗方面；

5. 邻里关系方面；　　6. 婚姻家庭方面；

7. 其他（请注明）________

（b）若有，则是否明确谈论到居民的环境卫生保护职责？（　　）

1. 没有涉及；　　2. 有涉及

（c）若有，如果居民违反了村规民约则如何处置？（　　　）

1. 情节严重的交给公安机关处理；

2. 罚款；

3. 取消评奖；

4. 自行改正或履约前，暂停提供办理各种手续；

5. 在公告栏内公示不良行为；

6. 口头警示要求其改正错误行为；

7. 其他（请注明）________

B14. 社区经常发生的纠纷为？（可多选）（　　　）最棘手的有？（　　　）

1. 噪音污染纠纷；　　2. 用水、排水纠纷；

3. 通风、采光纠纷；　　4. 污染侵害纠纷；

5. 道路通行纠纷；　　6. 经济纠纷；

7. 家庭纠纷；　　8. 其他（请注明）________

B15. 社区发生纠纷是如何解决的：

纠纷类型	噪音污染纠纷	用水、排水纠纷	通风、采光纠纷	污染侵害纠纷	道路通行纠纷	经济纠纷	家庭纠纷	其他纠纷（请注明）
解决方式	1. 法院或公安机关调解；2. 居/村委会调解；3. 村中德高望重人士调解；4. 双方自行调解；5. 其他（请注明）							
请选择								

问卷结束，再次向您表示衷心的感谢

参考文献

[1] Abbott, A., Nandeibam, S. & O'Shea, L. Recycling: Social norms and warm-glow revisited [J]. Ecological Economics, 2013, 90: 10 - 18.

[2] Adams, W. M., Brockington, D., Dyson, J. & Vira, B. Managing tragedies: Understanding conflict over common pool resources [J]. Science, 2003, 302 (5652): 1915 - 1916.

[3] Adger, W. N. Social capital, collective action, and adaptation to climate change [J]. Economic Geography, 2003, 79 (4): 387 - 404.

[4] Afon, A. O. & Okewole, A. Estimating the quantity of solid waste generation in Oyo, Nigeria [J]. Waste Management & Research, 2007, 25 (4): 371 - 379.

[5] Afroz, R., Hanaki, K. & Hasegawa-Kurisu, K. Willingness to pay for waste management improvement in Dhaka city, Bangladesh [J]. Journal of Environmental Management, 2009, 90 (1): 492 - 503.

[6] Afroz, R., Hanaki, K. & Tudin, R. Factors affecting waste generation: A study in a waste management program in Dhaka City, Bangladesh [J]. Environmental Monitoring and Assessment, 2011, 179 (1): 509 - 519.

[7] Afroz, R. & Masud, M. M. Using a contingent valuation approach for improved solid waste management facility: Evidence from Kuala Lumpur, Malaysia [J]. Waste Management, 2011, 31 (4): 800 - 808.

[8] Ağdağ, O. N. Comparison of old and new municipal solid waste management systems in Denizli, Turkey [J]. Waste Management, 2009, 29

(1): 456 - 464.

[9] Agrawal, A. Common property institutions and sustainable governance of resources [J]. World Development, 2001, 29 (10): 1649 - 1672.

[10] Agrawal, A. & Goyal, S. Group size and collective action third-party monitoring in common-pool resources [J]. Comparative Political Studies, 2001, 34 (1): 63 - 93.

[11] Ahlerup, P., Olsson, O., & Yanagizawa, D. Social capital vs institutions in the growth process [J]. European Journal of Political Economy, 2009, 25 (1): 1 - 14.

[12] Al-Khatib, I. A., Monou, M., Abu Zahra, A. S. F., Shaheen, H. Q., & Kassinos, D. Solid waste characterization, quantification and management practices in developing countries. A case study: Nablus district-Palestine [J]. Journal of Environmental Management, 2010, 91 (5): 1131 - 1138.

[13] Allers, M. A. & Hoeben, C. Effects of unit-based garbage pricing: A differences-in-differences approach [J]. Environmental and Resource Economics, 2010, 45 (3): 405 - 428.

[14] Altaf, M. A. & Deshazo, J. R. Household demand for improved solid waste management: A case study of Gujranwala, Pakistan [J]. World Development, 1996, 24 (5): 857 - 868.

[15] Anderies, J. M., Janssen, M. A. & Ostrom, E. A framework to analyze the robustness of social-ecological systems from an institutional perspective [J]. Ecology and Society, 2004, 9 (1): 18.

[16] Anderson, B. A., Romani, J. H., Phillips, H., Wentzel, M. & Tlabela, K. Exploring environmental perceptions, behaviors and awareness: Water and water pollution in South Africa [J]. Population and Environment, 2007, 28 (3): 133 - 161.

[17] Anderson, J. E. Public Policymaking [M]. Boston: Houghton-Mifflin, 2014.

[18] Anderson, R. C. The United States Experience with Economic Incen-

tives for Protecting the Environment [M]. Washington, D. C.: US EPA, 2001.

[19] Ando, A. W. & Gosselin, A. Y. Recycling in multifamily dwellings: Does convenience matter [J]. Economic Inquiry, 2005, 43 (2): 426 –438.

[20] Andreoni, J. Impure altruism and donations to public goods: A theory of warm-glow giving [J]. Economic Journal, 1990, 100 (401): 464 –477.

[21] Anheier, H., & Kendall, J. Interpersonal trust and voluntary associations: Examining three approaches [J]. British Journal of Sociology, 2002, 53 (3): 343 –362.

[22] Aphale, O., Thyberg, K. L. & Tonjes, D. J. Differences in waste generation, waste composition, and source separation across three waste districts in a New York suburb [J]. Resources, Conservation and Recycling, 2015, 99, 19 –28.

[23] Araral, E. What explains collective action in the commons? Theory and evidence from the Philippines [J]. World Development, 2009, 37 (3): 687 –697.

[24] Arellano, M. & Bond, S. Some tests of specification for panel data: Monte Carlo evidence and an application to employment equations [J]. Review of Economic Studies, 1991, 58 (2): 277 –297.

[25] Aşıcı, A. A. Economic growth and its impact on environment: A panel data analysis [J]. Ecological Indicators, 2013, 24: 324 –333.

[26] Axelrod, R. & Hamilton, W. D. The evolution of cooperation [J]. Science, 1981, 211 (4489): 1390 –1396.

[27] Azizi Khalkheili, T. & Zamani, G. H. Farmer participation in irrigation management: The case of Doroodzan Dam Irrigation Network, Iran [J]. Agricultural Water Management, 2009, 96 (5): 859 –865.

[28] Baland, J. & Platteau, J. Halting Degradation of Natural Resources: Is There A Role for Rural Communities [M]. Oxford: Clarendon Press, 1996.

[29] Baliamoune-Lutz, M. Trust-based social capital, institutions and development [J]. Journal of Socio-Economics, 2011, 40 (4): 335 –346.

[30] Bandara, N. J., Hettiaratchi, J. P. A., Wirasinghe, S. C. & Pilapiiya, S. Relation of waste generation and composition to socio-economic factors: A case study [J]. Environmental Monitoring and Assessment, 2007, 135 (1-3): 31-39.

[31] Baral, N. & Heinen, J. T. Resources use, conservation attitudes, management intervention and park-people relations in the Western Terai landscape of Nepal [J]. Environmental Conservation, 2007, 34 (01): 64-72.

[32] Barnes-Mauthe, M., Gray, S. A., Arita, S., Lynham, J. & Leung, P. What determines social capital in a social-ecological system? Insights from a network perspective [J]. Environmental Management, 2015, 55 (2): 392-410.

[33] Barr, S. Factors influencing environmental attitudes and behaviors: A U. K. case study of household waste management [J]. Environment and Behavior, 2007, 39 (4): 435-473.

[34] Batllevell, M. & Hanf, K. The fairness of PAYT systems: Some guidelines for decision-makers [J]. Waste Management, 2008, 28 (12): 2793-2800.

[35] Beck, N. & Katz, J. N. What to do (and not to do) with time-series cross-section data [J]. American Political Science Review, 1995, 89 (3): 634-647.

[36] Becker, G. S. A theory of social interactions [J]. Journal of Political Economy, 1974, 82 (6): 1063-1093.

[37] Behera, B. Explaining the performance of state-community joint forest management in India [J]. Ecological Economics, 2009, 69 (1): 177-185.

[38] Beigl, P., Wassermann, G., Schneider, F. & Salhofer, S. Forecasting municipal solid waste generation in major European cities [M]. In: Pahl-Wostl, C., Schmidt, S. & Jakeman, T. (Eds.), Proceedings of iEMSs 2004 International Congress. Osnabrueck, Germany: International Environmental Modelling and Software Society, 2004.

[39] Bénabou, R. & Tirole, J. Intrinsic and extrinsic motivation [J]. Review of Economic Studies, 2003, 70 (3): 489 - 520.

[40] Benítez, S. O., Lozano-Olvera, G., Morelos, R. A. & Vega, C. A. D. Mathematical modeling to predict residential solid waste generation [J]. Waste Management, 2008, 28: S7 - S13.

[41] Bentley, A. F. The Process of Government [M]. Chicago: University of Chicago Press, 1908.

[42] Berglund, C. The assessment of households' recycling costs: The role of personal motives [J]. Ecological Economics, 2006, 56 (4): 560 - 569.

[43] Bernstad, A. K., la Cour Jansen, J. & Aspegren, H. Life cycle assessment of a household solid waste source separation programme: A Swedish case study [J]. Waste Management & Research, 2011, 29 (10): 1027 - 1042.

[44] Bernstad, A. Household food waste separation behavior and the importance of convenience [J]. Waste Management, 2014, 34 (7): 1317 - 1323.

[45] Bilitewski, B. From traditional to modern fee systems [J]. Waste Management, 2008, 28 (12): 2760 - 2766.

[46] Bishai, D. M. Does time preference change with age [J]. Journal of Population Economics, 2004, 17 (4): 583 - 602.

[47] Blackman, A., Uribe, E., van Hoof, B. & Lyon, T. P. Voluntary environmental agreements in developing countries: The Colombian experience [J]. Policy Sciences, 2013, 46 (4): 335 - 385.

[48] Bodin, Ö. & Crona, B. I. Management of natural resources at the community level: Exploring the role of social capital and leadership in a rural fishing community [J]. World Development, 2008, 36 (12): 2763 - 2779.

[49] Bodin, Ö. & Crona, B. I. The role of social networks in natural resource governance: What relational patterns make a difference [J]. Global Environmental Change, 2009, 19 (3): 366 - 374.

[50] Boonrod, K., Towprayoon, S., Bonnet, S. & Tripetchkul, S. Enhancing organic waste separation at the source behavior: A case study of the application of motivation mechanisms in communities in Thailand [J]. Resources, Conservation and Recycling, 2015, 95: 77 - 90.

[51] Bouma, J., Bulte, E. & van Soest, D. Trust and cooperation: Social capital and community resource management [J]. Journal of Environmental Economics and Management, 2008, 56 (2): 155 - 166.

[52] Bourdieu, P. The forms of capital [M]. In: Richardson, J. G. (Eds.), Handbook of Theory and Research for the Sociology of Education. New York: Greenwood Press, 1986: 241 - 258.

[53] Bouvier, R. & Wagner, T. The influence of collection facility attributes on household collection rates of electronic waste: The case of televisions and computer monitors [J]. Resources, Conservation and Recycling, 2011, 55 (11): 1051 - 1059.

[54] Bowles, S. Policies designed for self-interested citizens may undermine "the moral sentiments": Evidence from economic experiments [J]. Science, 2008, 320 (5883): 1605 - 1609.

[55] Bowles, S. & Gintis, H. Social capital and community governance [J]. Economic Journal, 2002, 112 (483): F419 - F436.

[56] Bowles, S. & Polania-Reyes, S. Economic incentives and social preferences: Substitutes or complements [J]. Journal of Economic Literature, 2012, 50 (2): 368 - 425.

[57] Boyd, R. & Mathew, S. A narrow road to cooperation [J]. Science, 2007, 316 (5833): 1858 - 1859.

[58] Brekke, K. A., Kverndokk, S. & Nyborg, K. An economic model of moral motivation [J]. Journal of Public Economics, 2003, 87 (9): 1967 - 1983.

[59] Brondizio, E. S., Ostrom, E. & Young, O. R. Connectivity and the governance of multilevel social-ecological systems: The role of social capital

[J]. Annual Review of Environment and Resources, 2009, 34: 253 - 278.

[60] Bruvoll, A. & Nyborg, K. On the value of households' recycling efforts [R]. Norway: Research Department of Statistics Norway, 2002.

[61] Bucciol, A., Montinari, N., Piovesan, M. & Valmasoni, L. Measuring the impact of economic incentives in waste sorting [M]. In: D'Amato, A., Mazzanti, M. & Montini, A. (Eds.), Waste Management in Spatial Environments. London: Routledge, 2013, 28 - 42.

[62] Bucciol, A., Montinari, N. & Piovesan, M. Do not trash the incentive! Monetary incentives and waste sorting [J]. Scandinavian Journal of Economics, 2015, 117 (4): 1204 - 1229.

[63] Burke, M. A. & Young, H. P. Social norms [M]. In: Bisin, A., Benhabib, J. & Jackson, M. (Eds.), The Handbook of Social Economics. Amsterdam: North-Holland, 2010: 311 - 338.

[64] Calaf-Forn, M., Roca, J. & Puig-Ventosa, I. Cap and trade schemes on waste management: A case study of the Landfill Allowance Trading Scheme (LATS) in England [J]. Waste Management, 2014, 34 (5): 919 - 928.

[65] Cardenas, J. C., Stranlund, J. & Willis, C. Local environmental control and institutional crowding-out [J]. World Development, 2000, 28 (10): 1719 - 1733.

[66] Carlsson, F., Frykblom, P. & Lagerkvist, C. J. Using cheap talk as a test of validity in choice experiments [J]. Economics Letters, 2005, 89 (2): 147 - 152.

[67] Cecere, G., Mancinelli, S. & Mazzanti, M. Waste prevention and social preferences: The role of intrinsic and extrinsic motivations [J]. Ecological Economics, 2014, 107: 163 - 176.

[68] Charuvichaipong, C. & Sajor, E. Promoting waste separation for recycling and local governance in Thailand [J]. Habitat International, 2006, 30 (3): 579 - 594.

[69] Che, Y., Lu, Y., Tao, Z. & Wang, P. The impact of income on democracy revisited [J]. Journal of Comparative Economics, 2013, 41 (1): 159 - 169.

[70] Chen, X., Geng, Y. & Fujita, T. An overview of municipal solid waste management in China [J]. Waste Management, 2010, 30 (4): 716 - 724.

[71] Chu, Z., Wang, W., Wang, B. & Zhuang, J. Research on factors influencing municipal household solid waste separate collection: Bayesian belief networks [J]. Sustainability, 2016, 8 (2): 152.

[72] Chung, S. S. & Lo, C. W. Local waste management constraints and waste administrators in China [J]. Waste Management, 2008, 28 (2): 272 - 281.

[73] Chung, S. S. & Poon, C. S. A comparison of waste-reduction practices and new environmental paradigm of rural and urban Chinese citizens [J]. Journal of Environmental Management, 2001, 62 (1): 3 - 19.

[74] Cohen, M. A. Monitoring and enforcement of environmental policy [M]. In: Tietenberg, T. & Folmer, H. (Eds.), International Yearbook of Environmental and Resource Economics. Cheltenham: Edward Elgar, 1999, 44 - 106.

[75] Coleman, E. A. Institutional factors affecting biophysical outcomes in forest management [J]. Journal of Policy Analysis and Management, 2009, 28 (1): 122 - 146.

[76] Coleman, E. A. & Steed, B. C. Monitoring and sanctioning in the commons: An application to forestry [J]. Ecological Economics, 2009, 68 (7): 2106 - 2113.

[77] Coleman, J. S. Social capital in the creation of human capital [J]. American Journal of Sociology, 1988, 94: S95 - S120.

[78] Coleman, J. S. Foundations of Social Theory [M]. Cambridge, MA: Harvard University Press, 1990.

[79] Conroy, C., Mishra, A. & Rai, A. Learning from self-initiated community forest management in Orissa, India [J]. Forest Policy and Economics, 2002, 4 (3): 227-237.

[80] Coulibaly-Lingani, P., Savadogo, P., Tigabu, M. & Oden, P. Factors influencing people's participation in the forest management program in Burkina Faso, West Africa [J]. Forest Policy and Economics, 2011, 13 (4): 292-302.

[81] Cramb, R. A. Social capital and soil conservation: Evidence from the Philippines [J]. Australian Journal of Agricultural and Resource Economics, 2005, 49 (2): 211-226.

[82] Crona, B., Gelcich, S. & Bodin, Ö. The importance of interplay between leadership and social capital in shaping outcomes of rights-based fisheries governance [J]. World Development, 2017, 91: 70-83.

[83] Cvetkovich, G. & Winter, P. L. Trust and social representations of the management of threatened and endangered species [J]. Environment and Behavior, 2003, 35 (2): 286-307.

[84] Czajkowski, M., Kądziela, T. & Hanley, N. We want to sort! Assessing households' preferences for sorting waste [J]. Resource and Energy Economics, 2014, 36 (1): 290-306.

[85] Dahlén, L., Vukicevic, S., Meijer, J. & Lagerkvist, A. Comparison of different collection systems for sorted household waste in Sweden [J]. Waste Management, 2007, 27 (10): 1298-1305.

[86] Dahlén, L. & Lagerkvist, A. Pay as you throw: Strengths and weaknesses of weight-based billing in household waste collection systems in Sweden [J]. Waste Management, 2010, 30 (1): 23-31.

[87] Dale, A. & Newman, L. Social capital: A necessary and sufficient condition for sustainable community development [J]. Community Development Journal, 2010, 45 (1): 5-21.

[88] Daniele, G. & Geys, B. Interpersonal trust and welfare state support

[J]. European Journal of Political Economy, 2015, 39: 1-12.

[89] Daskalopoulos, E., Badr, O. & Probert, S. D. Municipal solid waste: A prediction methodology for the generation rate and composition in the European Union countries and the United States of America [J]. Resources, Conservation and Recycling, 1998, 24 (2): 155-166.

[90] De Charms, R. Personal Causation: The Internal Affective Determinants of Behavior [M]. New York, USA: Academic Press, 2013.

[91] Deci, E. L. Intrinsic Motivation [M]. New York, USA: Plenum Press, 1975.

[92] Dekker, K. Social capital, neighbourhood attachment and participation in distressed urban areas. A case study in The Hague and Utrecht, the Netherlands [J]. Housing Studies, 2007, 22 (3): 355-379.

[93] de Krom, M. P. Farmer participation in agri-environmental schemes: Regionalisation and the role of bridging social capital [J]. Land Use Policy, 2017, 60: 352-361.

[94] De Young, R. Recycling as appropriate behavior: A review of survey data from selected recycling education programs in Michigan [J]. Resources, Conservation and Recycling, 1990, 3 (4): 253-266.

[95] Diaz, R. & Otoma, S. Cost-benefit analysis of waste reduction in developing countries: A simulation [J]. Journal of Material Cycles and Waste Management, 2014, 16 (1): 108-114.

[96] Dietz, T., Ostrom, E. & Stern, P. C. The struggle to govern the commons [J]. Science, 2003, 302 (5652): 1907-1912.

[97] Dijkgraaf, E. & Gradus, R. H. J. M. Cost savings in unit-based pricing of household waste: The case of The Netherlands [J]. Resource and Energy Economics, 2004, 26 (4): 353-371.

[98] Dolisca, F., Carter, D. R., McDaniel, J. M., Shannon, D. A. & Jolly, C. M. Factors influencing farmers' participation in forestry management programs: A case study from Haiti [J]. Forest Ecology and Management,

2006, 236 (2-3): 324-331.

[99] Dolšak, N. Climate change policy implementation: A cross-sectional analysis [J]. Review of Policy Research, 2009, 26 (5): 551-570.

[100] Dong, S., Kurt W, T. & Wu, Y. Municipal solid waste management in China: Using commercial management to solve a growing problem [J]. Utilities Policy, 2001, 10 (1): 7-11.

[101] D'Silva, E. & Pai, S. Social capital and collective action: Development outcomes in forest protection and watershed development [J]. Economic and Political Weekly, 2003, 38 (14): 1404-1415.

[102] Dulal, H. B., Foa, R. & Knowles, S. Social capital and cross-country environmental performance [J]. Journal of Environment & Development, 2011, 20 (2): 121-144.

[103] Durlauf, S. N. & Fafchamps, M. Social capital [M]. In: Agion, P. & Durlauf, S. N. (Eds.), Handbook of Economic Growth. Amsterdam: North Holland, 2005, 1641-1699.

[104] Ekere, W., Mugisha, J. & Drake, L. Factors influencing waste separation and utilization among households in the Lake Victoria crescent, Uganda [J]. Waste Management, 2009, 29 (12): 3047-3051.

[105] Eskeland, G. S. & Jimenez, E. Policy instruments for pollution control in developing countries [J]. World Bank Research Observer, 1992, 7 (2): 145-169.

[106] Eurostat. News Release 33/2013 [OL]. Available at: http://ec.europa.eu/eurostat/docu ments/2995521/5160410/8-04032013-BP-EN.PDF/c8bcd2cd-a8d0-4bf1-b862-62 209408c532? version=1.0, 2013.

[107] Fehr, E. & Falk, A. Psychological foundations of incentives [J]. European Economic Review, 2002, 46 (4): 687-724.

[108] Fehr, E. & Gächter, S. Cooperation and punishment in public goods experiments [J]. American Economic Review, 2000, 90 (4): 980-994.

[109] Feldstein, M. The effect of marginal tax rates on taxable income: A

panel study of the 1986 Tax Reform Act [J]. Journal of Political Economy, 1995, 103 (3): 551 -572.

[110] Fell, P. T. Conflict and legitimacy: explaining tensions in Swedish hunting policy at the local level [J]. Environmental Politics, 2008, 17 (1): 105 -114.

[111] Ferrara, I. & Missios, P. A cross-country study of household waste prevention and recycling: Assessing the effectiveness of policy instruments [J]. Land Economics, 2012, 88 (4): 710 -744.

[112] Ferrer-i-Carbonell, A. & Frijters, P. How important is methodology for the estimates of the determinants of happiness [J]. Economic Journal, 2004, 114 (497): 641 -659.

[113] Fiorillo, D. Household waste recycling: National survey evidence from Italy [J]. Journal of Environmental Planning and Management, 2013, 56 (8): 1125 -1151.

[114] Folz, D. H. Recycling program design, management, and participation: A national survey of municipal experience [J]. Public Administration Review, 1991, 51 (3): 222 -231.

[115] Folz, D. H. & Giles, J. N. Municipal experience with "pay-as-you-throw" policies: Findings from a national survey [J]. State & Local Government Review, 2002, 34 (2): 105 -115.

[116] Folz, D. H. & Hazlett, J. M. Public participation and recycling performance: Explaining program success [J]. Public Administration Review, 1991, 51 (6): 526 -532.

[117] Fonta, W. M., Ichoku, H. E., Ogujiuba, K. K. & Chukwu, J. O. Using a contingent valuation approach for improved solid waste management facility: Evidence from Enugu State, Nigeria [J]. Journal of African Economies, 2008, 17 (2): 277 -304.

[118] Frable, G. W., Berkshire, M. & Geerts, J. Pay-As-You-Waste: State of Iowa Implementation Guide for Unit-Based Pricing [R]. Cedar Rapids,

Iowa: East Central Iowa Council of Governments, 1997.

[119] Frey, B. S. Motivation as a limit to pricing [J]. Journal of Economic Psychology, 1993, 14 (4): 635 -664.

[120] Frey, B. S. & Jegen, R. Motivation crowding theory [J]. Journal of Economic Surveys, 2001, 15 (5): 589 -611.

[121] Frey, B. & Meier, S. Social comparisons and pro-social behavior: Testing "conditional cooperation" in a field experiment [J]. American Economic Review, 2004, 94 (5): 1717 -1722.

[122] Fujiie, M., Hayami, Y. & Kikuchi, M. The conditions of collective action for local commons management: The case of irrigation in the Philippines [J]. Agricultural Economics, 2005, 33 (2): 179 -189.

[123] Fukuyama, F. Trust: The Social Virtues and the Creation of Prosperity [M]. New York: Free Press, 1995.

[124] Fullerton, D. & Kinnaman, T. C. Household responses to pricing garbage by the bag [J]. American Economic Review, 1996, 86 (4): 971 - 984.

[125] Gächter, S., Herrmann, B. & Thöni, C. Trust, voluntary cooperation, and socio-economic background: Survey and experimental evidence [J]. Journal of Economic Behavior & Organization, 2004, 55 (4): 505 -531.

[126] Gallardo, A., Bovea, M. D., Colomer, F. J., Prades, M. & Carlos, M. Comparison of different collection systems for sorted household waste in Spain [J]. Waste Management, 2010, 30 (12): 2430 -2439.

[127] Gambetta, D. Can we trust trust [M]. In: Gambetta, D. (Eds.), Trust: Making and Breaking Cooperative Relationships. New York: Basil Blackwell, 2000, 213 -237.

[128] Geller, E. S., Winett, R. A., Everett, P. B. & Winkler, R. C. Preserving the environment: New strategies for behavior change [M]. New York: Pergamon Press, 1982.

[129] Gellynck, X., Jacobsen, R. & Verhelst, P. Identifying the key

factors in increasing recycling and reducing residual household waste: A case study of the Flemish region of Belgium [J]. Journal of Environmental Management, 2011, 92 (10): 2683 -2690.

[130] Gellynck, X. & Verhelst, P. Assessing instruments for mixed household solid waste collection services in the Flemish region of Belgium [J]. Resources, Conservation and Recycling, 2007, 49 (4): 372 -387.

[131] Ghani, W. A. W. A., Rusli, I. F., Biak, D. R. A. & Idris, A. An application of the theory of planned behaviour to study the influencing factors of participation in source separation of food waste [J]. Waste Management, 2013, 33 (5): 1276 -1281.

[132] Gibson, C. C., Williams, J. T. & Ostrom, E. Local enforcement and better forests [J]. World Development, 2005, 33 (2): 273 -284.

[133] Glaeser, E. L., Laibson, D. & Sacerdote, B. An economic approach to social capital [J]. Economic Journal, 2002, 112 (483): F437 - F458.

[134] Gneezy, U. & Rustichini, A. Pay enough or don't pay at all [J]. Quarterly Journal of Economics, 2000a, 115 (3): 791 -810.

[135] Gneezy, U. & Rustichini, A. A fine is a price [J]. Journal of Legal Studies, 2000b, 29 (1): 1 -17.

[136] Górriz-Mifsud, E., Secco, L. & Pisani, E. Exploring the interlinkages between governance and social capital: A dynamic model for forestry [J]. Forest Policy and Economics, 2016, 65: 25 -36.

[137] Gottfried, R., Wear, D. & Lee, R. Institutional solutions to market failure on the landscape scale [J]. Ecological Economics, 1996, 18 (2): 133 -140.

[138] Grafton, R. Q. Social capital and fisheries governance [J]. Ocean & Coastal Management, 2005, 48 (9 -10): 753 -766.

[139] Grafton, R. Q. & Knowles, S. Social capital and national environmental performance: A cross-sectional analysis [J]. Journal of Environment &

Development, 2004, 13 (4): 336 - 370.

[140] Granovetter, M. S. The strength of weak ties [J]. American Journal of Sociology, 1973, 78 (6): 1360 - 1380.

[141] Griskevicius, V., Goldstein, N. J., Mortensen, C. R., Cialdini, R. B. & Kenrick, D. T. Going along versus going alone: When fundamental motives facilitate strategic (non) conformity [J]. Journal of Personality and Social Psychology, 2006, 91 (2): 281 - 294.

[142] Grootaert, C., Narayan, D., Jones, V. N. & Woolcock, M. Measuring Social Capital: An Integrated Questionnaire [M]. Washington, DC: World Bank, 2004.

[143] Grootaert, C. & Van Bastelaer, T. The Role of Social Capital in Development: An Empirical Assessment [M]. Cambridge: Cambridge University Press, 2002.

[144] Guerrero, L. A., Maas, G. & Hogland, W. Solid waste management challenges for cities in developing countries [J]. Waste Management, 2013, 33 (1): 220 - 232.

[145] Guo, S. & Fraser, M. W. Propensity Score Analysis: Statistical Methods and Applications [M]. Thousand Oaks, CA: Sage Publications, 2014.

[146] Gutiérrez, N. L., Hilborn, R. & Defeo, O. Leadership, social capital and incentives promote successful fisheries [J]. Nature, 2011, 470 (7334): 386 - 389.

[147] Hage, O., Söderholm, P. & Berglund, C. Norms and economic motivation in household recycling: Empirical evidence from Sweden [J]. Resources, Conservation and Recycling, 2009, 53 (3): 155 - 165.

[148] Hage, O. & Söderholm, P. An econometric analysis of regional differences in household waste collection: The case of plastic packaging waste in Sweden [J]. Waste Management, 2008, 28 (10): 1720 - 1731.

[149] Halkos, G. E. & Jones, N. Modeling the effect of social factors on

improving biodiversity protection [J]. Ecological Economics, 2012, 78, 90 -99.

[150] Halvorsen, B. Effects of norms and opportunity cost of time on household recycling [J]. Land Economics, 2008, 84 (3): 501 -516.

[151] Han, H., Zhang, Z. & Xia, S. The crowding-out effects of garbage fees and voluntary source separation programs on waste reduction: Evidence from China [J]. Sustainability, 2016, 8 (7): 678.

[152] Hanley, N., Colombo, S., Mason, P. & Johns, H. The reform of support mechanisms for upland farming: Paying for public goods in the severely disadvantaged areas of England [J]. Journal of Agricultural Economics, 2007, 58 (3): 433 -453.

[153] Hardin, G. The tragedy of the commons [J]. Science, 1968, 162 (3859): 1243 -1248.

[154] Heckathorn, D. D. Collective action and the second-order free-rider problem [J]. Rationality and Society, 1989, 1 (1): 78 -100.

[155] Heckman, J. J. & Robb, R. Alternative methods for evaluating the impact of interventions [M]. In: Heckman, J. J. & Singer, B. (Eds.), Longitudinal Analysis of Labor Market Data. New York: Cambridge University Press, 1985, 156 -246.

[156] Henrich, J., McElreath, R., Barr, A., Ensminger, J., Barrett, C., Bolyanatz, A., Cardenas, J. C., Gurven, M., Gwako, E. & Henrich, N. Costly punishment across human societies [J]. Science, 2006, 312 (5781): 1767 -1770.

[157] Holmstrom, B., & Milgrom, P. Multitask principal-agent analyses: Incentive contracts, asset ownership, and job design [J]. Journal of Law, Economics & Organization, 1991, 7: 24 -52.

[158] Hong, S. The effects of unit pricing system upon household solid waste management: The Korean experience [J]. Journal of Environmental Management, 1999, 57 (1): 1 -10.

[159] Hong, S., Adams, R. M. & Love, H. A. An economic analysis of

household recycling of solid wastes: The case of Portland, Oregon [J]. Journal of Environmental Economics and Management, 1993, 25 (2): 136 – 146.

[160] Hoornweg, D. & Bhada-Tata, P. What A Waste: A Global Review of Solid Waste Management [M]. Washington, DC: World Bank Publish, 2012.

[161] Hornik, J., Cherian, J., Madansky, M. & Narayana, C. Determinants of recycling behavior: A synthesis of research results [J]. Journal of Socio-Economics, 1995, 24 (1): 105 – 127.

[162] Hoyos, D. The state of the art of environmental valuation with discrete choice experiments [J]. Ecological Economics, 2010, 69 (8): 1595 – 1603.

[163] Hsiao, C. Analysis of Panel Data [M]. Cambridge: Cambridge University Press, 2014.

[164] Huang, Q., Rozelle, S., Wang, J. & Huang, J. Water management institutional reform: A representative look at northern China [J]. Agricultural Water Management, 2009, 96 (2): 215 – 225.

[165] Huang, Q., Wang, Q., Dong, L., Xi, B. & Zhou, B. The current situation of solid waste management in China [J]. Journal of Material Cycles and Waste Management, 2006, 8 (1): 63 – 69.

[166] Ibrahim, M. H. & Law, S. H. Social capital and CO_2 emission—output relations: A panel analysis [J]. Renewable and Sustainable Energy Reviews, 2014, 29: 528 – 534.

[167] Idris, A., Inanc, B. & Hassan, M. N. Overview of waste disposal and landfills/dumps in Asian countries [J]. Journal of Material Cycles and Waste Management, 2004, 6 (2): 104 – 110.

[168] Ilić, M. & Nikolić, M. Waste management benchmarking: A case study of Serbia [J]. Habitat International, 2016, 53: 453 – 460.

[169] Im, K. S., Pesaran, M. H. & Shin, Y. Testing for unit roots in heterogeneous panels [J]. Journal of Econometrics, 2003, 115 (1): 53 – 74.

[170] Irish Presidency of the EU [OL]. Environment Bulletin No. 60. Available at: <http: //www. environ. ie/en/Publications/StatisticsandRegularPublications/EnvironmentBulletins/FileDownLoad, 2358, en. pdf>, 2004.

[171] Itaya, J. & Schweinberger, A. G. The public and private provision of pure public goods and the distortionary effects of income taxation: A political economy approach [J]. Canadian Journal of Economics, 2006, 39 (3): 1023-1040.

[172] Ito, J. Collective action for local commons management in rural Yunnan, China: Empirical evidence and hypotheses using evolutionary game theory [J]. Land Economics, 2012, 88 (1): 181-200.

[173] Jaramillo, C., Ochoa, D., Contreras, L., Pagani, M., Carvajal-Ortiz, H., Pratt, L. M., Krishnan, S., Cardona, A., Romero, M., Quiroz, L., Rodriguez, G., Rueda, M. J., de la Parra, F., Moron, S., Green, W., Bayona, G., Montes, C., Quintero, O., Ramirez, R., Mora, G., Schouten, S., Bermudez, H., Navarrete, R., Parra, F., Alvaran, M., Osorno, J., Crowley, J. L., Valencia, V., & Vervoort, J. Effects of rapid global warming at the Paleocene-Eocene boundary on neotropical vegetation [J]. Science, 2010, 330 (6006): 957-961.

[174] Jenkins, R. R. The Economics of Solid Waste Reduction: The Impact of User Fees [M]. Hampshire, UK: Edward Elgar Publishing, 1993.

[175] Jenkins, R. R., Martinez, S. A., Palmer, K. & Podolsky, M. J. The determinants of household recycling: A material-specific analysis of recycling program features and unit pricing [J]. Journal of Environmental Economics and Management, 2003, 45 (2): 294-318.

[176] Jin, J., Wang, Z. & Ran, S. Comparison of contingent valuation and choice experiment in solid waste management programs in Macao [J]. Ecological Economics, 2006, 57 (3): 430-441.

[177] Jin, M. H. & Shriar, A. J. Exploring the relationship between social capital and individuals' policy preferences for environmental protection: A

multinomial logistic regression analysis [J]. Journal of Environmental Policy & Planning, 2013, 15 (3): 427 -446.

[178] Johnstone, N. & Labonne, J. Generation of household solid waste in OECD countries: An empirical analysis using macroeconomic data [J]. Land Economics, 2004, 80 (4): 529 -538.

[179] Jones, N. Environmental activation of citizens in the context of policy agenda formation and the influence of social capital [J]. The Social Science Journal, 2010, 47 (1): 121 -136.

[180] Jones, N., Clark, J. R. A., Panteli, M., Proikaki, M. & Dimitrakopoulos, P. G. Local social capital and the acceptance of Protected Area policies: An empirical study of two Ramsar river delta ecosystems in northern Greece [J]. Journal of Environmental Management, 2012, 96 (1): 55 -63.

[181] Jones, N. & Clark, J. R. A. Social capital and climate change mitigation in coastal areas: A review of current debates and identification of future research directions [J]. Ocean & Coastal Management, 2013, 80: 12 -19.

[182] Jones, N., Clark, J. R. A. & Malesios, C. Social capital and willingness-to-pay for coastal defences in south-east England [J]. Ecological Economics, 2015, 119: 74 -82.

[183] Jones, N., Evangelinos, K., Halvadakis, C. P., Iosifides, T. & Sophoulis, C. M. Social factors influencing perceptions and willingness to pay for a market-based policy aiming on solid waste management [J]. Resources, Conservation and Recycling, 2010, 54 (9): 533 -540.

[184] Jones, N., Halvadakis, C. P. & Sophoulis, C. M. Social capital and household solid waste management policies: A case study in Mytilene, Greece [J]. Environmental Politics, 2011, 20 (2): 264 -283.

[185] Jones, N., Malesios, C., Iosifides, T. & Sophoulis, C. M. Social capital in Greece: Measurement and comparative perspectives [J]. South European Society and Politics, 2008, 13 (2): 175 -193.

[186] Jorgensen, B., Graymore, M. & O'Toole, K. Household water use

behavior: An integrated model [J]. Journal of Environmental Management, 2009, 91 (1): 227 -236.

[187] Joseph, K. Stakeholder participation for sustainable waste management [J]. Habitat International, 2006, 30 (4): 863 -871.

[188] Kasper, W. & Streit, M. E. Institutional economics: Social order and public policy [M]. Cheltenham, UK: Edward Elgar, 2002.

[189] Keene, A. & Deller, S. C. Evidence of the environmental Kuznets' curve among US counties and the impact of social capital [J]. International Regional Science Review, 2015, 38 (4): 358 -387.

[190] Kesler, C. & Bloemraad, I. Does immigration erode social capital? The conditional effects of immigration-generated diversity on trust, membership, and participation across 19 countries, 1981 - 2000 [J]. Canadian Journal of Political Science, 2010, 43 (02): 319 -347.

[191] Khandker, S. R., Bakht, Z. & Koolwal, G. B. The poverty impact of rural roads: Evidence from Bangladesh [J]. Economic Development and Cultural Change, 2009, 57 (4): 685 -722.

[192] Khandker, S. R., Koolwal, G. B. & Samad, H. A. Handbook on Impact Evaluation: Quantitative Methods and Practices [M]. Washington, DC: World Bank Publications, 2010.

[193] Kinnaman, T. C. Examining the justification for residential recycling [J]. Journal of Economic Perspectives, 2006, 20 (4): 219 -232.

[194] Kinnaman, T. C. & Fullerton, D. Garbage and recycling with endogenous local policy [J]. Journal of Urban Economics, 2000, 48 (3): 419 -442.

[195] Kirakozian, A. The determinants of household recycling: Social influence, public policies and environmental preferences [J]. Applied Economics, 2015, 48 (16): 1481 -1503.

[196] Kline, J. D., Alig, R. J. & Johnson, R. L. Forest owner incentives to protect riparian habitat [J]. Ecological Economics, 2000, 33 (1): 29 -43.

[197] Koford, B. C., Blomquist, G. C., Hardesty, D. M. & Troske, K. R. Estimating consumer willingness to supply and willingness to pay for curbside recycling [J]. Land Economics, 2012, 88 (4): 745-763.

[198] Ku, S., Yoo, S. & Kwak, S. Willingness to pay for improving the residential waste disposal system in Korea: A choice experiment study [J]. Environmental Management, 2009, 44 (2): 278-287.

[199] Laffont, J. & Martimort, D. Collusion and delegation [J]. Rand Journal of Economics, 1998, 29 (2): 280-305.

[200] Lakhan, C. Evaluating the effects of unit-based waste disposal schemes on the collection of household recyclables in Ontario, Canada [J]. Resources, Conservation and Recycling, 2015, 95: 38-45.

[201] Lakhan, C. The relationship between municipal waste diversion incentivization and recycling system performance [J]. Resources, Conservation and Recycling, 2016, 106: 68-77.

[202] Langfred, C. W. Too much of a good thing? Negative effects of high trust and individual autonomy in self-managing teams [J]. Academy of Management Journal, 2004, 47 (3): 385-399.

[203] Larsen, A. W., Merrild, H., Møller, J. & Christensen, T. H. Waste collection systems for recyclables: An environmental and economic assessment for the municipality of Aarhus (Denmark) [J]. Waste Management, 2010, 30 (5): 744-754.

[204] Larson, L. R., Whiting, J. W. & Green, G. T. Exploring the influence of outdoor recreation participation on pro-environmental behaviour in a demographically diverse population [J]. Local Environment, 2011, 16 (1): 67-86.

[205] Lehtonen, M. The environmental-social interface of sustainable development: Capabilities, social capital, institutions [J]. Ecological Economics, 2004, 49 (2): 199-214.

[206] Levin, A., Lin, C. & Chu, C. J. Unit root tests in panel data:

Asymptotic and finite-sample properties [J]. Journal of Econometrics, 2002, 108 (1): 1 -24.

[207] Li, Z., Yang, L., Qu, X. & Sui, Y. Municipal solid waste management in Beijing City [J]. Waste Management, 2009, 29 (9): 2596 - 2599.

[208] Lin, N. Social Capital: A Theory of Social Structure and Action [M]. Cambridge, MA: Cambridge University Press, 2001.

[209] Lindenberg, S. Intrinsic motivation in a new light [J]. Kyklos, 2001, 54: 317 -342.

[210] Linderhof, V., Kooreman, P., Allers, M. & Wiersma, D. Weight-based pricing in the collection of household waste: The Oostzaan case [J]. Resource and Energy Economics, 2001, 23 (4): 359 -371.

[211] Liu, J., Qu, H., Huang, D., Chen, G., Yue, X., Zhao, X. & Liang, Z. The role of social capital in encouraging residents' pro-environmental behaviors in community-based ecotourism [J]. Tourism Management, 2014, 41: 190 -201.

[212] Lomborg, B. Nucleus and shield: The evolution of social structure in the iterated prisoner's dilemma [J]. American Sociological Review, 1996, 61 (2): 278 -307.

[213] Long, J. S. Regression Models for Categorical and Limited Dependent [M]. Thousand Oaks, CA: Sage Press Publication, 1997.

[214] López-Mosquera, N., Lera-López, F. & Sánchez, M. Key factors to explain recycling, car use and environmentally responsible purchase behaviors: A comparative perspective [J]. Resources, Conservation and Recycling, 2015, 99: 29 -39.

[215] Lubell, M. Environmental activism as collective action [J]. Environment and Behavior, 2002, 34 (4): 431 -454.

[216] Lyon, F. Trust, networks and norms: The creation of social capital in agricultural economies in Ghana [J]. World Development, 2000, 28 (4):

663 - 681.

[217] Mandarano, L. A. Social network analysis of social capital in collaborative planning [J]. Society and Natural Resources, 2009, 22 (3): 245 - 260.

[218] Martin, M., Williams, I. D. & Clark, M. Social, cultural and structural influences on household waste recycling: A case study [J]. Resources, Conservation and Recycling, 2006, 48 (4): 357 - 395.

[219] Marwell, G., Oliver, P. E. & Prahl, R. Social networks and collective action: A theory of the critical mass. III [J]. American Journal of Sociology, 1988, 94 (3): 502 - 534.

[220] Mazzanti, M., Montini, A. & Zoboli, R. Municipal waste generation and socioeconomic drivers: Evidence from comparing Northern and Southern Italy [J]. Journal of Environment & Development, 2008, 17 (1): 51 - 69.

[221] Mazzanti, M. & Zoboli, R. Waste generation, waste disposal and policy effectiveness [J]. Resources, Conservation and Recycling, 2008, 52 (10): 1221 - 1234.

[222] Mbiba, B. Urban solid waste characteristics and household appetite for separation at source in Eastern and Southern Africa [J]. Habitat International, 2014, 43: 152 - 162.

[223] McGinnis, M. D. An introduction to IAD and the language of the Ostrom workshop: A simple guide to a complex framework [J]. Policy Studies Journal, 2011, 39 (1): 169 - 183.

[224] McKelvey, R. D. & Zavoina, W. A statistical model for the analysis of ordinal level dependent variables [J]. Journal of Mathematical Sociology, 1975, 4 (1): 103 - 120.

[225] Mileva, E. Using Arellano-Bond dynamic panel GMM estimators in Stata [R]. Economics Department, Fordham University, New York, 2007.

[226] Miliute-Plepiene, J. & Plepys, A. Does food sorting prevents and improves sorting of household waste? A case in Sweden [J]. Journal of Cleaner

Production, 2015, 101: 182 -192.

[227] Miller, E. & Buys, L. The impact of social capital on residential water-affecting behaviors in a drought-prone Australian community [J]. Society and Natural Resources, 2008, 21 (3): 244 -257.

[228] Moh, Y. & Manaf, L. A. Solid waste management transformation and future challenges of source separation and recycling practice in Malaysia [J]. Resources, Conservation and Recycling, 2017, 116: 1 -14.

[229] Montevecchi, F. Policy mixes to achieve absolute decoupling: A case study of municipal waste management [J]. Sustainability, 2016, 8 (5): 442.

[230] Moser, R., Raffaelli, R. & Notaro, S. Testing hypothetical bias with a real choice experiment using respondents' own money [J]. European Review of Agricultural Economics, 2014, 41 (1): 25 -46.

[231] Mushtaq, S., Dawe, D., Lin, H. & Moya, P. An assessment of collective action for pond management in Zhanghe Irrigation System (ZIS): China [J]. Agricultural Systems, 2007, 92 (1 -3): 140 -156.

[232] Naidu, S. C. Heterogeneity and collective management: Evidence from common forests in Himachal Pradesh, India [J]. World Development, 2009, 37 (3): 676 -686.

[233] Narayan, D. & Cassidy, M. F. A dimensional approach to measuring social capital: Development and validation of a social capital inventory [J]. Current Sociology, 2001, 49 (2): 59 -102.

[234] Narayan, D. & Pritchett, L. Cents and sociability: Household income and social capital in rural Tanzania [J]. Economic Development and Cultural Change, 1999, 47 (4): 871 -897.

[235] Nenadovic, M. & Epstein, G. The relationship of social capital and fishers' participation in multi-level governance arrangements [J]. Environmental Science and Policy, 2016, 61: 77 -86.

[236] Nguyen, T. T. P., Zhu, D. & Le, N. P. Factors influencing

waste separation intention of residential households in a developing country: Evidence from Hanoi, Vietnam [J]. Habitat International, 2015, 48: 169 – 176.

[237] Norwood, F. B. Can calibration reconcile stated and observed preferences [J]. Journal of Agricultural and Applied Economics, 2005, 37 (1): 237 – 248.

[238] OECD. OECD Factbook 2014: Economic, Environmental and Social Statistics [M]. Paris: OECD Publishing, 2014.

[239] Oliver, P. E. & Marwell, G. The paradox of group size in collective action: A theory of the critical mass. II [J]. American Sociological Review, 1988, 53 (1): 1 – 8.

[240] Oliver, P., Marwell, G. & Teixeira, R. A theory of the critical mass. I. Interdependence, group heterogeneity, and the production of collective action [J]. American Journal of Sociology, 1985, 91 (3): 522 – 556.

[241] Olli, E., Grendstad, G. & Wollebaek, D. Correlates of environmental behaviors—Bringing back social context [J]. Environment and Behavior, 2001, 33 (2): 181 – 208.

[242] Olson, M. The Logic of Collective Action [M]. Cambridge, MA: Harvard University Press, 1965.

[243] Onyx, J., Lynelle, O. & Paul, B. Response to the environment: Social capital and sustainability [J]. Australasian Journal of Environmental Management, 2004, 11 (3): 212 – 219.

[244] Ostrom, E. Governing the Commons: The Evolution of Institutions for Collective Action [M]. Cambridge: Cambridge University Press, 1990.

[245] Ostrom, E. Social capital: A fad or a fundamental concept [M]. In: Dasgupta, P. & Serageldin, I. (Eds.), Social Capital: A Multifaceted Perspective. Washington, DC: World Bank, 2000, 172 – 214.

[246] Ostrom, E. Understanding Institutional Diversity [M]. Princeton, NJ: Princeton University Press, 2005.

[247] Ostrom, E. A behavioral approach to the rational choice theory of

collective action [J]. American Political Science Review, 1998, 92 (1): 1-22.

[248] Ostrom, E. Beyond markets and states: Polycentric governance of complex economic systems [J]. American Economic Review, 2010, 100 (3): 641-672.

[249] Ostrom, E. A general framework for analyzing sustainability of social-ecological systems [J]. Science, 2009, 325 (5939): 419-422.

[250] Owusu, V., Adjei-Addo, E., & Sundberg, C. Do economic incentives affect attitudes to solid waste source separation? Evidence from Ghana [J]. Resources, Conservation and Recycling, 2013, 78: 115-123.

[251] Özdemir, S., Johnson, F. R. & Hauber, A. B. Hypothetical bias, cheap talk, and stated willingness to pay for health care [J]. Journal of Health Economics, 2009, 28 (4): 894-901.

[252] Pagdee, A., Kim, Y. & Daugherty, P. J. What makes community forest management successful: A meta-study from community forests throughout the world [J]. Society and Natural Resources, 2006, 19 (1): 33-52.

[253] Palatnik, R., Ayalon, O. & Shechter, M. Household demand for waste recycling services [J]. Environmental Management, 2005, 35 (2): 121-129.

[254] Panchanathan, K. & Boyd, R. Indirect reciprocity can stabilize cooperation without the second-order free rider problem [J]. Nature, 2004, 432 (7016): 499-502.

[255] Pargal, S., Hettige, H., Singh, M. & Wheeler, D. Formal and informal regulation of industrial pollution: Comparative evidence from Indonesia and the United States [J]. World Bank Economic Review, 1997, 11 (3): 433-450.

[256] Park, S. & Berry, F. S. Analyzing effective municipal solid waste recycling programs: The case of county-level MSW recycling performance in Florida, USA [J]. Waste Management & Research, 2013, 31 (9): 896-901.

[257] Passy, F. & Giugni, M. Life-spheres, networks, and sustained participation in social movements: A phenomenological approach to political commitment [J]. Sociological Forum, 2000, 15 (1): 117-144.

[258] Passy, F. & Monsch, G. Do social networks really matter in contentious politics [J]. Social Movement Studies, 2014, 13 (1): 22-47.

[259] Paudel, K. P. & Schafer, M. J. The environmental Kuznets curve under a new framework: The role of social capital in water pollution [J]. Environmental and Resource Economics, 2009, 42 (2): 265-278.

[260] Pei, M. Chinese civic associations: An empirical analysis [J]. Modern China, 1998, 24 (3): 285-318.

[261] Pek, C. & Jamal, O. A choice experiment analysis for solid waste disposal option: A case study in Malaysia [J]. Journal of Environmental Management, 2011, 92 (11): 2993-3001.

[262] Permana, A. S., Towolioe, S., Aziz, N. A. & Ho, C. S. Sustainable solid waste management practices and perceived cleanliness in a low-income city [J]. Habitat International, 2015, 49: 197-205.

[263] Pieters, R. G. & Verhallen, T. M. Participation in source separation projects: Design characteristics and perceived costs and benefits [J]. Resources and Conservation, 1986, 12 (2): 95-111.

[264] Platteau, J. & Seki, E. Community arrangements to overcome market failures: Pooling groups in Japanese fisheries [M]. In: Aoki, M. & Hayami, Y. (Eds.), Communities and Markets in Economic Development. Oxford: Oxford University Press, 2001, 344-402.

[265] Podolsky, M. J. & Spiegel, M. Municipal waste disposal: Unit pricing and recycling opportunities [J]. Public Works Management & Policy, 1998, 3 (1): 27-39.

[266] Polyzou, E., Jones, N., Evangelinos, K. I. & Halvadakis, C. P. Willingness to pay for drinking water quality improvement and the influence of social capital [J]. Journal of Socio-Economics, 2011, 40 (1): 74-80.

[267] Porter, L. W. & Lawler, E. E. Managerial Attitudes and Performance [M]. Homewood, IL, USA: Irwin-Dorsey Press, 1968.

[268] Portes, A. Social capital: Its origins and applications in modern sociology [J]. Annual Review of Sociology, 1998, 24: 1-24.

[269] Poteete, A. R. & Ostrom, E. Heterogeneity, group size and collective action: The role of institutions in forest management [J]. Development and Change, 2004, 35 (3): 435-461.

[270] Prendergast, C. The provision of incentives in firms [J]. Journal of Economic Literature, 1999, 37 (1): 7-63.

[271] Pretty, J. Social capital and the collective management of resources [J]. Science, 2003, 302 (5652): 1912-1914.

[272] Pretty, J. & Smith, D. Social capital in biodiversity conservation and management [J]. Conservation Biology, 2004, 18 (3): 631-638.

[273] Pretty, J. & Ward, H. Social capital and the environment [J]. World Development, 2001, 29 (2): 209-227.

[274] Puig-Ventosa, I. Charging systems and PAYT experiences for waste management in Spain [J]. Waste Management, 2008, 28 (12): 2767-2771.

[275] Putnam, R. D. Bowling Alone: The Collapse and Revival of American Community [M]. New York: Simon & Schuster, 2000.

[276] Putnam, R. D., Leonardi, R. & Nanetti, R. Y. Making Democracy Work: Civic Traditions in Modern Italy [M]. Princeton, NJ: Princeton University Press, 1993.

[277] Qu, X., Li, Z., Xie, X., Sui, Y., Yang, L. & Chen, Y. Survey of composition and generation rate of household wastes in Beijing, China [J]. Waste Management, 2009, 29 (10): 2618-2624.

[278] Rada, E. C., Ragazzi, M. & Fedrizzi, P. Web - GIS oriented systems viability for municipal solid waste selective collection optimization in developed and transient economies [J]. Waste Management, 2013, 33 (4): 785-

792.

[279] Ragazzi, M., Catellani, R., Rada, E. C., Torretta, V. & Salazar-Valenzuela, X. Management of municipal solid waste in one of the Galapagos Islands [J]. Sustainability, 2014, 6 (12): 9080-9095.

[280] Ravallion, M. Evaluating anti-poverty programs [M]. In: Schultz, T. & Strauss, J. (Eds.), Handbook of Development Economics. Amsterdam: Elsevier/North-Holland, 2008, 3787-3846.

[281] Ready, R. C., Champ, P. A. & Lawton, J. L. Using respondent uncertainty to mitigate hypothetical bias in a stated choice experiment [J]. Land Economics, 2010, 86 (2): 363-381.

[282] Reichenbach, J. Status and prospects of pay-as-you-throw in Europe—A review of pilot research and implementation studies [J]. Waste Management, 2008, 28 (12): 2809-2814.

[283] Reimer, A. P. & Prokopy, L. S. Farmer participation in US Farm Bill conservation programs [J]. Environmental Management, 2014, 53 (2): 318-332.

[284] Reschovsky, J. D. & Stone, S. E. Market incentives to encourage household waste recycling: Paying for what you throw away [J]. Journal of Policy Analysis and Management, 1994, 13 (1): 120-139.

[285] Rispo, A., Williams, I. D. & Shaw, P. J. Source segregation and food waste prevention activities in high-density households in a deprived urban area [J]. Waste Management, 2015, 44: 15-27.

[286] Roberts, R. D. Government subsidies to private spending on public goods [J]. Public Choice, 1992, 74 (2): 133-152.

[287] Roberts, R. D. Financing public goods [J]. Journal of Political Economy, 1987, 95 (2): 420-437.

[288] Rode, J., Gómez-Baggethun, E. & Krause, T. Motivation crowding by economic incentives in conservation policy: A review of the empirical evidence [J]. Ecological Economics, 2015, 117 (9): 270-282.

[289] Rojas, M. L., Recalde, M. Y., London, S., Perillo, G. M. E., Zilio, M. I. & Piccolo, M. C. Behind the increasing erosion problem: The role of local institutions and social capital on coastal management in Argentina [J]. Ocean & Coastal Management, 2014, 93: 76-87.

[290] Roodman, D. How to do xtabond2: An introduction to difference and system GMM in Stata [J]. Stata Journal, 2009, 9 (1): 86-136.

[291] Rosenbaum, P. R. & Rubin, D. B. Constructing a control group using multivariate matched sampling methods that incorporate the propensity score [J]. American Statistician, 1985, 39 (1): 33-38.

[292] Rothstein, B. Social traps and the problem of trust [M]. Cambridge: Cambridge University Press, 2005.

[293] Röttgers, D. Conditional cooperation, context and why strong rules work—A Namibian common-pool resource experiment [J]. Ecological Economics, 2016, 129: 21-31.

[294] Rulleau, B., Dumax, N. & Rozan, A. Eliciting preferences for wetland services: A way to manage conflicting land uses [J]. Journal of Environmental Planning and Management, 2017, 60 (2): 309-327.

[295] Rus, A. & Iglič, H. Trust, governance and performance: The role of institutional and interpersonal trust in SME development [J]. International Sociology, 2005, 20 (3): 371-391.

[296] Rustagi, D., Engel, S. & Kosfeld, M. Conditional cooperation and costly monitoring explain success in forest commons management [J]. Science, 2010, 330 (6006): 961-965.

[297] Ruttan, L. M. & Mulder, M. B. Are East African Pastoralists Truly Conservationists [J]. Current Anthropology, 1999, 40 (5): 621-652.

[298] Rydin, Y. & Pennington, M. Public participation and local environmental planning: The collective action problem and the potential of social capital [J]. Local Environment, 2000, 5 (2): 153-169.

[299] Rydin, Y. & Holman, N. Re-evaluating the contribution of social

capital in achieving sustainable development [J]. Local Environment, 2004, 9 (2): 117 - 133.

[300] Sakai, S., Ikematsu, T., Hirai, Y. & Yoshida, H. Unit-charging programs for municipal solid waste in Japan [J]. Waste Management, 2008, 28 (12): 2815 - 2825.

[301] Sakata, Y. A choice experiment of the residential preference of waste management services—The example of Kagoshima city, Japan [J]. Waste Management, 2007, 27 (5): 639 - 644.

[302] Salhofer, S., Obersteiner, G., Schneider, F. & Lebersorger, S. Potentials for the prevention of municipal solid waste [J]. Waste Management, 2008, 28 (2): 245 - 259.

[303] Saphores, J. M., Ogunseitan, O. A. & Shapiro, A. A. Willingness to engage in a pro-environmental behavior: An analysis of e-waste recycling based on a national survey of US households [J]. Resources, Conservation and Recycling, 2012, 60: 49 - 63.

[304] Saphores, J. M. & Nixon, H. How effective are current household recycling policies? Results from a national survey of U. S. households [J]. Resources, Conservation and Recycling, 2014, 92: 1 - 10.

[305] Šauer, P., Pařízková, L. & Hadrabová, A. Charging systems for municipal solid waste: Experience from the Czech Republic [J]. Waste Management, 2008, 28 (12): 2772 - 2777.

[306] Scheinberg, A. The proof of the pudding: Urban recycling in North America as a process of ecological modernisation [J]. Environmental Politics, 2003, 12 (4): 49 - 75.

[307] Schulze, C. Municipal Waste Management in Berlin [OL]. Available at: http://www.berlin.de/sen/umwelt/abfallwirtschaft/, 2009.

[308] Schwartz, S. H. Normative influences on altruism [M]. In: Berkowitz, L. (Eds.), Advances in experimental social psychology. New York: Academic Press, 1977, 221 - 279.

[309] Seaman, S. & White, I. Inverse probability weighting with missing predictors of treatment assignment or missingness [J]. Communications in Statistics-Theory and Methods, 2014, 43 (16): 3499 - 3515.

[310] Sefton, M., Shupp, R. & Walker, J. M. The effect of rewards and sanctions in provision of public goods [J]. Economic Inquiry, 2007, 45 (4): 671 - 690.

[311] Segerson, K. & Wu, J. Nonpoint pollution control: Inducing first-best outcomes through the use of threats [J]. Journal of Environmental Economics and Management, 2006, 51 (2): 165 - 184.

[312] Shi, X. & He, F. The environmental pollution perception of residents in coal mining areas: A case study in the Hancheng Mine Area, Shaanxi Province, China [J]. Environmental Management, 2012, 50 (4): 505 - 513.

[313] Shortle, J. S., Abler, D. G. & Ribaudo, M. Agriculture and water quality: The issues [M]. In: Shortle, J. S. & Abler, D. G. (Eds.), Environmental Policies for Agricultural Pollution Control. New York: CAB International Publishing, 2001, 1 - 18.

[314] Sidique, S. F., Joshi, S. V. & Lupi, F. Factors influencing the rate of recycling: An analysis of Minnesota counties [J]. Resources, Conservation and Recycling, 2010, 54 (4): 242 - 249.

[315] Sidique, S. F., Lupi, F. & Joshi, S. V. The effects of behavior and attitudes on drop-off recycling activities [J]. Resources, Conservation and Recycling, 2010, 54 (3): 163 - 170.

[316] Siegel, D. A. Social networks and collective action [J]. American Journal of Political Science, 2009, 53 (1): 122 - 138.

[317] Skumatz, L. A. Measuring source reduction: Pay as you throw/variable rates as an example [R]. Report Prepared by Skumatz Economic Researh Associates Inc, 2000.

[318] Skumatz, L. A. Pay as you throw in the US: Implementation,

impacts, and experience [J]. Waste Management, 2008, 28 (12): 2778 - 2785.

[319] Smith, E. A. Communication and collective action: Language and the evolution of human cooperation [J]. Evolution and Human Behavior, 2010, 31 (4): 231 - 245.

[320] Song, Q., Wang, Z. & Li, J. Residents' behaviors, attitudes, and willingness to pay for recycling e-waste in Macau [J]. Journal of Environmental Management, 2012, 106: 8 - 16.

[321] Starr, J. & Nicolson, C. Patterns in trash: Factors driving municipal recycling in Massachusetts [J]. Resources, Conservation and Recycling, 2015, 99: 7 - 18.

[322] Stern, P. C. New environmental theories: Toward a coherent theory of environmentally significant behavior [J]. Journal of Social Issues, 2000, 56 (3): 407 - 424.

[323] Stewart, M. B. The employment effects of the national minimum wage [J]. Economic Journal, 2004, 114 (494): C110 - C116.

[324] Street, D. J., Burgess, L. & Louviere, J. J. Quick and easy choice sets: Constructing optimal and nearly optimal stated choice experiments [J]. International Journal of Research in Marketing, 2005, 22 (4): 459 - 470.

[325] Sujauddin, M., Huda, S. M. S. & Hoque, A. T. M. R. Household solid waste characteristics and management in Chittagong, Bangladesh [J]. Waste Management, 2008, 28 (9): 1688 - 1695.

[326] Suttibak, S. & Nitivattananon, V. Assessment of factors influencing the performance of solid waste recycling programs [J]. Resources, Conservation and Recycling, 2008, 53 (1): 45 - 56.

[327] Szolnoki, A. & Perc, M. Group-size effects on the evolution of cooperation in the spatial public goods game [J]. Physical Review E, 2011, 84 (4): 47102.

[328] Tadesse, T. Environmental concern and its implication to household waste separation and disposal: Evidence from Mekelle, Ethiopia [J]. Resources, Conservation and Recycling, 2009, 53 (4): 183 - 191.

[329] Tai, J., Zhang, W., Che, Y. & Feng, D. Municipal solid waste source-separated collection in China: A comparative analysis [J]. Waste Management, 2011, 31 (8): 1673 - 1682.

[330] Tang, C. & Zhang, Y. Using discrete choice experiments to value preferences for air quality improvement: The case of curbing haze in urban China [J]. Journal of Environmental Planning and Management, 2016, 59 (8): 1473 - 1494.

[331] Tanskanen, J. & Kaila, J. Comparison of methods used in the collection of source-separated household waste [J]. Waste Management & Research, 2001, 19 (6): 486 - 497.

[332] Ternstrom, I. The management of common pool resources: Theoretical essays and empirical evidence [R]. The Economic Research Institute of the Stockholm School of Economics, Stockholm, 2003.

[333] Teshome, A., de Graaff, J. & Kessler, A. Investments in land management in the north-western highlands of Ethiopia: The role of social capital [J]. Land Use Policy, 2016, 57: 215 - 228.

[334] Thanh, N. P., Matsui, Y. & Fujiwara, T. Household solid waste generation and characteristic in a Mekong Delta city, Vietnam [J]. Journal of Environmental Management, 2010, 91 (11): 2307 - 2321.

[335] Tietenberg, T. H. Emissions Trading, An Exercise in Reforming Pollution Policy [M]. Washington, D. C.: Resources for the Future, 1985.

[336] Tirole, J. Hierarchies and bureaucracies: On the role of collusion in organizations [J]. Journal of Law, Economics & Organization, 1986, 2 (2): 181 - 214.

[337] Tjernström, E. & Tietenberg, T. Do differences in attitudes explain differences in national climate change policies [J]. Ecological Economics,

2008, 65 (2): 315 - 324.

[338] Tong, X. & Tao, D. The rise and fall of a "waste city" in the construction of an "urban circular economic system": The changing landscape of waste in Beijing [J]. Resources, Conservation and Recycling, 2016, 107: 10 - 17.

[339] Tonkiss, F. Trust, social capital and economy [M]. In: Tonkiss, F. & Passey, A. (Eds.): Trust and Civil Society. Basingstoke: MacMillan, 2000, 72 - 89.

[340] Torgler, B. & Garcia-Valiñas, M. A. The determinants of individuals' attitudes towards preventing environmental damage [J]. Ecological Economics, 2007, 63 (2): 536 - 552.

[341] Tsai, T. The impact of social capital on regional waste recycling [J]. Sustainable Development, 2008, 16 (1): 44 - 55.

[342] Turner, R. K., Salmons, R., Powell, J. & Craighill, A. Green taxes, waste management and political economy [J]. Journal of Environmental Management, 1998, 53 (2): 121 - 136.

[343] Uphoff, N. Understanding social capital: Learning from the analysis and experience of participation [M]. In: Dasgupta, P. & Serageldin, I. (Eds.), Social Capital: A Multifaceted Perspective. Washington D. C.: World Bank Publications, 2000, 215 - 249.

[344] US Environmental Protection Agency. Municipal solid waste generation, recycling, and disposal in the United States: Facts and figures for 2012 [OL]. Available at: http: //www. epa. gov/epawaste/nonhaz/municipal/pubs/2012_msw_fs. pdf, 2013.

[345] Uslaner, E. M. & Conley, R. S. Civic engagement and particularized trust the ties that bind people to their ethnic communities [J]. American Politics Research, 2003, 31 (4): 331 - 360.

[346] van den Bergh, J. C. J. M. Environmental regulation of households: An empirical review of economic and psychological factors [J]. Ecological Economics, 2008, 66 (4): 559 - 574.

[347] van Oorschot, W., Arts, W. & Gelissen, J. Social capital in Europe—Measurement and social and regional distribution of a multifaceted phenomenon [J]. Acta Sociologica, 2006, 49 (2): 149 - 167.

[348] Vatn, A. An institutional analysis of payments for environmental services [J]. Ecological Economics, 2010, 69 (6): 1245 - 1252.

[349] Velez, M. A., Stranlund, J. K. & Murphy, J. J. What motivates common pool resource users? Experimental evidence from the field [J]. Journal of Economic Behavior & Organization, 2009, 70 (3): 485 - 497.

[350] Vergara, S. E. & Tchobanoglous, G. Municipal solid waste and the environment: A global perspective [J]. Annual Review of Environment and Resources, 2012, 37: 277 - 309.

[351] Videras, J., Owen, A. L., Conover, E. & Wu, S. The influence of social relationships on pro-environment behaviors [J]. Journal of Environmental Economics and Management, 2012, 63 (1): 35 - 50.

[352] Vining, J. & Ebreo, A. What makes a recycler? A comparison of recyclers and nonrecyclers [J]. Environment and Behavior, 1990, 22 (1): 55 - 73.

[353] Viscusi, W. K., Huber, J. & Bell, J. Promoting recycling: Private values, social norms, and economic incentives [J]. American Economic Review, 2011, 101 (3): 65 - 70.

[354] Wakefield, S., Elliott, S. J., Eyles, J. D. & Cole, D. C. Taking environmental action: The role of local composition, context, and collective [J]. Environmental Management, 2006, 37 (1): 40 - 53.

[355] Walls, M. Deposit-refund systems in practice and theory [OL]. Available at: https://core.ac.uk/download/files/153/9304736.pdf, 2011.

[356] Wang, H. & Nie, Y. Municipal solid waste characteristics and management in China [J]. Journal of the Air and Waste Management Association, 2001, 51 (2): 250 - 263.

[357] Wang, J., Han, L. & Li, S. The collection system for residential

recyclables in communities in Haidian District, Beijing: A possible approach for China recycling [J]. Waste Management, 2008, 28 (9): 1672 - 1680.

[358] Wang, L. A., Pei, T. Q., Huang, C. & Yuan, H. Management of municipal solid waste in the Three Gorges region [J]. Waste Management, 2009, 29 (7): 2203 - 2208.

[359] Wang, X., Otto, I. M. & Yu, L. How physical and social factors affect village-level irrigation: An institutional analysis of water governance in northern China [J]. Agricultural Water Management, 2013, 119: 10 - 18.

[360] Wang, Y., Chen, C. & Araral, E. The Effects of Migration on Collective Action in the Commons: Evidence from Rural China [J]. World Development, 2016, 88: 79 - 93.

[361] Wang, Z. & You, Y. The arrival of critical citizens: decline of political trust and shifting public priorities in China [J]. International Review of Sociology, 2016, 26 (1): 105 - 124.

[362] Watkins, E., Hogg, D., Mitsios, A., Mudgal, S., Neubauer, A., Reisinger, H., Troeltzsch, J. & Van Acoleyen, M. Use of economic instruments and waste management performances [OL]. Available at: http://ec. europa. eu/environment/ waste/pdf/final_report_10042012. pdf, 2012.

[363] Weber, M. The Religion of China: Confucianism and Taoism [M]. New York: Free Press, 1951.

[364] Weibel, A., Rost, K. & Osterloh, M. Crowding-out of intrinsic motivation-opening the black box [OL]. Available at: http://papers. ssrn. com/sol3/papers. cf m? abstract_id = 957770, 2007.

[365] Weigel, R. H. Ideological and demographic correlates of proecology behavior [J]. Journal of Social Psychology, 1977, 103 (1): 39 - 47.

[366] Wertz, K. L. Economic factors influencing households' production of refuse [J]. Journal of Environmental Economics and Management, 1976, 2 (4): 263 - 272.

[367] Wiersma, U. J. The effects of extrinsic rewards in intrinsic motiva-

tion：A meta-analysis [J]. Journal of Occupational and Organizational Psychology, 1992, 65 (2): 101-114.

[368] Williams, R. Generalized ordered logit/partial proportional odds models for ordinal dependent variables [J]. Stata Journal, 2006, 6 (1): 58-82.

[369] Wilson, D. C. Stick or carrot? The use of policy measures to move waste management up the hierarchy [J]. Waste Management & Research, 1996, 14 (4): 385-398.

[370] Wilson, P. N. & Needham, R. A. Groundwater conservation policy in agriculture [C]. 26th Conference of the International Association of Agricultural Economists, Queensland, Australia, 2006.

[371] Woldemariam, G., Seyoum, A. & Ketema, M. Residents' willingness to pay for improved liquid waste treatment in urban Ethiopia: Results of choice experiment in Addis Ababa [J]. Journal of Environmental Planning and Management, 2016, 59 (1): 163-181.

[372] Woodard, R., Harder, M. K., Bench, M. & Philip, M. Evaluating the performance of a fortnightly collection of household waste separated into compostables, recyclates and refuse in the south of England [J]. Resources, Conservation and Recycling, 2001, 31 (3): 265-284.

[373] Woolcock, M. Social capital and economic development: Toward a theoretical synthesis and policy framework [J]. Theory and Society, 1998, 27 (2): 151-208.

[374] Woolcock, M. & Narayan, D. Social capital: Implications for development theory, research, and policy [J]. World Bank Research Observer, 2000, 15 (2): 225-249.

[375] Wooldridge, J. Introductory Econometrics: A Modern Approach [M]. Cincinnati: South-Western Cengage Learning, 2009.

[376] World Bank. Waste management in China: Issues and recommendations [OL]. Available at: http://siteresources.worldbank.org/INTEAPREG-

TOPURBDEV/ Resources/China-Waste-Management1. pdf, 2005.

[377] Xevgenos, D., Papadaskalopoulou, C., Panaretou, V., Moustakas, K. & Malamis, D. Success stories for recycling of MSW at municipal level: A review [J]. Waste and Biomass Valorization, 2015, 6 (5): 657 -684.

[378] Xiao, L., Zhang, G., Zhu, Y. & Lin, T. Promoting public participation in household waste management: A survey-based method and case study in Xiamen city, China [J]. Journal of Cleaner Production, 2017, 144: 313 -322.

[379] Xiao, Y., Bai, X., Ouyang, Z., Zheng, H. & Xing, F. The composition, trend and impact of urban solid waste in Beijing [J]. Environmental Monitoring and Assessment, 2007, 135 (1 -3): 21 -30.

[380] Yamakawa, H. & Ueta, K. Waste reduction through variable charging programs: Its sustainability and contributing factors [J]. Journal of Material Cycles and Waste Management, 2002, 4 (2): 77 -86.

[381] Yamamura, E. Natural disasters and social capital formation: The impact of the Great Hanshin-Awaji earthquake [J]. Papers in Regional Science, 2016, 95: S143 -S164.

[382] Yang, L., Li, Z. S. & Fu, H. Z. Model of municipal solid waste source separation activity: A case study of Beijing [J]. Journal of the Air & Waste Management Association, 2011, 61 (2): 157 -163.

[383] Yogo, U. T. Trust and the willingness to contribute to environmental goods in selected African countries [J]. Environment and Development Economics, 2015, 20 (5): 650 -672.

[384] Yuan, H., Wang, L. A., Su, F. & Hu, G. Urban solid waste management in Chongqing: Challenges and opportunities [J]. Waste Management, 2006, 26 (9): 1052 -1062.

[385] Yuan, Y. & Yabe, M. Residents' willingness to pay for household kitchen waste separation services in Haidian and Dongcheng Districts, Beijing City [J]. Environments, 2014, 1 (2): 190 -207.

[386] Zhang, D. Q., Keat, T. S. & Gersberg, R. M. Municipal solid waste management in China: Status, problems and challenges [J]. Journal of Environmental Management, 2010a, 91 (8): 1623 - 1633.

[387] Zhang, D. Q., Keat, T. S. & Gersberg, R. M. A comparison of municipal solid waste management in Berlin and Singapore [J]. Waste Management, 2010b, 30 (5): 921 - 933.

[388] Zhang, H. & Wen, Z. Residents' household solid waste (HSW) source separation activity: A case study of Suzhou, China [J]. Sustainability, 2014, 6 (9): 6446 - 6466.

[389] Zhang, W., Che, Y., Yang, K., Ren, X. & Tai, J. Public opinion about the source separation of municipal solid waste in Shanghai, China [J]. Waste Management & Research, 2012, 30 (12): 1261 - 1271.

[390] Zhao, Y., Christensen, T. H., Lu, W., Wu, H. & Wang, H. Environmental impact assessment of solid waste management in Beijing City, China [J]. Waste Management, 2011, 31 (4): 793 - 799.

[391] Zhou, Q. Decentralized irrigation in China: An institutional analysis [J]. Policy and Society, 2013, 32 (1): 77 - 88.

[392] Zhuang, Y., Wu, S., Wang, Y., Wu, W. & Chen, Y. Source separation of household waste: A case study in China [J]. Waste Management, 2008, 28 (10): 2022 - 2030.

[393] 边燕杰. 城市居民社会资本的来源及作用：网络观点与调查发现 [J]. 中国社会科学，2004 (3): 136 - 146.

[394] 蔡禾，贺霞旭. 城市社区异质性与社区凝聚力——以社区邻里关系为研究对象 [J]. 中山大学学报：社会科学版，2014 (2): 133 - 151.

[395] 钞小静，任保平. 中国经济增长质量的时序变化与地区差异分析 [J]. 经济研究，2011 (4): 26 - 40.

[396] 陈兰芳，吴刚，张燕，张仪彬. 垃圾分类回收行为研究现状及其关键问题 [J]. 生态经济，2012 (2): 142 - 145.

[397] 陈秋红. 社区主导型草地共管模式：成效与机制——基于社会

资本视角的分析［J］．中国农村经济，2011（5）：61－71.

［398］陈绍军，李如春，马永斌．意愿与行为的悖离：城市居民生活垃圾分类机制研究［J］．中国人口资源与环境，2015，25（9）：168－176.

［399］程名望，Jin Yanhong，盖庆恩，史清华．农村减贫：应该更关注教育还是健康？——基于收入增长和差距缩小双重视角的实证［J］．经济研究，2014（11）：130－144.

［400］邓俊，徐琬莹，周传斌．北京市社区生活垃圾分类收集实效调查及其长效管理机制研究［J］．环境科学，2013（1）：395－400.

［401］杜倩倩，马本．城市生活垃圾计量收费实施依据和定价思路［J］．干旱区资源与环境，2014，28（8）：20－25.

［402］冯思静，马云东．我国城市垃圾分类收集的经济效益分析［J］．江苏环境科技，2006，19（1）：49－50.

［403］高春芽．规范、网络与集体行动的社会逻辑——方法论视野中的集体行动理论发展探析［J］．武汉大学学报：哲学社会科学版，2012（5）：26－31.

［404］高虹，陆铭．社会信任对劳动力流动的影响——中国农村整合型社会资本的作用及其地区差异［J］．中国农村经济，2010（3）：12－24.

［405］桂勇和黄荣贵．社区社会资本测量：一项基于经验数据的研究［J］．社会学研究，2008（3）：122－142.

［406］国家统计局．中国统计年鉴［M］．北京：中国统计出版社，2015.

［407］韩洪云，张志坚，朋文欢．社会资本对居民生活垃圾分类行为的影响机理分析［J］．浙江大学学报：人文社会科学版，2016（3）：164－179.

［408］何德文，柴立元，张传福．国内大中城市生活垃圾分类收集实施方案［J］．城市环境与城市生态，2003（1）：62－64.

［409］何可，张俊飚，张露，吴雪莲．人际信任、制度信任与农民环境治理参与意愿——以农业废弃物资源化为例［J］．管理世界，2015（5）：75－88.

［410］洪进，郑梅和余文涛．转型管理：环境治理的新模式［J］．中

国人口·资源与环境，2010（9）：78－83.

［411］黄少安，韦倩．合作与经济增长［J］．经济研究，2011（8）：51－64.

［412］黄少安，张苏．人类的合作及其演进研究［J］．中国社会科学，2013（7）：77－89.

［413］黄晓东．社会资本与政府治理［M］．北京：社会科学文献出版社，2011.

［414］江源，康慕谊，张先根，周燕芳．生活垃圾资源化与减量化措施在中国城市居民中的认知度分析［J］．资源科学，2002，24（1）：15－19.

［415］康洁，郭蓓．西安生活垃圾排放量影响因素分析及灰色预测研究［J］．环境科学与管理，2011，36（12）：51－53.

［416］柯武刚，史漫飞．制度经济学——社会秩序与公共政策［M］．北京：商务印书馆，2003.

［417］李伟民，梁玉成．特殊信任与普遍信任：中国人信任的结构与特征［J］．社会学研究，2002（3）：11－22.

［418］梁增芳，肖新成，倪九派．三峡库区农村生活垃圾处理支付意愿及影响因素分析［J］．环境污染与防治，2014，36（9）：100－105.

［419］刘梅．发达国家垃圾分类经验及其对中国的启示［J］．西南民族大学学报：人文社会科学版，2011（10）：98－101.

［420］刘娜，Anne De Bruin. 家庭收入变化、夫妻间时间利用与性别平等［J］．世界经济，2015（11）：117－143.

［421］刘晓峰．社会资本对中国环境治理绩效影响的实证分析［J］．中国人口·资源与环境，2011，21（3）：20－24.

［422］刘莹，黄季焜．农村环境可持续发展的实证分析：以农户有机垃圾还田为例［J］．农业技术经济，2013（7）：4－10.

［423］刘莹，王凤．农户生活垃圾处置方式的实证分析［J］．中国农村经济，2012（3）：88－96.

［424］卢宁，李国平．基于EKC框架的社会资本水平对环境质量的影

响研究——来自中国1995－2007年面板数据［J］．统计研究，2009（5）：68－76.

［425］鲁先锋．垃圾分类管理中的外压机制与诱导机制［J］．城市问题，2013（1）：86－91.

［426］陆铭，李爽．社会资本、非正式制度与经济发展［J］．管理世界，2008（9）：161－165.

［427］马九杰．社会资本与农户经济：信贷融资·风险处置·产业选择·合作行动［M］．北京：中国农业科学技术出版社，2008.

［428］聂爱云，何小钢．企业绿色技术创新发凡：环境规制与政策组合［J］．改革，2012（4）：102－108.

［429］潘越，戴亦一，吴超鹏，刘建亮．社会资本、政治关系与公司投资决策［J］．经济研究，2009（11）：82－94.

［430］曲英．城市居民生活垃圾源头分类行为的理论模型构建研究［J］．生态经济，2009（12）：135－141.

［431］曲英．城市居民生活垃圾源头分类行为的影响因素研究［J］．数理统计与管理，2011，30（1）：42－51.

［432］宋言奇．社会资本与农村生态环境保护［J］．人文杂志，2010（1）：163－169.

［433］万建香，梅国平．社会资本可否激励经济增长与环境保护的双赢［J］．数量经济技术经济研究，2012（7）：61－75.

［434］汪文俊．家庭—小区相结合的垃圾分类处理模式研究［D］．硕士学位论文，武汉理工大学，2012.

［435］王静．垃圾围城［J］．中国青年科技，1999（58）：44－45.

［436］王诗宗，宋程成．独立抑或自主：中国社会组织特征问题重思［J］．中国社会科学，2013（5）：50－66.

［437］王树文，文学娜，秦龙．中国城市生活垃圾公众参与管理与政府管制互动模型构建［J］．中国人口．资源与环境，2014（4）：142－148.

［438］王跃生．中国城乡家庭结构变动分析——基于2010年人口普查数据［J］．中国社会科学，2013（12）：60－77.

[439] 王子彦，丁旭和周丹．中国城市生活垃圾分类回收问题研究——对日本城市垃圾分类经验的借鉴［J］．东北大学学报：社会科学版，2008（6）：501-504.

[440] 韦倩，姜树广．社会合作秩序何以可能：社会科学的基本问题［J］．经济研究，2013（11）：140-151.

[441] 韦倩，王安，王杰．中国沿海地区的崛起：市场的力量［J］．经济研究，2014（8）：170-183.

[442] 吴小波，刘志红，胡兴昌．上海高校学生垃圾分类意识的调查分析［J］．环境科学与技术，2010（S1）：488-490.

[443] 吴宇．从制度设计入手破解“垃圾围城”——对城市生活垃圾分类政策的反思与改进［J］．环境保护，2012（9）：51-53.

[444] 颜廷武，何可，张俊飚．社会资本对农民环保投资意愿的影响分析——来自湖北农村农业废弃物资源化的实证研究［J］．中国人口·资源与环境，2016（1）：158-164.

[445] 杨方．城市生活垃圾分类的困境与制度创新［J］．唯实，2012（10）：89-92.

[446] 杨淑琴，王柳丽．国家权力的介入与社区概念嬗变——对中国城市社区建设实践的理论反思［J］．学术界，2010（6）：167-173.

[447] 杨宜音．“自己人”：信任建构过程的个案研究［J］．社会学研究，1999（2）：38-52.

[448] 尹志超，宋全云，吴雨，彭嫦燕．金融知识、创业决策和创业动机［J］．管理世界，2015（1）：87-98.

[449] 虞维．基于准公共品视角的农村生活垃圾处理政策研究［D］．硕士学位论文，浙江财经学院，2013.

[450] 向楠．生活垃圾分类：九成人支持，不足两成人行动［OL］．Available at：http：//zqb.cyol.com/html/2011-04/19/nw.D110000zgqnb_20110419_1-07.htm，2011.

[451] 占绍文，张海瑜．城市垃圾分类回收的认知及支付意愿调查——以西安市为例［J］．城市问题，2012（4）：57-62.

［452］张爽，陆铭，章元．社会资本的作用随市场化进程减弱还是加强——来自中国农村贫困的实证研究［J］．经济学（季刊），2007，6（2）：539－560.

［453］张伟明和刘艳君．社会资本、嵌入与社会治理——来自乡村社会的调查研究［J］．浙江社会科学，2012（11）：60－66.

［454］张文宏，张莉．劳动力市场中的社会资本与市场化［J］．社会学研究，2012（5）：1－24.

［455］赵连阁，钟搏，王学渊．工业污染治理投资的地区就业效应研究［J］．中国工业经济，2014（5）：70－82.

［456］赵雪雁．社会资本与经济增长及环境影响的关系研究［J］．中国人口·资源与环境，2010（2）：68－73.

［457］赵雪雁．村域社会资本与环境影响的关系——基于甘肃省村域调查数据［J］．自然资源学报，2013（8）：1318－1327.

［458］赵延东．自然灾害中的社会资本研究［J］．国外社会科学，2007（4）：53－60.

［459］周红云．社会资本及其在中国的研究与应用［J］．经济社会体制比较，2004（2）：135－144.

［460］邹彦，姜志德．农户生活垃圾集中处理支付意愿的影响因素分析——以河南省淅川县为例［J］．西北农林科技大学学报：社会科学版，2010，10（4）：27－31.

［461］邹宜斌．社会资本：理论与实证研究文献综述［J］．经济评论，2005（6）：121－126.

后　记

多年来，在环境经济学领域，生活垃圾治理一直是困扰世界各国的顽疾。随着人民生活方式的变迁和城镇化进程的不断加快，中国城市公共服务负担日益加重，其城市生活垃圾管理更是首当其冲。在垃圾围城和邻避冲突双重困境的社会背景下，本书聚焦于生活垃圾源头产生环节，尝试性地回答了如下三个问题：首先，在不激化邻避矛盾的前提下，规制政策和社会资本能否有效缓解垃圾日益围城的困境？其次，如何通过政策设计有效诱导居民合作参与生活垃圾治理，实现生活垃圾减量化、资源化和无害化？最后，激励政策和社会资本在居民合作参与生活垃圾源头分类并实施自主监督中扮演着何种角色？本书在经验分析的基础上，围绕优化政策组合、培育社会资本、完善配套设施服务，以及加强公共信息披露和教育宣传活动等方面提出了一些具体的可能政策建议。我们希望本书的出版有助于人们加深对生活垃圾管理的认识，有助于公众环境保护意识的提高，同时也有助于当局部门在制定相关政策时能够更多地结合治理政策与社会资本来考虑问题，并对于当下中国推进生活垃圾管理转型的治理实践能够有新的启发。

本书主要是以我的博士论文，以及相关主题的研究成果为基础创作完成的。在近乎七年的写作过程中，我很幸运有机会通过更多的研究经历不断深入对这一系列问题的思考和认识。在此过程中，我曾获得了诸多良师益友和亲人的悉心指导和无私帮助。首先，感谢浙江大学中国农村发展研究院和浙江大学管理学院这两个温暖的大家庭，在求学生涯中给予了我很多热情的帮助。其次，感谢以韩洪云教授和赵连阁教授为首的各位团队成员给予的关心和帮助。感谢王学渊博士、黄增健博士、喻永红博士、梁海兵博士、朋文欢博士、李涵凝博士、姜烨博士、夏胜博士、林爽博士、吴枢博士等在本书的资料获取和数据分析过程中付出的辛勤劳动和努力。最后，我要感谢我的家人。感谢父母和兄弟姐妹一如既往的理解和支持，你们无私的关爱和包容是我生命中最珍贵的馈赠。感谢妻子无怨无悔和默默无闻的付出，你的支持是我最坚实的动力。

本书的完成得到了“基于助推视角下的居民生活垃圾源头分类行为决策及机制研究”国家自然科学基金青年项目（71803175）和“农村生活垃圾协同治理集体合作机制：社会资本与制度创新”国家自然科学基金面上项目（71773114）的资助。同时本书的出版还得到了浙江省哲学社会科学规划后期资助课题和浙江工商大学经济学院应用经济学高校人文社科重点研究基地的资助。

经济科学出版社对于本书的出版给予了极大帮助，对责任编辑及其他参与此书编辑工作的各位老师为本书顺利出版而付出的辛勤劳动表示由衷的感谢。

由于作者水平有限，书中不足之处在所难免，恳请广大读者和同行批评指正。

张志坚

2020 年 4 月 16 日于杭州